U0651147

国家木薯产业技术体系建设理论与实践

李开绵　陆小静　张鹏　编著

中国农业出版社
农村读物出版社
北京

图书在版编目（CIP）数据

国家木薯产业技术体系建设理论与实践／李开绵，陆小静，张鹏编著. -- 北京：中国农业出版社，2024. 12. -- ISBN 978-7-109-32939-3

Ⅰ. S533

中国国家版本馆 CIP 数据核字第 2024B2Q245 号

国家木薯产业技术体系建设理论与实践

GUOJIA MUSHU CHANYE JISHU TIXI JIANSHE LILUN YU SHIJIAN

中国农业出版社出版

地址：北京市朝阳区麦子店街 18 号楼
邮编：100125
责任编辑：黄 曦
版式设计：杨 婧　责任校对：张雯婷
印刷：北京中兴印刷有限公司
版次：2024 年 12 月第 1 版
印次：2024 年 12 月北京第 1 次印刷
发行：新华书店北京发行所
开本：700mm×1000mm　1/16
印张：14
字数：266 千字
定价：98.00 元

版权所有·侵权必究

凡购买本社图书，如有印装质量问题，我社负责调换。

服务电话：010-59195115　010-59194918

编 委 会 名 单

主　编：李开绵　陆小静　张　鹏
副主编：张振文　黄　洁　黄贵修　田　洋　谭砚文
　　　　陈　青　李海泉　韦卓文
参编者（按姓氏笔画排序）：
　　　　王文泉　邓干然　卢赛清　申章佑　田益农
　　　　代佳和　刘光华　刘传森　刘慧言　孙海彦
　　　　劳赏业　李　军　李华丽　李兆贵　李超萍
　　　　肖子盈　何时雨　宋　勇　张　洁　张祖兵
　　　　陆柏益　陈　新　陈银华　林洪鑫　金　杰
　　　　周　宾　姚　远

　　木薯（*Manihot esculenta* Crantz）是全球热带、亚热带地区重要的粮食作物之一，也是许多国家重要的经济作物之一。它具有产量高、适应性强、耐旱耐贫瘠等优点，在农业生产中具有重要的地位。木薯是我国热区重要的特色作物，在国家粮食安全储备和淀粉产业发展中发挥着重要作用。

　　国家木薯产业技术体系于2008年建立，该体系的建立，是我国木薯产业发展的重要举措之一。该技术体系汇聚了国内从事木薯研究、技术推广和加工生产的各方人才，形成了一个庞大而有机的网络。这个网络涵盖了木薯产前、产中、产后整个产业链，从种植、管理到加工和销售，实现了全方位的覆盖和支持。经历了十余年的建设和发展，自2018年以来，该体系在"十三五"期间，明确了"粮饲化、能源化、特用化、效益化、国际化"的总体目标，先后吸纳辣木、咖啡、波罗蜜、胡椒等热带特色作物进入体系，形成了以木薯为代表的热带特色产业技术研发和推广模式，促进产业发展、乡村振兴及服务"一带一路"国际农业科技合作与交流。

　　国家木薯产业技术体系的使命在于解决当前木薯产业面临的问题，并把握未来的发展趋势。通过提升自主创新能力，加强种业、栽培和加工利用水平，发展技术和产品，提高自身建设和管理水平，不断强化其核心职责。同时，积极推动木薯科技行业联盟、木薯农企联盟、木薯农民合作社以及木薯生产销售联盟的发展，这些联盟和组织相互配合，共同推动木薯产业的发展。他们在技术研发、示范推广、市场开拓等方面发挥着关键作用，成为我国木薯产业发展的主力军。这些举措推动我国成为世界木薯产业强国之一，同时符合生物能源产业跨越式发展和可持续发展的要求，在保障粮食安全的前提下促进木薯产业的多元化持续健康发展。

国家木薯产业技术体系运行模式的建立和优化是木薯产业成功的关键之一。十余年来，木薯体系已经初步建立了首席办和执行专家组决策的模式，并通过岗位与岗位、岗位与试验站之间的密切合作加强了内部运行和管理机制。在确定重点任务、制定实施方案时，体系团队以产业概念组织研发工作，强调顶层设计与发展导向，聚焦研发与推广的针对性与衔接配套性。通过共同研讨产业共性问题和关键问题，抓住关键技术和潜在的关键科学问题，体系内部不同岗位、试验站之间实现了紧密合作，将个人事业融入整个木薯产业中，实现了同立项、同攻关、同发展、同转化的目标。

木薯体系建成的平台为木薯团队提供了交流环境和氛围，任何与木薯相关的事情都能在平台上及时、有效、友好地进行交流、信息汇集和实施。过去十余年中，木薯体系在基础研究、新品种培育、栽培技术模式、机械化采收技术以及木薯的食用与饲用多元化利用等方面取得了实质性进展，为木薯产业的发展提供了良好的技术支持。

国家木薯产业技术体系的建立与成就，为我国木薯产业的发展注入了强大的动力。未来，我们将继续发挥技术体系的优势，深化科技创新，拓展产业链条，促进木薯等热带特色作物产业的绿色、可持续发展，为我国农业现代化和乡村振兴贡献更大的力量。

目录

第一章 概 述

　　木薯为大戟科木薯属植物，起源于热带美洲的亚马孙河流域，是世界三大薯类作物（木薯、甘薯、马铃薯）之一，是重要的热带粮食、饲料和能源作物，是生产淀粉、变性淀粉以及乙醇等化工产品的重要原料。16 至 17 世纪由葡萄牙人广泛地传播于非洲、亚洲和加勒比的热带和亚热带地区种植，目前，在世界 105 个国家广泛种植。世界上木薯全部产量的 65％用于人类食物，非洲、亚洲和拉丁美洲近 10 亿人以木薯为主要粮食。木薯栽培历史长 4 000 年，适宜在南北纬 30°之间，海拔 2 000 米以下，年均气温 18℃，无霜期 8 个月以上的热带和亚热带地区生长。

第一节　世界木薯产业的基本情况

　　2022 年，全球共有 100 个国家种植木薯。随着地缘冲突等不确定性风险的增加，国际粮价总体处于高位，特别是小麦价格的上涨，使木薯在非洲作为粮食作物的重要性地位更加突出，推动了世界木薯生产规模的扩大。根据联合国粮食及农业组织（FAO）数据，2022 年世界木薯种植面积增加至 3 204.31 万 km^2，产量增长至 3.30 亿 t，分别同比增长 1.85％和 1.35％，其中，安哥拉、刚果（金）、尼日利亚、莫桑比克、柬埔寨、加纳等世界前十大木薯主产国的木薯产量分别同比增长 6.90％、6.79％、4.00％、4.46％、3.81％和 2.38％。由于气象灾害和病虫害影响，作为世界木薯出口大国的泰国，2022 年木薯产量下降至 3 406.80 万 t，同比下降 2.92％；同期越南木薯产量同比增长 0.58％，达到 1 062.69 万 t。在需求推动下，尤其是非洲木薯增产潜力将进一步得到挖掘，2024 年世界木薯生产规模在此基础上会进一步扩大。

第二节　我国木薯产业的基本情况

　　2008 年 7 月，农业部与财政部联合颁发农科教发〔2008〕5 号文件，将木薯纳入两部门联合构建的 50 个现代农业产业技术体系。自此，我国木薯产业进入以育种、栽培、加工等重点环节为科技支撑的现代产业体系发展阶段。2008 年以后，我国木薯市场经历了大幅调整。由于木薯加工原料不足、成本上涨、国家环保规制力度加大以及逐步下调并取消生物燃料乙醇财政补贴，我国木薯加工业加快淘汰落后产能的步伐，木薯加工企业数量从 2008 年的 200 多家大幅减少至近年来的不足 50 家，木薯淀粉和木薯酒精产量也大幅下降。其中，木薯淀粉产量从 2008 年的 89.54 万 t 下降到 2019 年 17.01 万 t。这也导致我国木薯生产规模缩小。根据南亚办（农业农村部南亚热带作物中心）数据，我国木薯收获面积从 2008 年的 38.94 万 hm^2 减少到 2013 年的 37.17 万 hm^2，产量从 793.94 万 t 下降到 735.68 万 t，产业发展规模进一步缩小。作为最大的木薯主产区，广西木薯收获面积从 2014 年的 22.41 万 hm^2 减少到 2020 年的 17.38 万 hm^2，木薯干片产量从 182.82 万 t（约合鲜薯 438.77 万 t）下降到 167.48 万 t（约合鲜薯 385.20 万 t），分别下降 22.45% 和 8.39%。我国木薯干片净进口量在 2015 年达到 937.64 万 t 的峰值后，逐年下降到 2019 年的 283.76 万 t；木薯淀粉的净进口量则扩大至 2019 年的 266.83 万 t。2020 年起，随着木薯酒精、木薯淀粉以及粮饲木薯需求的增长，我国木薯淀粉、木薯酒精等行业发展回暖，对木薯需求增加，导致主产区木薯收购价格上涨，激发了主产区农民种植木薯的积极性，使木薯生产规模有所扩大。根据 FAO（联合国粮食及农业组织的简称）数据，2019—2022 年我国木薯收获面积从 30.28 万 hm^2 增加到 30.46 万 hm^2，产量从 504.27 万 t 增长到 504.90 万 t，分别增长 0.59% 和 0.12%。2023 年，广西木薯种植面积为 15.62 万 hm^2，木薯干片产量为 161.53 万 t（约合鲜薯 371.52 万 t），同比分别增长 0.45% 和 2.64%。目前，国内各木薯主产区生产水平存在较大差距，其中一些地区由于缺乏木薯加工厂或收购商，木薯生产仍以农户分散经营为主，生产经营规模化程度不高，机械化程度低。

依托国家木薯产业技术体系的科技支撑，中国木薯产业围绕"能源化、食用化、特用化、效益化、国际化"发展理念，科技创新能力得到明显增强，推动产业实现可持续发展。在木薯育种方面，中国热带农业科学院（简称中国热科院）、广西亚热带作物研究所、广西大学等选育出一批高产、优质、抗风性强的食用、饲用和工业应用型木薯新品种。在木薯栽培方面，通过发展间作套种栽培模式，有效提高了木薯种植效益。同时，我国木薯产业"走出去"步伐加快，在东南亚、非洲国家开展木薯产业投资与技术合作。例如，2019 年，中凯国际在赞比亚投资 900 万美元建设以木薯和玉米为原料的乙醇加工厂；中国热科院与国内诸多企业签署合作协议，为企业海外木薯基地提供技术指导和新品种示范栽培等。总体来看，我国在木薯育种、食品化加工、全程机械化等领域的关键技术研发已走在世界前列，并在粮饲化产业关键技术研发与集成应用方面都取得了较多创新性成果，实现了从资源输入国向品种和技术输出国的转变。

第三节　我国木薯产业发展的问题及技术需求

一、木薯产业存在的问题

1. 供需矛盾突出，产业对外依存度过高

我国木薯产量增长的速度明显滞后于市场需求的增速，导致木薯加工业的产能受到极大限制，对国外原料进口依赖度不断加大。国内木薯供需矛盾突出，已成为制约我国木薯产业发展的主要瓶颈。在世界木薯供需不平衡态势加剧的背景下，特别是老挝、柬埔寨等国家的木薯产业升级，其鲜薯主要用于本国加工利用，跨国流动受限，这可能进一步推高了区域木薯加工原料价格，进而增加了中国木薯的进口成本。因此，亟须强化政策支持，推动产业节本增效，稳步增加国内木薯供给，同时保障木薯国际供应链的稳定。

2. 现代农业生产经营水平有待进一步提高

长期以来，木薯主要种植在我国南方的丘陵、山地地区，导致生产主要靠人工，机械化程度低，人工费占总成本的 65% 以上。近年来，随着生产成本尤其是劳动力成本和土地成本的大幅上升，木薯种植收益逐渐下降。尽管在国家木薯产业技术体系的科技支撑下，木薯全程机械化装备和无人机飞防作业等机械化智能化生产有所加快，但是木薯生产仍面临机械化和自动化程度不高、农机农艺融合不够等问题。推动木薯生产机械化的重要前提是农机农艺结合和智能化种植采收。亟须加强对木薯机械化种植模式及其种管收装备的研发，提高农艺农机结合的适用性和耐用性，并提升其高效性能。

3. 加工企业的全产业链发展能力不强

企业是产业发展的主体和关键力量，对引领木薯产业持续健康发展起着主导性作用。我国木薯企业在市场中的引领和带动作用有所下降，主要表现在以下两方面：一方面，"十三五"时期，受国家环保政策、粮食调控政策变化及企业自身盈利能力下降的影响，一批精深加工能力不强的木薯加工企业被淘汰，导致原有的木薯优势种植区域因失去加工企业的辐射带动而被迫调整种植结构；另一方面，现有企业在品种研发、农资供应、种植生产、粗加工、深加工、分销、消费等全产业链发展能力不强，产业链条容易脱节。总体来看，当前我国木薯企业的产品研发能力和盈利能力在不断提升，市场发展状况总体向好，但仍以初级加工产品为主，同质化严重，缺乏主打产品和品牌，产品附加值低，整体效益水平不高。

4. 乡村特色食用木薯加工业亟须升级

近年来，我国食用木薯的开发利用发展速度较快，木薯粉、木薯粉条、木薯小吃等具有乡村特色的食用木薯加工业在部分地区逐渐成为农民增收的重要渠道。然而，农户加工鲜薯的组织化程度低、加工专用设备缺乏、加工方式落后、成本过高，制约了产业的进一步发展。需要在品种选育、间套种技术、生产和加工轻简生态化设备研发技术上加以突破和支持。亟须建立食用木薯技术研发和推广科研专项，以集中解决优良食用品种选育不足及推广覆盖率低、鲜薯保鲜技术滞后、鲜薯冷藏和加工技术成本过高、产品标准化程度低等关键技术难题。

5. 病虫草害的威胁仍然较大

危险性外来入侵的病虫害具有突发性、暴发性和毁灭性。全球气候变暖加剧了自然物种行为变异，全球经济一体化则加剧了自然物种和病害的迁移。木薯的主要病害包括细菌性萎蔫病、危险性花叶病和褐斑病。细菌性萎蔫病是我国木薯最严重的病害，危险性花叶病已入侵我国并在主要种植区普遍发生，而褐斑病依然是生产中的重要病害。国内外对这些病害的田间成灾因子、病原菌分子致病机理、木薯抗性机制等方面的研究仍然缺乏，制约了相关监控技术的研发。在主要虫害方面，已入侵害虫的致害性变异日趋频繁，新致害类型（小种、生物型、生态型）不断产生肆意扩散蔓延，新的危险性害虫不断入侵扩张，次要害虫逐渐发展演变成毁灭性生物灾害。此外，外来危险性入侵害虫的快速检测监测技术，以及适用于不同产地环境、用途和栽培模式的虫害全程绿色防控关键技术与支撑理论严重缺乏。应急防控与持续控害减灾能力薄弱，重大害虫致害变异与暴发成灾风险不断上升，突发和暴发性频率增加，作物产业与区域经济面临毁灭性打击的生物安全形势日趋严峻。近年来，东盟木薯主产国泰国和越南的规模性木薯病虫害频发，需要防范这些病虫害通过边境或贸易（干片）等方式输入我国。

二、我国木薯产业发展的技术需求

（一）加快建设现代木薯种业，加强新品种和新种质的推广和应用

木薯种业的健康持续发展对促进热区农业高质量发展和保障国家粮食安全具有重要的支持作用。建设现代木薯种业是贯彻落实种业强国和深化种业体制机制改革的必然要求。首先，要构建资源精准评价体系，发掘关键基因，如抗病基因、耐寒基因等，为生物育种提供基础材料；其次，提升生物育种水平，选育抗逆性和突破性新品种；再次，加强主产区的规范化种苗繁育基地建设，确保健康种苗的有效供应；最后，以选育粮饲化和能源化品种为研发重点，选育具有抗病性强、酒精转化率高、蛋白含量高的能源化和粮饲化品种。

（二）提高产业的现代化生产水平

生产设施、技术和管理的现代化及生产的标准化是提高农业综合生产效益的关键。未来一段时期，木薯产业需要在生产管理机械和数字化、经营集约

化、服务社会化上取得突破。巩固木薯主产区生产，提高木薯生产效益。首先，在数字技术快速发展的背景下，加快木薯生产和管理数字技术的研发推广，建立数字化的技术推广平台；其次，促进农机农艺相结合，在具备一定生产规模的地区大力推广应用全程机械化生产技术，提高单作木薯种植、田间管理和收获装备水平；再次，主攻木薯间套作全程机械化种植模式研究，分机械种植和人工种植两类，最终都要适合机械化收获，以降低收获成本；还需探索调整适宜不同地域土壤条件的机械化种植和作业模式，并改进适宜不同地域作业的机械化装备。在经营上，要因地制宜地探索适合不同地区的木薯间套作模式或养殖模式，结合当地适合间套作（养殖）的特色优势农产品，拓宽农民增收渠道。完善产品检测技术标准、产品产业化生产技术规程和质量标准，建立健全产品安全检测方法和检测指标，并开展木薯块根营养型、功能型利用技术和木薯叶活性成分提取利用技术，以及安全检测技术，为木薯产业综合利用效益的提升奠定基础，提供技术保障，推动产业的可持续发展。

（三）优化产业加工利用的多元化布局

加快发展粮经饲统筹、"种养加"一体、农牧渔结合的现代木薯产业，促进木薯产业结构不断优化升级。在稳定木薯淀粉和酒精加工业发展的同时，要因地制宜地推进木薯粮饲化和特用化。在大食物观背景下，顺应城乡居民消费拓展升级趋势，发掘木薯新功能、新价值，结合当地资源，开展木薯产品生产加工、综合利用关键技术研究与示范，推动木薯初加工、深加工和粮饲化利用加工协调发展，实现木薯产品多层次、多环节的转化增值。构建木薯产业链，开发利用木薯产品生态链，依靠多元化开发和增加产品附加值，增强企业的盈利和辐射带动能力。在粮饲化方面，重点开展木薯饲料化利用栽培、原料处理、贮藏加工，以及副产物综合利用等饲料化利用技术的示范推广工作。

（四）推进乡村特色木薯产业全产业链发展，强化木薯产业经济研究

根据乡村特色木薯产业发展的实际情况，要因地制宜，发挥优势，着力打造"一村一品""一乡一业"的发展格局，壮大乡村木薯产业。以完善利益联结机制为核心，以制度、技术和商业模式创新为动力，优化产品加工工艺和加工技术，开发特色木薯食品和生物发酵饲料。开展食用木薯产地初加工技术示范、地方特色木薯食品加工技术示范，重点推进木薯食品的原料处理、贮藏保鲜和加工利用等方面的小型化、轻简化加工技术研发和示范推广。迎合休闲农业发展的需要，探索和开发木薯元素在休闲体验农业上的应用，挖掘薯类作物的科普、文化、教育功能，探索适合各地方的休闲木薯模式，强化木薯产业经济研究，提高木薯综合利用效益。鼓励在乡村振兴重点帮扶县开展木薯发展项目，提升乡村木薯加工水平和产销能力，促进木薯与乡村其他一、二、三产业高度融合，创建特色木薯产品品牌，推动乡村木薯产业兴旺。

(五) 构建完善的产业数字信息数据库和信息监测体系

采用先进的计算机和网络技术，对木薯产业中的基础数据进行动态系统集成，包括数据采集、存贮、管理、分析和智能化推理，建立标准化的信息交换基础数据库。构建涵盖木薯育种、生产成本与收益、病虫草害、加工、营养品质等生产全技术流程方面的基础数据库。例如，在木薯加工方面，重点建立木薯产区块根加工特性数据库、加工品质综合评价体系、主要加工企业及加工技术和推广的信息数据库，为产品生产的可追溯体系建设奠定基础。在信息监测方面，持续进行产业经济信息监测，并建立有害生物基础数据信息平台，加强木薯病虫草害预警监测，进行木薯杂草发生预测、监测及防除技术研发及应用，其中包括杂草发生预测预报、高效低毒化学除草剂的组配与安全使用技术研发、新型生物源除草剂的研发与应用；建立病害监测预警网络，实现木薯植保和病害疫情防控治理的智能化管控。

第二章 国家木薯产业技术体系建设

国家木薯产业技术体系依托中国热科院热带作物品种资源研究所,下设6个功能研究室,由18位岗位科学家和12个试验站组成。该体系自"十一五"到"十四五"期间,从初期以"技术＋服务"为理念,发展到以"粮饲化、能源化、特用化、效益化和国际化"(简称"五化")为核心理念,并以"木薯是粮饲供给的有效补充,一带一路发挥作用"为综合发展目标,取得了从单纯技术研发到技术研发与成果应用并重的重大跨越。该体系在引领国家木薯、辣木等特色热带作物产业发展方面,承担着重要责任,将"五化"理念与"转方式""调结构""一带一路""科技扶贫"等国家战略方针有机结合,为产业发展提供了理论指导和技术支撑。十余年来,国家木薯产业技术体系的专家队伍不断壮大,从"十一五"期间的8岗9站76名核心骨干和60名示范县技术骨干,扩大到"十三五"期间的18岗12站(包括辣木3岗2站)120名核心骨干和180名示范县技术骨干。到"十四五"期间,体系包括从事木薯、辣木、咖啡、胡椒、波罗蜜研究的岗位科学家18名,综合试验站13个(包括辣木2岗2站,咖啡、胡椒、波罗蜜各1岗2站)。科技研发和示范推广人员覆盖产前、产中、产后各个环节,将国内从事木薯、辣木、胡椒、波罗蜜研究、技术推广和加工生产的各方面人才紧密联系在一起。该体系逐步推动形成了木薯、辣木科技行业联盟、农业农企联盟、农民专业合作社联盟以及产品生产销售联盟,这些联盟已成为促进我国木薯、辣木、咖啡、胡椒、波罗蜜产业发展的主力军。

第一节 木薯产业技术体系组织构架

一、"十一五"体系构架

根据原农业部(现农业农村部)的建设安排,国家木薯产业技术体系首席科学家设立在中国热科院热带作物品种资源研究所,由李开绵研究员担任。该体系包括1个产业技术研发中心、3个功能研究室和9个综合试验站(见表1-1、表1-2)。这3个功能研究室分别为:遗传育种研究室、栽培和植保研究室、加工与综合研究室,每个研究室设有一个研究室主任岗位。9个综合试验站分布在海南、广西、广东、云南、福建和江西,其中广西有4个试验站，海南、广东、云南、福建和江西各有 1 个试验站。

表1-1 "十一五"国家木薯产业技术体系产业研发中心构架

岗位名称	聘用人	所属研究室	所在单位
种质资源评价	李开绵	遗传育种	中国热带农业科学院热带作物品种资源研究所
分子育种	张鹏	遗传育种	中国科学院上海生命科学研究院
常规育种	王文泉	遗传育种	中国热带农业科学院热带生物技术研究所
种苗繁育	韦本辉	遗传育种	广西壮族自治区农业科学院
病害防控	黄贵修	栽培和植保	中国热带农业科学院环境与植物保护研究所
土壤与肥料	李军	栽培和植保	广西壮族自治区亚热带作物研究所
采后处理与加工	蒋盛军	加工与综合	中国热带农业科学院热带作物品种资源研究所
新产品开发与利用	古碧	加工与综合	广西大学

表1-2 "十一五"国家木薯产业技术体系试验站构架

试验站名称	站长	示范区域	依托单位
保山综合试验站	刘光华	云南保山市隆阳区、瑞丽市	云南省农业科学院
北海综合试验站	肖子盈	广西浦北合浦县	广西壮族自治区合浦县农业科学研究所
南昌综合试验站	袁展汽	江西东乡县	江西省农业科学院
广州综合试验站	覃新导	广东高要县	中国热带农业科学院广州实验站
白沙综合试验站	林世欣	海南白沙县	海南省白沙县农业科学研究所
梧州综合试验站	田益农	广西苍梧县	广西壮族自治区亚热带作物研究所
武鸣综合试验站	李兆贵	广西武鸣县	广西壮族自治区武鸣县农业技术推广中心
三明综合试验站	周高山	福建大田县	福建省三明市大田县农业科学研究所
桂林综合试验站	范大泳	广西全州县	广西壮族自治区桂林市农业科学研究所

二、"十二五"体系构架

在"十二五"期间，体系产业研发中心新增了 2 个岗位，分别是害虫防控岗位和栽培管理岗位。此外，新增了 1 个位于长沙的综合试验站。该体系现在共设有 10 个岗位和 10 个综合试验站（见表1-3、表1-4）。

表1-3 "十二五"国家木薯产业技术体系产业研发中心构架

岗位名称	聘用人	所属研究室	所在单位
种质资源评价	李开绵	遗传育种	中国热带农业科学院热带作物品种资源研究所
分子育种	张鹏	遗传育种	中国科学院上海生命科学研究院
常规育种	王文泉	遗传育种	中国热带农业科学院热带生物技术研究所

（续）

岗位名称	聘用人	所属研究室	所在单位
种苗繁育	韦本辉	遗传育种	广西壮族自治区农业科学院
病害防控	黄贵修	栽培和植保	中国热带农业科学院环境与植物保护研究所
土壤与肥料	李军	栽培和植保	广西壮族自治区亚热带作物研究所
害虫防控	陈青	栽培和植保	中国热带农业科学院环境与植物保护研究所
栽培管理	黄洁	栽培和植保	中国热带农业科学院热带作物品种资源研究所
采后处理与加工	蒋盛军	加工与综合	中国热带农业科学院热带作物品种资源研究所
新产品开发与利用	古碧	加工与综合	广西大学

表1-4　"十二五"国家木薯产业技术体系试验站构架

试验站名称	站长	示范区域	依托单位
保山综合试验站	刘光华	云南保山市隆阳区、瑞丽市	云南省农业科学院
北海综合试验站	肖子盈	广西浦北合浦县	广西壮族自治区合浦县农业科学研究所
南昌综合试验站	袁展汽	江西东乡县	江西省农业科学院
广州综合试验站	覃新导	广东高要县	中国热带农业科学院广州实验站
白沙综合试验站	林世欣	海南白沙县	海南省白沙县农业科学研究所
梧州综合试验站	田益农	广西苍梧县	广西壮族自治区亚热带作物研究所
武鸣综合试验站	李兆贵	广西武鸣县	广西壮族自治区武鸣县农业技术推广中心
三明综合试验站	周高山	福建大田县	福建省三明市大田县农业科学研究所
桂林综合试验站	范大泳	广西全州县	广西壮族自治区桂林市农业科学研究所
长沙综合试验站	宋勇	湖南江永县	湖南农业大学

三、"十三五"体系构架

在"十三五"期间，体系产业研发中心新增了9个岗位，分别是木薯抗逆材料创制岗位、辣木种质资源与育种岗位、生物防治与综合防控岗位、辣木栽培模式岗位、生产管理机械化岗位、质量安全与营养品质评价岗位、秸秆与副产物综合利用岗位、辣木产品加工岗位和木薯产业经济岗位。原有的种质资源评价岗位更名为种质资源收集与评价岗位，分子育种岗位更名为育种技术与方法岗位，常规育种岗位更名为木薯品种改良岗位，种苗繁育岗位更名为木薯繁育技术与质量控制岗位，栽培管理岗位更名为栽培生理岗位，土壤与肥料岗位更名为土肥水管理岗位，采后处理与加工岗位更名为木薯产品加工岗位。此外，减少1个新产品开发与利用岗位，增设了贵港、西双版纳和楚雄3个综合试验站，同时减少了1个梧州综合试验站。整个体系共有18个岗位和12个综合试验站（见表1-5、表1-6）。这18个岗位按学科划分为6个研究室，即遗传改良研究室、栽培与土肥研究室、病虫草害防控研究室、机械化研究室、加工研究室和产业经济研究室。

表1-5 "十三五"国家木薯产业技术体系产业研发中心构架

岗位名称	聘用人	所属研究室	所在单位
种质资源收集与评价	李开绵	遗传改良	中国热带农业科学院热带作物品种资源研究所
育种技术与方法	张鹏	遗传改良	中国科学院分子植物科学卓越创新中心
木薯抗逆材料创制	郭建春	遗传改良	中国热带农业科学院热带生物技术研究所
木薯品种改良	王文泉	遗传改良	中国热带农业科学院热带生物技术研究所
木薯繁育技术与质量控制	申章佑	遗传改良	广西壮族自治区农业科学院
辣木种质资源与育种	曾千春	遗传改良	云南农业大学
栽培生理	黄洁	栽培与土肥	中国热带农业科学院热带作物品种资源研究所
土肥水管理	李军	栽培与土肥	广西壮族自治区亚热带作物研究所
辣木栽培模式	张祖兵	栽培与土肥	云南省热带作物科学研究所
病害防控	黄贵修	病虫草害防控	中国热带农业科学院环境与植物保护研究所
虫害防控	陈青	病虫草害防控	中国热带农业科学院环境与植物保护研究所
生物防治与综合防控	陈银华	病虫草害防控	海南大学
生产管理机械化	邓干然	机械化	中国热带农业科学院农业机械研究所
木薯产品加工	张振文	加工	中国热带农业科学院热带作物品种资源研究所
质量安全与营养品质评价	陆柏益	加工	浙江大学
秸秆与副产物综合利用	孙海彦	加工	中国热带农业科学院热带生物技术研究所
辣木产品加工	盛军	加工	云南农业大学
木薯产业经济	谭砚文	产业经济	华南农业大学

表1-6 "十三五"国家木薯产业技术体系试验站构架

试验站名称	站长	示范区域	依托单位
三明综合试验站	周高山	福建大田县、上杭县、龙岩市永定区、永安市、永春县	福建省大田县农业科学研究所
南昌综合试验站	林洪鑫	江西东乡区、吉水县、于都县、大余县、安远县	江西省农业科学院土壤肥料与资源环境研究所
长沙综合试验站	宋勇	湖南江永县、吉首市、道县、龙山县、郴州市苏仙区	湖南农业大学
广州综合试验站	何时雨	广东开平市、化州市、大埔县、东源县、云浮市云安区	中国热带农业科学院广州实验站

（续）

试验站名称	站长	示范区域	依托单位
武鸣综合试验站	李兆贵	广西武鸣区、隆安县、宾阳县、马山县、上林县	广西壮族自治区南宁市武鸣区农业农村综合服务中心
北海综合试验站	肖子盈	广西合浦县、北海市铁山港、钦州市钦南区、浦北县、灵山县	广西壮族自治区合浦县农业科学研究所
贵港综合试验站	田益农	广西桂平市、贵港市覃塘区、贵港市港北区、藤县、平南县	广西壮族自治区亚热带作物研究所
桂林综合试验站	周宾	广西临桂县、龙胜县、武宣县、贺州市八步区、灵川县	广西壮族自治区桂林市农业科学院
白沙综合试验站	欧文军	海南白沙县、儋州市、文昌市、琼中县、昌江县	中国热带农业科学院热带作物品种资源研究所
保山综合试验站	刘光华	云南马关县、勐海县、元阳县、河口县、保山市隆阳区	云南省农业科学院热带亚热带经济作物研究所
西双版纳综合试验站	李海泉	云南瑞丽市、元江县、红河县、河口县、勐海县	云南省热带作物科学研究所
楚雄综合试验站	金杰	云南元谋县、楚雄市、保山市、文山州、昆明市东川区	云南省农业科学院热区生态农业研究所

四、"十四五"体系构架

在"十四五"期间，体系产业研发中心新增了咖啡种质资源与新种质创制岗位，同时暂停辣木种质资源与育种岗位。此外，新增了海南万宁和云南德宏2个综合试验站，并暂停了楚雄综合试验站。现在，整个体系共有18个岗位和13个综合试验站（见表1-7、表1-8）。

表1-7 "十四五"国家木薯产业技术体系产业研发中心构架

岗位名称	聘用人	所属研究室	所在单位
种质资源收集与评价	李开绵	遗传改良	中国热带农业科学院热带作物品种资源研究所
育种技术与方法	张鹏	遗传改良	中国科学院分子植物科学卓越创新中心
木薯抗逆材料创制	郭建春	遗传改良	中国热带农业科学院热带生物技术研究所
木薯品种改良	陈新	遗传改良	中国热带农业科学院热带生物技术研究所
木薯繁育技术与质量控制	申章佑	遗传改良	广西壮族自治区农业科学院
咖啡种质资源与新种质创制	闫林	遗传改良	中国热带农业科学院香料饮料研究所
栽培生理	黄洁	栽培与土肥	中国热带农业科学院热带作物品种资源研究所

（续）

岗位名称	聘用人	所属研究室	所在单位
土肥水管理	李军	栽培与土肥	广西壮族自治区亚热带作物研究所
辣木栽培模式	张祖兵	栽培与土肥	云南省热带作物科学研究所
病害防控	黄贵修	病虫草害防控	中国热带农业科学院环境与植物保护研究所
虫害防控	陈青	病虫草害防控	中国热带农业科学院环境与植物保护研究所
生物防治与综合防控	陈银华	病虫草害防控	海南大学
生产管理机械化	邓干然	机械化	中国热带农业科学院农业机械研究所
木薯产品加工	张振文	加工	中国热带农业科学院热带作物品种资源研究所
质量安全与营养品质评价	陆柏益	加工	浙江大学
秸秆与副产物综合利用	孙海彦	加工	中国热带农业科学院热带生物技术研究所
辣木产品加工	田洋	加工	云南农业大学
木薯产业经济	谭砚文	产业经济	华南农业大学

表1-8 "十四五"国家木薯产业技术体系试验站构架

试验站名称	站长	示范区域	依托单位
三明综合试验站	刘传森	福建大田县、三明市沙县区、龙岩市永定区、永安市、永春县	福建省大田县农业科学研究所
南昌综合试验站	林洪鑫	江西抚州市东乡区、吉水县、于都县、大余县、安远县	江西省农业科学院土壤肥料与资源环境研究所
长沙综合试验站	宋勇	湖南江永县、吉首市、道县、龙山县、郴州市苏仙区	湖南农业大学
广州综合试验站	李伯松	广东开平市、化州市、大埔县、东源县、云浮市云安区	中国热带农业科学院广州实验站
武鸣综合试验站	李兆贵	广西南宁市武鸣区、隆安县、宾阳县、马山县、上林县	广西壮族自治区南宁市武鸣区农业农村综合服务中心
北海综合试验站	劳赏业	广西合浦县、北海市铁山港、钦州市钦南区、浦北县、防城港市	广西壮族自治区合浦县农业科学研究所
贵港综合试验站	卢赛清	广西桂平市、覃塘区、贵港市港南区、藤县、平南县	广西壮族自治区亚热带作物研究所
桂林综合试验站	周宾	广西临桂县、龙胜县、武宣县、富川县、灵川县	广西壮族自治区桂林市农业科学院
白沙综合试验站	欧文军	海南白沙县、儋州市、屯昌县、琼中县、昌江县	中国热带农业科学院热带作物品种资源研究所

（续）

试验站名称	站长	示范区域	依托单位
保山综合试验站	刘光华	云南马关县、勐海县、元阳县、河口县、保山市隆阳区	云南省农业科学院热带亚热带经济作物研究所
西双版纳综合试验站	李海泉	云南瑞丽市、元江县、红河县、河口县、勐海县	云南省热带作物科学研究所
咖啡云南德宏综合试验站	李锦红	云南的普洱市思茅区、镇康县、芒市、保山市隆阳区、孟连县	云南省德宏热带农业科学研究所
咖啡海南万宁综合试验站	杨建峰	海南文昌市、琼海市、海口市	中国热带农业科学院香料饮料研究所

第二节　木薯产业技术体系核心任务

一、体系"十一五"核心任务

1. 高产、高淀粉、耐寒、加工专用型木薯新品种（品系）培育

在常规育种、分子育种和基因工程等技术集成的基础上，强化对木薯种质库中基因资源的挖掘和遗传重组；利用各个功能研究室和试验站布局，设计和实施优良基因型筛选与新品系的试验示范，培育3~5个高产、高淀粉率、耐寒、高乙醇转化效率的优异新品种（品系），以满足多种生产需求。由遗传育种研究室、栽培与植保研究室、综合与加工研究室与相关综合试验站共同完成这一任务，并培训区域内主产县的农技人员和种植户。

2. 集成高产、高效的木薯综合生产技术体系

根据木薯主栽品种的生长发育特性，在现有栽培技术的基础上，进一步开展优质、抗逆、高产、高效的木薯生产技术研究。建立木薯主要病虫草害检测监测预警技术体系，联合研发并建立木薯花叶病毒病、细菌性枯萎病检测技术，细菌性枯萎病、螺旋粉虱监测网络，以及花叶病毒病预警技术。研发木薯褐斑病、炭疽病、朱砂叶螨、地下害虫等木薯主要病虫草（螨）害综合防治技术，并在4个综合试验站完成试验后进行示范推广。栽培与植保研究室及相关综合试验站共同完成这项任务，并培训区域内主产县的农技人员和种植户。

3. 木薯加工特性分析与新产品研发

对我国木薯主栽品种（系）的加工特性指标连续跟踪分析，并研发4套新的木薯加工产品和工艺。这些工艺包括木薯淀粉可降解医用生物膜、新型木薯造纸变性淀粉生产工艺、新型木薯生物饲料生产工艺和新型木薯乙醇生产工艺。此外，还集成2套木薯副产物及加工副产品的综合利用技术。这些工艺将在木薯产区的木薯加工企业进行生产试验示范。试验示范完成后，加工与综合研究室将与各企业合作，开展对主产县相关人员和种植大户培训，促进技术推广。同时，综合与加工研究室、栽培与植保研究室、遗传育种研究室与相关综合试验站将共同完成对区域内主产县的农技人员和种植户的培训。

二、体系"十二五"核心任务

1. 优质高产、耐低温品种选育

通过引进国外优异的木薯新种质，开展田间和实验室评价及远缘杂交育种，选育出新材料和新品系；获得重要农艺性状分子标记并应用于育种中；加强木薯分子生物学研究，利用基因工程育种技术，筛选和选育优质、高产、耐低温的品种。

2. 不同生态区域高产栽培技术集成

研究北移种植在不同生态区和不同土壤条件下木薯高产、耐低温生产技术，包括水肥需求规律、干物质分配规律及其调控技术，研发营养诊断及测土平衡施肥技术；研究不同生态区的高产高效栽培模式，包括适宜的地膜覆盖技术和间套种等技术。

3. 病虫草害综合防控技术

研究不同种植环境、品种、耕作制度与栽培模式下木薯病虫草害的种类、发生与流行关键因子及其确定技术，建立危险性有害生物监测预警技术，提出适于我国主要木薯生态区的病虫草害综合防控技术，并进行技术熟化与示范推广。

4. 种苗扩繁、贮藏技术

研究木薯种茎耐低温贮藏技术，包括窖藏、洞藏和设施贮藏技术；开展良种种苗的扩繁技术研究，包括组织培养技术、繁育技术和推广应用技术，旨在为木薯产业的生产提供优良种苗。

5. 加工常用性能评价技术

对田间杂交育种选育的新材料、新品系以及引进的巴西、哥伦比亚和泰国等地区的高产、优质、耐低温的木薯新种质进行加工常用的"特性指标"（如氢氰酸、支链淀粉含量等）的项目分析，筛选出木薯酒精生产专用品种，继续改进木薯淀粉发酵生产燃料乙醇的工艺流程。

6. 种植、收获机械研制技术

研制木薯种植、收获等机械，包括粉垄机械、播种机械、盖膜机械和收获机械，开发适用于木薯主产区缓坡及平地的高效种植和收获机械，以实现深耕深松和提高保水能力，推动木薯机械化种植与采收。

7. 小型机械机械化种植、收获技术

针对机械化种植、收获所需的栽培技术，开展配套栽培技术研究，包括种

植密度、种植方法、施肥技术、化学除草技术、采收技术和病虫害防治技术；综合评价集成技术的经济和生态效益，形成适合不同区域机械化生产需求的栽培技术和植保技术。

8. 机械化生产技术参数研究

在不同生态区对主导品种进行机械化生产农艺参数研究，包括株型、种植密度、种植模式和种植方式等，并进行综合鉴定，筛选出适宜缓坡地机械化种植木薯品种和栽培模式。

9. 木薯缓坡地高效生产技术集成示范

在木薯主产区的缓坡地进行技术集成与示范。

三、体系"十三五"核心任务

1. 木薯耐寒、耐盐早熟种质资源收集，引种交换及精准鉴定

引进适宜我国北移种植区域的木薯野生近缘种和核心种质，以及各国近年来培育的耐寒早熟新品种和新种质；对引进品种和种质进行隔离检疫和扩繁，并登记入圃，保存无检疫出病虫害的材料；对已有和引种交换的耐寒种质进行农艺、品质、资源高效利用、抗逆、抗病虫等性状的精准鉴定；制定鉴定技术规程，建立种质资源鉴定评价数据库和观测网络。

2. 木薯耐寒、耐盐早熟新种质创制利用与新品种选育

通过近缘和远缘有性杂交、人工诱变和转基因技术等手段，发掘重要基因和创制耐寒、耐盐早熟木薯新种质，培育和审定具有自主知识产权的新品种；在江西、长江以北等区域试种示范和推广。

3. 木薯北移高效生产关键技术研究

研究和制定木薯种茎寒害、冻害的等级指标及灾损评估标准，研发智能控制种茎储运与繁育技术；结合北移不同生态区域的生态条件，研究种茎的耐低温基础生理生化变化，评价不同药剂对种茎耐低温能力的影响，筛选耐低温能力强品种（品系），总结提出不同生态区的耐低温处理技术；探明木薯北移生长发育规律，突破北移种植的低温障碍、间套作生产、肥水高效利用等关键技术研究；提出农药减施与病虫草害综合防控策略，鉴选和创制抗病虫种质，研发区域性病虫草害防控关键技术；根据不同地区、不同土壤、不同农艺模式的木薯生产实际，因地制宜研发系列化的木薯生产机械，开展木薯生产农机农艺结合研究；研发木薯种植与管理机械化技术、木薯收获机械化技术、木薯初级工与综合利用机械化技术及配套设备。

4. 木薯北移关键加工技术集成与质量安全

研发木薯粉小型化加工工艺、加工技术和小型设备集成技术；制定木薯粉小型化利用技术规范和行业标准；开展初加工副产物饲料化利用技术研发，初步建立木薯粉小型化利用技术标准和质量安全体系。

5. 木薯北移技术集成与示范推广

集成并创建以区域为单元、不同寒情和耕作制度下的木薯北移综合技术模式，制定相关技术规程；探索和培育新型农资经营主体，构建专业化、社会化农事服务体系；建立木薯北移综合技术核心示范区，以不同寒情和耕作制度为技术示范单元开展技术辐射示范。

6. 木薯北移产业化发展研究

基于北部区域资源禀赋情况，跟踪分析木薯北移产业化发展的潜在优势与经济效益。

7. 粮饲专用型种质创制及新品种选育

利用杂交选育、人工诱变和生物技术选育高淀粉、高蛋白、高胡萝卜素、高花青素的适宜粮饲加工的木薯专用品种（系），开展系统营养评价和分析，建立木薯粮饲化品种需求和推广标准，选育并审定1个可食用木薯新品种，建立食用饲用木薯品种目录。

8. 优质高效栽培模式及配套技术

针对木薯粮饲化品种，开展优质高效栽培模式及配套技术研究，研究因地选种、种植方法、地膜覆盖、间套种、水肥管理、合理采叶、适时收获和无公害生产技术，提出高效的栽培模式，制定木薯粮饲化品种生产技术规程。

9. 病虫草害绿色防控技术

提出农药减施与病虫草害绿色防控策略，鉴选和创制抗病虫种质，选育抗病品种，研发区域性病虫草害绿色防控关键技术。

10. 粮饲新产品的研发与质量风险评估

①采用物理、化学和生物等技术手段集成鲜食木薯块根快速处理技术；②研发不同类型木薯休闲食品和副产物饲料化利用技术；③建立木薯食品和饲料产品质量风险检测技术。

11. 饲用木薯的经济效益分析

建立饲用木薯固定观察点，及时获取成本收益资料和价格信息。初步建立饲用木薯经济效益分析模式。

12. 示范与推广

体系链各岗位专家提供满足"木薯粮饲"需求的新品种、标准栽培技术规程、安全绿色防控技术规程、清洁生产"粮饲"加工技术规程，为市场提供满足木薯"粮饲"商品产业链的技术储备。探索休闲薯业模式，提高木薯综合利用效益。

13. 辣木种质资源收集与评价

收集亚洲、非洲辣木种质资源，包括高钙、高叶酸、高 γ-氨基丁酸含量和抗虫的种质，进行工农艺性状综合评价。跟踪东南亚、非洲辣木危险性有害生物疫情基本信息并研发其检验监测技术，建立外来辣木资源危险性有害生物检疫圃及种质资源圃。

14. 辣木专用型品种选育及种苗繁育技术

通过分子育种、单倍体育种和传统杂交育种等技术手段，选育专用型新品种，如高钙、高叶酸、高 γ-氨基丁酸含量及抗虫辣木新品种。针对湿热和干热辣木种植区，进行亲本选择与多亲本杂交聚合，结合分子选择技术，获取早代杂交株系，进行扩繁及适应性种植。

15. 辣木规范化种植及林下养殖技术

优化辣木高产栽培技术，开展辣木基质栽培、营养诊断及配方施肥、间套种、主要病虫害综合防控技术研究；创建辣木立体种养模式。

16. 辣木深加工产品研发

分离、纯化和制备辣木中功能活性因子，研究辣木功能活性因子的健康功效并阐明其对机体的作用机理，开发辣木系列深加工产品。

17. 辣木产业关键技术集成与应用

构建辣木规范化种植技术体系，在示范县（区）进行技术集成与示范推广；构建辣木中试化生产技术体系，将辣木深加工产品进行科研成果转化及推广应用。

四、体系"十四五"核心任务

1. 特异种质资源引进、鉴定及评价

通过"一带一路"国际合作，引进国外高产、抗病和高生物量特异木薯、辣木及其近缘种资源，开展资源鉴定和精准评价，完善国内现存资源的鉴定和精准评价体系。

2. 特异资源的创新利用

利用杂交育种和基因编辑等生物技术，根据产业需求，开展重要农艺性状基因发掘和功能验证，揭示高产抗逆分子调控机制，创制新材料并选育新品种。

3. 木薯健康种苗的繁育研究

建立优质健康种苗繁育基地，研发并推广脱毒健康种苗繁育技术，制定种苗繁育技术规程，加快健康种苗的繁育进程。

4. 高产优质栽培技术

针对特异优良品种开展高产优质栽培模式等系列配套技术研究，集成因地选种、间套种模式、水肥管理等关键技术，制定高产优质木薯栽培技术规程。

5. 抗病虫/耐除草剂种质评价与创新利用技术

建立重要病虫草害检测、监测预警技术研发及其监测网络，联合开展抗病虫害/耐除草剂种质鉴选，创制新种质。提出农药减施与病虫草害绿色防控策略，鉴选和创制抗病虫及耐除草剂种质，选育抗病及耐除草剂新品种，研发区域性特异种质创制和利用，研究有益微生物对木薯块根产量和品质的影响机制。

6. 贮藏保鲜技术、饲料化利用技术和品质评价分析

优化调压、调气和控湿等物理技术手段，集成鲜食木薯块根快速保鲜处理技术，建立商品化、产业化利用贮藏保鲜库；通过分析特异资源营养评价，筛选配套发酵菌剂，集成秆和副产物饲料化技术。评价不同品种食用木薯的品质，研究品种、土壤、生长周期等对食用木薯块根重金属含量的影响，制定食用木薯中重金属控制技术规范，保障木薯产品的食用安全性和合规性。

7. 示范与推广

推广种植体系各岗位专家提供的新品种（系），示范推广标准栽培技术规程、节本增效技术规程等技术。

8. 适宜机械化作业的优良木薯品种选育与种植示范

培育适宜机械化种植、收获和田间管理的木薯优良品种，结合食用品质和饲用品质的筛选与评价，发掘调控木薯株型、薯型及品质（如淀粉含量、黄酮、类胡萝卜素、蛋白质）的关键分子标记和基因，利用分子标记辅助选育和生物技术等手段，选育适宜机械化的新型优良木薯品种（系），并进行良种良法的种植示范。

9. 木薯高值化栽培和提质增效技术示范与推广

通过土壤改良、高产优质养分管理、延长供应期、特色休闲栽培等研究，研发集成食用木薯高值化栽培和提质增效技术模式。针对饲用木薯综合利用的需求，研究配套的高产优质栽培技术；通过木薯间套作，优化高产优质种植模式，实现木薯粮饲化全产业链增产提质增效。

10. 木薯病虫草害节本增效技术集成研究与应用示范

继续研发和熟化新发/危险性/重大（要）病虫草害检测、监测与预警技术，联合研发基于疫情遥感监测的病虫草害监测技术，完善病虫草害疫情监测网络。掌握国内及"一带一路"热带国家粮饲化木薯病虫草害疫情，并开展疫情安全管控研究。针对木薯粮饲化种植条件，开展抗病虫/耐除草剂种质资源的鉴选与创制利用，筛选安全高效药剂和生防菌剂，集成区域性节本增效技术，并进行示范与推广应用。

11. 木薯机械化装备研发与应用示范

研制预切式木薯切种机和种植机，结合切段种茎浸种处理（去病害、去虫害、补充养分等），建立预切式种植技术模式。发展木薯联合收获技术，重点解决"振动链式挖掘筛分＋薯－土分离机构＋液压驱动提升"整体化问题，研制全自动木薯收获机、木薯收集转运车。研究探索宜机化间套种作物农艺模式，并进行农机农艺融合试验，提高间套作模式与机械化的适应性，建立典型的木薯农机农艺高效融合的栽培模式。

12. 木薯新型食品及饲料加工技术示范与推广

针对木薯嫩梢含有丰富的蛋白质、总黄酮和矿物质的特点，比较不同木薯品种嫩梢的生长特性，优化加工工艺参数，分析营养成分，集成木薯嫩梢食品化利用技术，开发木薯嫩梢即食性产品，促进木薯食品多元化利用。通过木薯整株营养价值评价和筛选出配套整株发酵菌剂，研发木薯整株饲料化利用中饲料产品创制技术，并评估其饲养效果，在海南建设示范基地。深化木薯秸秆（渣）栽培食用菌技术，强化木薯产品品质评价和风险评估，构建完善的木薯品质指标体系和基于多维长时空表征的品质数据库。

13. 构建木薯粮饲化全产业链经济效益分析体系

通过调研，对木薯粮饲化全产业链进行经济效益分析，密切跟踪国外木薯粮饲化全产业链的发展情况，探讨木薯产业粮饲化发展存在的主要问题与对策。

14. 营养导向型辣木良种选育及规范化栽培体系构建

开展辣木种质营养评价及分析，筛选叶用型、果用型的辣木种质，开展种苗繁育方式、品比、利用及安全性评价；采用杂交选育、人工诱变、太空育种等技术手段，选育高产、高抗、高钙、高蛋白、高维生素 C 等专用的辣木新种质或品种（品系），并进行扩繁及适应性种植推广。开展辣木优质高效栽培及配套技术、模式的研究，包括叶用、果用等专用品种的选择、种植方式和模式的转变、水肥管理、树体管理、采收时间和方式选择及病虫害绿色防控等生产配套技术。构建营养导向型辣木良种选育及规范化栽培体系。

15. 辣木健康功效研究及新产品创制

分离辣木中的活性成分，结合细胞模型和实验动物模型，通过分子生物学、组学等手段，研究辣木的健康功效和致敏作用，并阐明其作用机理。基于健康功效研究，通过微生物发酵、生物转化等手段，集成辣木深加工工艺技术，研发健康产品、辣木主食类及休闲食品。构建辣木中试化生产技术体系，与企业产学研合作，将辣木深加工产品进行科研成果转化及推广应用。

16. 辣木粮饲化开发与利用

针对粮饲辣木的产业需求，开展采后处理、特性研究、功效成分及作用机理、安全性评价等研究，基于辣木叶营养特点及市场需求，研发不同类型辣木食品和饲料产品。

17. 加强就业帮扶，助力乡村振兴

联合云南红河县农业农村和科学技术局制定国家乡村振兴重点帮扶县红河县科技特派团工作方案。一是通过建设 1 000 亩①辣木种植示范基地，在迤萨镇辐射带动发展辣木种植面积 5 000 亩以上；依托国家木薯产业技术体系辣木产业专家团队与当地企业一道打造辣木产业链，发展林下辣木特色养殖基地 3 个或以上，发展林下辣木特色养殖辣木香猪 200 头，鸡、鸭、鹅 2 000 羽；二是改造低产辣木 1 000 亩示范基地，实现亩产果荚 300～500kg 以上，辣木籽 50kg 以上，辣木叶 1 000kg 以上，亩产值 6 000 元以上。三是引进新技术，提升竞争力。引进辣木加工先进技术 1 项，开发辣木新产品 2 个，选育饲用型辣木新品种 1～2 个，开发辣木植物饮料等新型产品 1 个（唤醒焕新辣木植物饮料），建立辣木提取生产线 1 条，提升辣木产品品质，开发辣木系列产品 3～5 个以上，提升红河谷辣木品牌竞争力；四是开展技术培训，提升产品品质。开展辣木高效栽培、营养诊断、水肥管理、饲料应用、病虫害防控等技术培训与服务 8 期 400 人次，规范种植管理技术和采摘标准，提升辣木产量和品质。帮扶企业或产业基地每年至少引导 300 个就业岗位，就近就地就业和返乡就业创业。

18. 收集引进国内外咖啡、胡椒、波罗蜜种质资源

开展精准鉴定和评价，研究品质性状形成和抗逆机理，鉴定相关性状形成关键基因，建立转基因和基因编辑技术体系。配制杂交组合，并对前期制备的育种材料进行鉴定评价，结合分子育种技术，创制育种新材料；将前期评价筛选的优良品系在海南和云南开展区域性和规模性试验；开展咖啡果小蠹生物防控技术、波罗蜜黄翅卷叶螟套袋防控技术熟化示范；开展咖啡、胡椒、波罗蜜宜机化改造，创制机械化施肥技术和设备；开展咖啡、胡椒、波罗蜜高效间作模式及配套技术研发，减少连作障碍和病虫害发生，提高单位面积收益；在主产县（示范县）开展成果示范、技术培训和品牌帮扶，辐射带动推广应用。

第三节　木薯产业技术体系十年工作成效

国家木薯产业技术体系基本形成了首席办、执行专家组决策机制，并通过岗位与岗位对接、岗位与试验站对接的模式，强化体系内部运行和管理机制。在确定体系重点任务与目标、实施方案与计划时，体系团队以产业概念为导向，组织相关研发体系，强化顶层设计与发展方向，明确职责定位，突出各岗、站的特色和优势，提升研发与推广的针对性与衔接配套性。团队共同研讨

---

① 亩为非法定计量单位，1 亩≈667m²。——编者注

产业的共性和关键问题，抓住关键技术及潜在的科学问题，以任务书为纽带，促进岗位与岗位、试验站与试验站、岗位与试验站之间的紧密合作，将个人事业融入整个木薯产业，实现共同立项、共同攻关、共同发展和共同转化。及时建成的木薯体系平台为木薯团队提供了良好的交流环境，所有有关木薯的事务都能在微信平台上及时、有效、友好地交流与实施。过去十余年间，在木薯基础研究及新品种培育、栽培技术模式、机械化采收技术以及食用与饲用多元化利用方面取得实质性进展，为产业发展提供了良好的技术储备。

　　未来，体系将继续以科学发展观为指导，以发展现代农业、确保粮食和能源安全、促进农民增收为目标，以转变木薯种植、加工和利用发展方式为主线，以体制改革和机制创新为动力，加大政策扶持和资金投入，强化产品标准化管理，提升我国木薯产业科技创新能力、企业竞争能力和市场监管能力，构建以技术为主导、企业为主体、基地为依托、产学研相结合的现代木薯产业发展体系，全面提升我国木薯产业的发展水平。

一、国家木薯产业技术体系对我国木薯产业发展的影响

1. 产业技术体系建设推动技术进步

　　十余年来，国家木薯产业技术体系的各岗位和试验站紧密团结，围绕我国木薯产业发展需求，深入贯彻习近平新时代中国特色社会主义思想，精准把握产业发展导向。体系将创新视为发展的第一动力，以奋斗为个人价值的最佳体现，秉承"时不我待，只争朝夕"的精神，补短板、强弱项、破瓶颈。通过集思广益、群策群力，体系集成了一系列农民能掌握、产业易应用的实用技术，稳步提升了木薯产业科技实力。

　　多年来，国家木薯产业技术体系在木薯高产优质新品种培育方面取得了显著成效。先后审定了 18 个新品种。其中，'华南 13 号''华南 12 号''华南 11 号''华南 14 号''桂热 4 号''桂热 5 号''桂热 8 号''桂热 9 号'等新品种已经在我国木薯主产区大面积推广应用。在标准化生产技术方面，体系制订了适于我国不同产地环境的技术标准规程共 27 项，其中《木薯种质资源描述规范》等 10 个标准，已在我国木薯主栽区和各级企业有效实施。十年来，体系共获得授权发明专利 30 项、实用新型专利 15 项。其中，"一种稳定高效的木薯种质资源离体保存方法"等 12 项实用新型专利及 1 项外观设计专利均已成功转化，取得了良好的经济和社会效益。在木薯食用化开发方面，体系创新集成"小型木薯（全）粉中试生产线"，日产木薯粉 200kg 以上，并在国内首建大型食用木薯专用冷库，实现了全年供应新鲜食用木薯，有效解决了鲜木薯难贮藏保鲜的技术瓶颈问题，推动了木薯食用化的发展。在示范基地建设方面，木薯体系已从"十一五"期间的 35 个示范县发展到"十二五"的 50 个示范县

和60个示范基地，并在"十三五"期间发展到了60个示范县和120个试验站示范基地。在木薯主栽区大面积推广地膜覆盖、间套种、木薯秆粉碎还田、木薯机械化种植收获、病虫害绿色防控等配套生产技术，使种植效率提高5倍以上，鲜薯单产提高20%以上，经济效益提高了3倍以上，有效解决了木薯单作经济效益不高的问题。在木薯北移方面，首次在山东、新疆、河南等地建立了木薯北移种植示范基地，研发了地膜覆盖、提早种植、轻简化施肥、机械化种植和收获等适合北方地区的高效木薯栽培模式，并成功规模化试种，打破了我国秦岭淮河一线以北不能发展木薯生产的地域限制。此外，十余年来，木薯体系取得了与粮、棉、油大作物一样的"973计划"和"全基因组测序"等前沿科技成果，共发表论文465篇，其中SCI论文62篇，出版专著32部，包括《木薯间套作与高效利用技术》等9部专著，这些成果已在生产实践中广泛推广，成为科技培训和服务的重要专业教材。

2. 产业技术体系对产业的贡献

科学引领发展，服务惠及民生，求真务实是做好一切工作的关键法宝，服务产业是每一个农业科技工作者不朽使命和宗旨。

作为传统小作物，木薯长期处于自由发展状态。进入二十一世纪，随着木薯粉应用领域的拓展，木薯产业开始高速发展，并在2009年达到最高峰。针对市场实际需求，木薯体系在"十一五"期间，以大力提高单产为目标，努力推广'SC5''SC8''GR4''GR5'等高产优良新品种，农户种植效益逐年提高。然而，自"十二五"以来，由于国际市场木薯粉价格逐步走低，国内木薯加工企业直接进口薯粉和干片，导致国内鲜薯收购价格不断降低，薯农种植意愿低，种植面积逐步减少，木薯产业发展面临巨大的挑战。在体系持续稳定的经费支持下，木薯体系根据国家木薯发展战略需求，积极调整科技布局，大胆提出了木薯"五化"重点任务与目标，引领各地产业发展，使木薯产业围绕市场需求，不断调整发展方向和结构，走出了一条富有特色的"五化"之路。

在木薯食用化方面，体系加大了'SC9'等食用木薯品种的推广力度。在海南，体系通过与海口世纪龙丰有限公司、海南华天福食品有限公司、三亚大华食品有限公司等企业合作，采用"科研引导＋公司参与＋农户收效"的产业模式，引领木薯生产和初加工向前稳步发展，为当地一、二、三产业融合发展奠定基础，使当地木薯产业效益提高了5倍以上。在广西，体系指导企业首创了专用食用木薯种植、冷冻贮藏、加工、销售一条龙产业化商业生产模式，建立了国内首家木薯食品连锁企业"张飞木薯羹"。研发的木薯羹等风味食品成网红食品，畅销国内，在木薯食用产业化方面取得重大突破。在福建，体系与三明市智慧农业发展有限公司联合开发木薯全粉糕点。体系提供木薯优良品种和全粉加工技术，企业负责线上销售和品牌创建，通过产业化发展延长产业链，使木薯产值大幅提高。此外，在种养结合方面，体系大力发展节本增效生态循环农业，积极指导农民木薯间套种大豆、花生、玉米及薯园套养鸡鸭及薯叶喂猪、鱼，利用猪粪生产沼气，沼液、沼渣高效利用作为薯园肥料，使每亩综合产值达5 000元以上，农民增产增收效益显著。依托体系建设，在广东省各地，体系传播"科教＋企业＋研学＋旅游＋农户"休闲基地的合作共建模式，通过建设微信群、电商营销网、客家传统美食文化小吃城等营销新形式，推广食用木薯及其制品；在云南保山，体系建成集"科研科普、复合高效、生态循环、休闲观光、开放合作"为一体的木薯综合性示范基地，有力地促进了当地农业发展方式转变。木薯体系今天能不驰于空想，不骛于虚声，安心于乡村振兴、农民兴业、企业日新，这一切都应归功于体系的持续稳定支持。

3. 产业技术体系建设推动管理制度创新

十余年来，木薯（辣木）产业技术体系通过首席办和执行专家组的决策机制，并采用岗岗对接、岗站对接的模式，强化了体系内部运行和管理。在确定体系重点任务与目标、实施方案与计划时，体系注重顶层设计和发展导向，明确职责定位，突出各岗、站的特色和优势，提高研发与推广的针对性和衔接配套性。团队共同研讨产业的共性和关键问题，抓住关键技术和潜在的科学问题，以任务书为纽带，促进岗位与岗位、试验站与试验站、岗位与试验站之间的紧密合作，把个人事业融入整个木薯、辣木产业中去，实现同立项、同攻关、同发展、同转化。所建成的木薯体系平台为木薯团队提供了交流环境和氛围。

"十三五"期间，体系重点任务之一"木薯北移技术体系构建与关键技术推广应用"的有效实施，充分体现了体系内的分工协作和联合攻关。六个研究室互有分工，配套衔接，从耐寒早熟品种选育及其配套栽培管理、病虫害防控到机械化种植、采收加工等方面，提供针对性强的技术保障。在新品种选育、推广方面，木薯体系形成了独具特色的岗站联合"育繁推"模式。岗位专家根据当地产业发展与实际需求，直接安排和实地指导各试验站开展杂交群体的配置、新品系繁育与品比、新种质创制与评价等工作，并根据各试验站提供的数据，对新种质进一步评价分析与筛选，从而有效缩短了育种周期，增强了育种目标的针对性。同时，岗位专家选育出的新品种，通过各试验站示范基地及其团队成员在示范县的推广力量，及时有效示范新品种，并通过现场观摩、培训、咨询与实地指导等多种途径，使新品种尽早与种植者见面，及时实现各地木薯新品种的更新换代，切实有效保障木薯种植者收益。在新技术推广方面，各试验站根据任务书要求，充分发挥岗位团队的科研与技术优势，积极主动邀请各岗位团队参与试验站工作，借助岗位专家及其团队力量，及时开展各项新技术示范基地建设，有针对性地开展专项技术培训、咨询与实地指导等技术服务工作，促进新技术、新产品及时有效属地化发展，帮助当地木薯种植大户、农民合作社和生产加工企业，有效实现各项技术升级和产业高效高值化发展。十年来，各岗位专家协助各试验站在木薯主产区累计举办培训班 511 场，培训人员 208 010 人次，实地技术指导 32 397 次，技术咨询 10 252 次，发放培训资料 75 661 份，有效普及了木薯高效栽培管理、病虫害防控、生产加工等轻简化实用技术，获得良好社会效应。

4. 产业技术体系建设推动文化建设

自成立以来，木薯团队一直秉承融合发展的心态，强化内部人员间积极主动交流，并主动加强与国内外的各类交流与合作。我们不仅能学科交叉融合发展，还主动与世界各地的木薯种植国家和地区进行跨区域交流与合作。体系的每一个成员都深刻理解体系建设的初衷，清楚其在国家战略需求、热带农业发展需求、热带作物产业发展需求以及科研院所、高校、企事业单位的发展中的重要地位和作用。因此，团队不仅分工明确，而且团结合作，懂得传承。体系上下相互帮助，资源共享，充分发挥各自的智力优势和条件优势，形成了一个紧密团结的大团队。木薯团队的发展成为今天这样一支快乐而高效的团队，创建了属于体系独有的"木薯之歌"和"HAPPY CASSAVA"。无论是年初的启动会，还是年终的总结会，无论是专题会议，还是专题培训会，无论是国内技术指导，还是非洲、东南亚技术援外，我们的团队成员都会共唱"木薯之歌"，同唱"HAPPY CASSAVA"。这些活动不仅增强了团队凝聚力，也提升了木薯体系的文化建设水平，营造了积极向上的工作氛围，进一步推动了木薯产业的可持续发展。

第三章 木薯选育种与种质资源创新利用

围绕木薯科技发展的"五化"（粮饲化、能源化、特用化、效益化、国际化）目标，体系各岗站通力合作、协同攻关，收集国内外特异优质木薯种质资源，并加强对国家木薯种质圃的信息化管理和共享利用，开展对资源的系统评价、创新和利用。体系通过发掘木薯种质和基因资源，围绕着重要生物学问题开展研究，为进一步增产、提效及优质提供理论基础和技术，实现品种创新。借助现代生物技术手段，对调控木薯重要农艺性状的基因开展功能验证，发掘重要基因，结合转基因技术和基因组编辑技术，培育适宜产业需求和发展的新型木薯种质。

第一节 木薯种质资源收集、引进评价与保存

一、种质资源收集、评价与保存

（一）种质收集与保存

国家木薯种质圃目前已收集和保存了 795 份国内外特异优质木薯种质资源。每年进行繁殖更新，并开展施肥、除草、补苗等田间管理工作。此外，种质圃对这些木薯种质资源进行信息化管理和共享利用，每年与高校或其他科研机构分享资源 200 多份。

（二）木薯种质资源性状调查与评价

结合木薯科技发展的"五化"目标，对现有的木薯种质资源进行系统和深度评价。根据《NYT 1943—2010 木薯种质资源描述规范》及《木薯种质资源形态图谱》，完成了 795 份种质资源的植物学和栽培性状调查，包括生长前期调查种质出苗时间，生长中期调查嫩茎生长情况、嫩叶茸毛、嫩茎颜色、顶端未展开嫩叶颜色、第一片完全展开叶的颜色、叶脉颜色、叶柄颜色、裂片叶形、叶片裂叶数、中间裂叶长度、中间裂叶宽度、叶柄长度等 12 个性状；开花期间调查种质是否有花、花萼颜色、柱头颜色、子房颜色、有无花粉、花药颜色、花粉育性 7 个性状；收获期调查株型、株高、整齐度、块根形状、块根表皮、块根直径、产量、干物率、茎叶质量等 10 个形态及产量性状；开花授粉期间调查杂交授粉后膨大数、稔实率及倒伏情况等。此外，还完成了 748 份种质收获的块根淀粉、生氰糖苷和 β-胡萝卜素含量测定，以及食用品质鉴定工

作，并进行了耐盐性评价，从 400 多份木薯种质中筛选出 10 份具较好耐盐能力的优良木薯种质。这些木薯种质的植物学和栽培性状基础数据，将为今后育种提供重要的指导依据。

二、木薯种质引进与鉴定评价

通过国际合作项目的实施，引进了木薯种质 20 个种共 270 份，极大地充实了我国木薯核心种质圃，总资源量已达到 1 000 份以上，其遗传多样性指数达到 0.5 以上，基本满足了我国木薯遗传改良需求。通过系统鉴定，共获得 22 份木薯新种质。其中，高淀粉种质 10 份（'Q10''Q12''Arg7''NZ199''SC11' 等），抗低温种质 4 份（'SC124''COL2621''CH12' 和 'SC201'），抗旱种质 7 份（'W14''SC124''CM483-2''E25''BRA258''GR4' 和 'Thai-8'），糖木薯种质 1 份（'SM'）。

三、木薯优良品种选育

为了适应我国木薯良种的需要，相关木薯育种团队通过自然杂交、人工杂交授粉等育种手段创制了新的木薯品种。各岗站通力协作，经过初级评比、区域性试验、以及生产性试验等环节，培育出一批高产、高淀粉、具优良栽培性状的品种（系）。其中，新审定品种达到 16 个，为中国木薯的品种更新和实现良种化提供了新的品种资源。这些努力不仅提升了木薯品种的质量和产量，也为我国木薯产业的可持续发展奠定了坚实的基础。

四、木薯种质资源耐盐性鉴定评价

对木薯 '华南 8 号' 组培苗盐胁迫的生理响应进行了研究，根据组培苗的生长状况及对叶绿素、过氧化氢（H_2O_2）、丙二醛（MDA）含量、超氧化物歧化酶（SOD）、过氧化氢酶（CAT）、过氧化物酶（POD）、抗坏血酸过氧化物酶（APX）活性的影响，结果表明短时间的盐胁迫不会对木薯造成致死伤害，可以通过调节生理指标的活性来提高木薯的耐盐性。但是，较高浓度盐胁迫对木薯伤害显著增加。2016 年在文昌铺前镇开展木薯耐盐试验，从 400 多份木薯种质中筛选出 10 份表现优良种质木薯种质。

五、木薯种质资源耐寒性鉴定与耐寒种质鉴选

自 2008 年起，联合木薯育种相关岗位和北移种植区综合试验站开展了木薯抗寒种质培育和鉴定工作，相继引入 200 多个品种（系）进行耐低温品系评比试种。经过试验筛选、多点田间试验、示范与推广，筛选出了一批具有早熟、产量高、高淀粉、品质优、抗低温、耐储藏等优良农艺性状的北移种植木

薯品种（系）。

南昌综合试验站：在华南系列、桂热带系列中筛选出亩产鲜薯产量超 2 吨、淀粉含量超 25% 的抗寒高产品种 10 多个，为木薯北移江西乃至长江中下游区域大面积种植提供了优良品种。

桂林综合试验站：筛选出 'G15' 'F10' 'L44' 'N10' 'H63' 'J812' 'ZMK428' 等木薯品种在桂林地区种植产量表现较好；'H1071' 'F520' 等木薯品种在桂林地区种植淀粉含量高；'N266' 'H1394' 'F520' 等木薯品种在桂林地区种植淀粉表现高抗性，为桂林地区木薯新品种的大面积推广提供了科学依据。

长沙综合试验站：连续多年从中国热带农业科学院热带作物品种资源研究所、国家木薯产业技术研发中心，以及广西等共引进木薯新品种（品系）100 多个；在湖南长沙、湘西、江永、郴州、醴陵等地进行了品种（品系）的引种试验和适应性观测；筛选适应湖南生态条件、经济性状优良、早熟抗寒木薯品种；通过连续多年的引种试验，已经筛选出湖南适栽木薯新品种 4 个（'华南 205' '南植 199' '华南 9 号' '利民'），其中食用品种 2 个（'华南 9 号' '利民'）。

第二节 木薯优质、抗逆、耐储等基础机理分析

一、类胡萝卜素积累代谢途径研究及其相关基因表达分析

研究了四种木薯品种在块根膨大期和成熟期的类胡萝卜素代谢通路基因表达。结果显示，不同基因在膨大期和成熟期的表达水平显著不同，部分基因可作为黄心和粉红木薯的标记基因。探讨外源 ABA 对木薯叶片 β-胡萝卜素合成的影响，发现 20mg/L ABA 处理能显著提高叶片 β-胡萝卜素含量。定量 PCR 和 HPLC 分析五个不同颜色木薯品种的类胡萝卜素积累相关基因，结果显示类胡萝卜素含量与块根颜色相关显著，番茄红素 β-环化酶（MeLCYB）与类胡萝卜素含量的相关系数达 0.995。这些研究为解析类胡萝卜素积累机制和木薯育种提供了重要依据。

二、木薯种质资源耐寒性机理研究

利用生理生化研究手段结合蛋白质组学技术，研究木薯 '华南 8 号' 和哥伦比亚引进种质 'Col1046' 叶片在 5℃ 低温胁迫 15d 生理生化特性的动态变化及对低温胁迫 10d 节点的木薯叶片进行蛋白质组学分析，结果表明叶绿素含量与相对电导率、脯氨酸含量、丙二醛含量、可溶性糖含量、SOD 活性和 POD 活性均呈负相关，但与相对电导率、丙二醛及可溶性糖含量呈显著负相

关；相对电导率与脯氨酸和丙二醛含量呈显著正相关，抗氧化物酶 SOD 与 POD 活性呈显著正相关。现有 25 个差异表达蛋白质在低温胁迫下均呈现出相同的表达规律。它们主要涉及光合作用、碳代谢与能量代谢、蛋白质合成、氨基酸代谢、信号转导、细胞骨架蛋白、分子伴侣、生物防御、抗氧化和 DNA 结合蛋白等，其中与光合作用相关的蛋白质占 40％；本研究从蛋白质水平揭示了高光效与低温胁迫的相关性，为木薯筛选耐寒品种提供重要依据。

木薯环指蛋白基因 *MeRFP8* 克隆及表达：环指蛋白是一类特殊的锌指蛋白，在响应环境胁迫中起重要作用。本研究采用 RT-PCR 方法，首次从木薯'华南 8 号'（'SC8'）克隆一个环指蛋白 *RFP* 基因家族成员 *MeRFP8*。该基因 cDNA 包含 1059bp 的开放阅读框，编码一个由 352 个氨基酸残基组成的蛋白质。该蛋白质分子量为 39.23 kDa，理论等电点为 4.84，C 末端含有保守的结构域 RING finger domain（Ring-H2 zinc finger），属于 C3H2C3 型环指蛋白。利用实时荧光定量 PCR 分析 *MeRFP8* 基因在木薯'SC8'及其同源四倍体叶片的表达水平，结果显示：5℃低温胁迫 24h 内，'SC8'和其四倍体 *MeRFP8* 基因先下调表达，后上调表达，呈"V"字形。而且 *MeRFP8* 基因在'SC8'的表达变化水平比其同源四倍体大。推测 *MeRFP8* 基因可能参与木薯的低温响应。

利用生理生化研究手段结合蛋白质组学技术，以'SC8'作为载体，转入天山雪莲 *SAD* 基因（硬脂酰 ACP 脱饱和酶），创制耐寒木薯种质，通过抗寒性筛选，获得一株耐寒性较强的种质'SAD5'。

三、CBF 信号通路响应低温并提高木薯抗冷性

低温是主要的非生物胁迫因素，影响了作物的生存、产量和地理分布。木薯是热带和亚热带地区重要的块根作物，具有耐干旱等环境胁迫的能力，但对低温非常敏感。迄今为止，我们对木薯在低温条件下的基因调控和信号传导途径还知之甚少。基因芯片技术的应用加速了植物在特定环境条件下全基因组转录水平的研究。高通量定制芯片揭示了木薯低温响应的转录组水平变化，从分子、细胞和生理水平解析了木薯响应低温胁迫的网络。即木薯感知冷信号后，通过钙离子等第二信使，将信号通过酶联激活反应（如：MAPK 等）传递给转录因子（如：*AP2-EREBP*，*HSF* 和 *GRAS* 等），从而激活下游效应基因的表达。同时冷信号也可通过 H_2O_2 等活性氧自由基（reactive oxygen species，ROS）信号分子诱导 ROS 清除酶基因（如：*CAT* 和 *GST*）的表达从而抵抗低温胁迫引起的活性氧自由基的伤害。植物激素信号转导也在木薯抵抗低温胁迫中发挥重要作用。这些因素的共同作用导致植物体内发生一系列的生理变化，如细胞膜质结构的改变，叶绿体超微结构的改变，细胞内容物水平的改

变，细胞能量运输的改变和氨基酸代谢水平的改变等。积极适应性的改变可以增加植物抗低温的能力，而负面消极的改变则加重低温伤害，甚至导致细胞凋亡，这两者的博弈将最终决定植物的低温耐受性。

Dehydration responsive element binding protein 1s（*DREB1s*）/C-repeat binding factors（CBFs）是一类植物特异的转录因子，在植物低温、干旱胁迫中发挥重要的作用。我们将拟南芥 *DREB1A/CBF3* 基因在木薯中过表达，不仅诱导了木薯内源胁迫响应基因在不同组织中高表达，还明显增强了转基因植株对低温和干旱胁迫的抗性。生理实验表明，在低温胁迫条件下，*DREB1A/CBF3* 过表达株系较野生型明显增加了渗透保护物质脯氨酸的含量，降低了膜脂过氧化产物丙二醛（MDA）的含量和电解质渗透率；在干旱胁迫下，过表达株系显著地增加了相对含水量，降低了 MDA 含量和失水率。但 *DREB1A/CBF3* 过表达会造成花青素含量降低、植株矮化、叶片卷曲和产量降低等。该研究结果 2016 年发表在 *Frontiers in Plant Science* 上。

为研究木薯自身耐非生物胁迫的机制，针对内源基因参与抗冷能力的作用方式进行了研究。我们从木薯中克隆到一个 *CBF* 同源基因（命名为 *MeCBF1*）。Southern blotting 结果显示木薯中存在 2 个 *CBF* 基因，将另一个基因克隆并命名为 *MeCBF2*。*MeCBF1* 和 *MeCBF2* 的核苷酸和蛋白质序列同源性很高。进化树分析发现，*MeCBF* 蛋白具有 CBF 蛋白所有保守的结构域，是典型的 AP2-EREBP 家族成员。Real-time RT-PCR 分析发现，*MeCBF1* 基因在茎秆、叶片和根中高表达，且受低温强烈诱导，受 PEG、盐和 ABA 等胁迫诱导较弱。通过 TAIL-PCR 和 Genome Walking 方法克隆到这两个基因的启动子，PLACE 软件分析发现该启动子存在多个与 ABA 和非生物胁迫相关的保守元件。将 *MeCBF1* 启动子连接报告基因在拟南芥中表达，组织染色显示，该启动子受低温、盐、PEG 和 ABA 诱导。烟草原生质体亚细胞定位显示：*MeCBF1* 和 *MeCBF2* 定位于细胞核，与阳性对照 *AtCBF4* 的表达模式相同。酵母单杂实验显示：*MeCBF1* 具有 DRE/CRT 顺式作用元件结合活力和转录激活活性，显示 *MeCBF1* 具有转录因子的典型特征。在拟南芥和木薯中过表达 *MeCBF1* 基因不仅调节了多种代谢产物的含量，还诱导了 *CBF* 靶基因的表达，从而提高转基因植株抗低温、盐、干旱和氧化等胁迫能力。该研究 2017 年发表在 *Plant Molecular Biology* 上。

四、木薯块根采后生理性变质是 ROS 爆发与清除平衡的过程

木薯储藏根采后生理性变质（post-harvest physiological deterioration，PPD）是木薯产业化面临的主要问题之一，严重影响种植农户及加工企业的经济效益。PPD 是储藏根中涉及基因表达、蛋白合成、活性氧自由基 ROS 清除

转换、细胞壁修复、细胞程序性死亡、次生代谢物合成和信号转导等一系列生理生化过程的复杂问题，研究表明其发生与 ROS 有着密切的关系，但调控机制有待深入解析。

我们针对 ROS 转换与清除相关的三个酶：超氧化物歧化酶（MeCu/Zn-SOD）、过氧化氢酶（MeCAT1）及抗坏血酸过氧化物酶（MeAPX2）进行表达调控，探索这些酶与木薯 PPD 发生的内在关系。对转 p54：：$MeCu/ZnSOD$-35S：：$MeCAT1$ 及 p54：：$MeCu/ZnSOD$-35S：：$MeAPX2$ 的转基因木薯进行 Southern blot、Real time PCR 和 Native-gel 等分析，筛选目标基因表达量较高的转基因株系做进一步的生理生化分析。在单细胞水平发现 H_2O_2 处理的转基因原生质体表现出更高的细胞存活率和线粒体活性。利用甲基紫精、H_2O_2 对转基因和未转基因植株进行胁迫处理，结果显示处理后转基因植株中超氧化物歧化酶、过氧化氢酶、抗坏血酸过氧化物酶的活性比对照植株有明显的提高，而叶绿体降解程度、H_2O_2 含量和质膜氧化程度比对照植株低，这些结果表明转基因植株体内清除氧自由基能力比对照植株有显著提高。在 PPD 发生过程中，转基因植株储藏根中超氧化物歧化酶、过氧化氢酶、抗坏血酸过氧化物酶的基因表达水平和酶活性比未转基因植株显著提高，而线粒体的氧化程度和 H_2O_2 含量明显低于对照植株，最终获得了 PPD 发生延缓达 10d 的转基因木薯。

褪黑素是色氨酸的衍生物，存在于多种维管植物中，是体外自然的抗氧化分子和体内自由基清除者。褪黑素处理木薯块根切片，可显著延缓 PPD 的发生，降低 H_2O_2 的积累，增加 SOD、CAT 和 GR 的酶活及 $MeCu/ZnSOD$）、$MeCAT1$ 等转录表达水平，证实了褪黑素通过直接或间接维持细胞内 ROS 的平衡以延缓 PPD 的发生。ROS 诱导是 PPD 发生的起始信号，ROS 的爆发导致内源褪黑素的从头合成，合成的褪黑素通过调控抗氧化相关基因酶的表达及活性从而减弱或抑制 PPD 的发生。

五、分离获得一批具有自主知识产权的新功能基因

利用分子生物学方法，从木薯中分离获得了一批具有自主知识产权的新功能基因，其中与木薯抗逆性、离子转运、淀粉品质相关的重要功能基因 587 个，其中抗旱、抗寒相关重要功能基因 320 个，淀粉转运、分裂相关基因及启动子 48 个，营养运输相关基因 16 个，miRNA 全长基因 194 个，并在 Gen-BanK 中登陆，占木薯在 GenBank 中登录基因总数的 27.8%。目前已经构建了 50 多个与木薯耐寒、抗生理褐变、淀粉品质相关的表达载体，已经或正在进行转基因试验，其中 6 个表达载体转基因木薯进入中间试验。该项工作的完成，将为木薯淀粉品质改良，抗逆新种质创新提供坚实基础。

六、获得一份块根耐贮藏木薯新材料：RYG-1 株系

通过多年对 *AtGolS2* 基因转‘SC8’木薯株系的研究，筛选出耐贮藏的转基因株系‘RYG-1’。‘RYG-1’在自然条件下可存放 4 个月不腐烂，而非转基因木薯在 3d 内开始腐烂。‘RYG-1’的单株产量、干物质和淀粉率与非转基因对照相似。生理分析表明，‘RYG-1’的活性氧清除能力增强，提高了其耐腐烂性。转录组数据显示，‘RYG-1’中果胶甲基酯酶抑制因子基因表达提高，3个果胶甲基酯酶基因表达降低，增强了果胶抗降解能力。此外，T-DNA 插入松柏醛脱氢酶基因上游，降低其表达，提高了细胞壁木质素合成能力。推测‘RYG-1’耐腐烂的原因是活性氧清除能力增强和细胞壁强化。‘RYG-1’转基因株系正在申请环境释放试验，该株系的成功推广可解决木薯采后腐烂问题，对推动全球木薯产业发展产生重要影响。

七、获得一份木薯有性杂交四倍体新材料

利用化学诱变剂秋水仙碱在有性阶段分别诱导木薯品种‘SC5’和‘SC10’得到雌雄 2n 配子，2n（♂）×2n（♀）杂交，用流式细胞仪及染色体制片技术对杂种后代倍性进行鉴定获得了一份木薯有性四倍体新材料。低温胁迫、盐胁迫、干旱胁迫、避光胁迫等抗逆性试验，以及耐贮藏性鉴定结果表明，与二倍体相比，该种质材料具有耐低温、耐盐、耐旱、抗遮阴和耐贮藏的特性，发现该种质可以通过叶片变窄、叶柄变短等一系列表型变化来响应遮阴胁迫，并发现细胞壁木质素增加与其耐储性相关。

第三节　木薯分子辅助育种平台创建

一、发明了一种随机扩增单核苷酸多态性及甲基化基因型分析（AFSM）方法

创建了一种基因组简化重测序的方法-扩增片段单核苷酸与甲基化多态性（Amplified-Fragment Single nucleotide polymorphism and Methylation，AFSM），该方法采用 96 个样品合并测序，并设计了可以检测甲基化的酶切位点，借助 Illumina 的高通量测序仪，能够做到低成本、高通量，一次性完成大群体的基因型分析。于 2015 年获得国家发明专利（ZL201410154134.9），并转让中玉金标记北京科技有限公司。该方法与国际广泛应用的同类简化重测序技术如 RAD 和 GBS（2012 年康内尔大学 *PLoS ONE* 发表）比较，具有同时检测全基因组 CG 甲基化位点的优势，能够对木薯和其他作物大群体的遗传多样性进行解析，为结合表型分析挖掘物种遗传变异的基因差异提供了新的工具。并

利用该方法已经完成 1 000 份木薯群体重测序，挖掘出数百万个 SNP/Indel 标记和部分甲基化分子标记。

二、木薯高密度遗传图谱构建和重要经济农艺性状的全基因组定位

采用传统的 SSR/EST-SSR 和 AFLP 标记，历时多年对木薯杂交实验群体面包木薯×文昌红心 254 个株系进行了农艺和产量性状的 QTL 定位研究，获得木薯重要产量性状的 QTL29 个。其中块根产量 11 个，贡献率 1.6％～48.38％，淀粉含量 9 个，贡献率 1.1％～30.0％；块根干率 9 个，贡献率 1.1％～6.6％；通过对品种群体的表型与基因型关联性分析验证，发现大多数位点可用于分子标记辅助选择育种。

在全基因组测序的基础上，利用 AFSM 简化重测序技术，对'SC124'×'KU50'杂交实验群体的 186 个株系进行基因型分析，获得 1.22 亿 reads（短核苷酸序列），组装成 32Mb 的序列，占到全基因组的 8.47％，其中基因区选择性达到 12.65％，总计获得 57.3 万个 SNP/Indel 标记，24.7 万个 CCGG 甲基化标记。甲基化标记中 10.3 万个具有群体多态性（41.8％），区分了全甲基化和半甲基化，发现部分甲基化在亲本与后代之间可以遗传，甲基化影响到 1 600 余个基因在叶片和块根中差异表达。并构建了包含 4 648 个标记的木薯高密度遗传图谱，其中 SNP/Indel 标记 4 437 个，甲基化标记 211 个，覆盖 18 个连锁群，有 2 605 个标记位于基因区，是迄今单个群体构建标记密度最高的遗传图谱。

结合该群体的抗寒性及经济农艺性状评价数据，分析发现可重复检测的抗寒性相关 QTL 标记 574 个，涉及 260 个基因。包括 ABA 合成途径的 NCED3、乙烯合成与信号转导、钙调素依赖蛋白激酶 CDPK 等低温适应相关基因，以及 25 个转录因子，如 WRKY31、WRKY9、MYB55、MYB40、bHLH，生长素反应因子 ARF2 和锌指蛋白 ZFP6。发掘产量性状关联 QTL 标记 499 个，涉及相关基因 301 个。特别如蔗糖磷酸合酶（SPS2F）、蔗糖合酶（SuSy6）和在叶片中合成蔗糖和块根中分解蔗糖走向淀粉合成的二个关键酶（中性转化酶（INVs）、果糖激酶与 β-淀粉酶），提供了其确实对块根产量有贡献的直接证据。此结果也为我们在转录组分析中揭示栽培木薯中淀粉合成途径进化结果提供了另一个有力的证据。该项研究获得的全基因组 QTL 标记以及经典 QTL 数据，提供了木薯基因组选择育种的框架，为建立一个我国乃至世界性木薯育种服务平台提供了基础选择标记和技术基础。

三、木薯重要农艺性状的全基因组关联分析

通过开展全基因组关联分析，针对木薯主要育种目标性状建立基因组选择

育种标记，验证杂交实验群体分析结果，开展 800 份木薯种质重要农艺性状的全基因组关联分析，获得有关产量及其组成、淀粉品质、抗旱、抗寒、抗产后生理性衰变等主要经济农艺性状的全基因组关联位点。

在木薯基因组数据库创建的基础上，建立基于 AFSM 简化重测序的数据处理平台，积累和收集木薯经济农艺性状的选择育种标记，开发低成本、高效率的大群体检测技术，拟将主要育种性状的 GS 选择应用于木薯育种程序。

第四节　木薯高效遗传转化技术体系和基因编辑技术的建立

一、木薯遗传转化体系构建，体胚循环再生体系建立

通过对消毒、培养基、激素等培养条件的研究，建立了'华南木薯 5 号''华南 6 号''华南 8 号'等木薯品种的体胚循环培养，体胚子叶器官发生再生体系。在该体系中其初生体胚和次生体胚的发生率均能达到 $93.3\%\sim100\%$。首次发现了 $CaCl_2$ 在木薯体胚诱导中，可以提高和延长木薯体胚活性。通过芽器官发生途径和脆性胚性愈伤组织发生途径建立了'华南 5 号''华南 6 号'和'华南 8 号'木薯遗传转化体系，其转化效率达到 30% 以上，并确定最佳的转化时机。

二、木薯基因编辑体系建立

利用双 sgRNA CRISPR/Cas9 系统，对木薯 *SBE2* 基因开展基因编辑。在获得的突变株系中，针对 *SBE2* 的第二外显子和第五外显子的纯合突变或双等位基因突变存在 SBE2 蛋白的缺失。这些突变体的直链淀粉以及抗性淀粉含量都显著高于野生型对照，储藏根中淀粉糊化特性、链长分布和结晶度等理化性质及结构发生了改变。该研究表明，CRISPR/Cas9 介导的木薯淀粉生物合成基因突变是培育具有食品和工业应用价值淀粉新品种的有效途径。

第五节　木薯高产优质理论基础研究

一、木薯基因组学研究确立了我国木薯基础研究的国际领先地位

（一）木薯全基因组测序及比较研究，揭示栽培木薯光合作用与淀粉合成途径进化的重要生物学特征

完成了木薯野生祖先种'W14'（*Manihot esculenta* spp. *flabellifolia*）和栽培品种'KU50'（*Manihot esculenta* Crantz）的全基因组测序，获得 2 个

品种的基因组序列草图，其全基因组覆盖度在 70% 以上，基因区的覆盖度96%。在'W14'和'KU50'中分别获得 34 483 和 38 845 个编码蛋白基因模型，通过比较研究发现高光效、淀粉积累和环境适应等的进化生物学特征，木薯中存在 28 302 个共有基因模型，以及栽培木薯演化中形成的特有基因（1 678 个），选择压力分析发现 3 254 个高度选择的基因，这些特有和高度选择的重要基因归结为 9 个主要的生物学过程，包括细胞与细胞组分、催化活性、结合活性、转移酶类活性、生物学调节和刺激反应等。结合转录组演化分析提出木薯块根中碳流分配和淀粉高效积累的模型，即碳流分配主要向淀粉积累方式运移，而细胞壁代谢和次生代谢水平弱化。注释了木薯的非编码 RNA，首次发现木薯基因组中的 miRNA 以及低温、干旱和淀粉代谢关联的 miRNA，并建立与相关代谢途径的调节网络。首次揭示了典型热带作物木薯光合作用及块根淀粉积累途径的进化生物学特征，为后续的研究提供指导。

（二）提出木薯蔗糖运输的主动装载与共质体卸载模型

通过结构、生理和基因表达分析，发现木薯光合产物主要以蔗糖形式向下运输，并提出木薯蔗糖韧皮部主动装载模型。研究表明，木薯韧皮部汁液中蔗糖比例高达 79%，蔗糖是光合产物的主要成分。通过显微观察、^{14}C 同位素示踪和基因功能研究，确定蔗糖通过主动运输方式进入筛分子细胞。发现并克隆了 6 个木薯蔗糖转运蛋白基因（MeSUTs），其中 MeSUT1 表达量最高，证实其在蔗糖装载中发挥重要作用。

此外，提出木薯块根蔗糖共质体卸载模型。研究发现，木薯块根中蔗糖卸载主要依赖胞间连丝的共质体运输，这种方式有利于块根中淀粉的高效积累。生物学证据包括电子显微结构观察、荧光素和 ^{14}C 同位素示踪实验，显示蔗糖通过共质体途径快速进入块根分生组织周围薄壁细胞。转录组分析揭示，木薯块根发育过程中与胞间连丝相关基因和蔗糖合酶 SuSy 基因在块根发育期高表达，而细胞壁酸性转移酶基因 MeCWI 表达较低。

研究还通过比较转录组后分析发现，栽培木薯比野生祖先种具有更高的光合效率和淀粉积累能力。栽培木薯在光反应相关基因、物质运输相关基因以及淀粉代谢通路中的关键基因上显著高表达，揭示了木薯在光合作用、物质运输和能量代谢方面的强化机制。这些发现为进一步解析木薯光合作用与淀粉积累的分子机制提供了重要信息。

（三）木薯基因组数据库创建

在木薯野生祖先种'W14'和栽培品种'KU50'全基因组测序基础上，集基因组、转录组、蛋白质组等大量实验性原始数据，并设计了数据库结构和功能模块，采用统一的数据标准，创建木薯基因组数据库。该数据库地址为：http://www.cassava-genome.cn/。数据库涵盖基因组原始数据，组装序列、基因注释序列数据，包括非编码 RNA，重复序列等基因功能注释信息（KEGG、GO、Pfam、KOG 等）；也包括了 30 个转录组数据、小 RNA 测序数据、miRNA 数据；进而包括木薯 BAC 文库，full-length cDNA 序列数据，以及遗传图谱和 QTL 定位信息等数据。数据库系统的主要功能包括：①基因组浏览器，可以用于浏览木薯基因组中不同区域的基因结构、基因组成和序列信息等；②国际公用生物信息数据库 Gene Ontology、KEGG、Pfam 和 KOG的访问接口，便于进行在线基因功能注释和分析；③数据库检索功能，可以通过 BLAST 进行序列检索，并对结果报告进行可视化；④数据库的数据上传和下载功能，并建立数据访问的安全控制。此外在数据库关键技术上还开发了互动式基因组注释数据的新模式，此项技术可以用于后续木薯基因组新型注释系统开发。所创建的数据库已经向全球免费开放，并整合了较为完备的检索功能系统。目前该数据库是仅有的两个木薯基因组专业数据库之一，是唯一同时具备野生和栽培木薯基因组和大量转录组数据的数据库。

二、木薯淀粉合成代谢途径及调控机理研究

（一）获得新型淀粉木薯材料及阐明木薯库源代谢和淀粉复合体调控机制

木薯淀粉是广泛应用的重要工业原料，涉及三十多个行业中的 2 000 多种加工产品。木薯淀粉又是可再生资源，被认为是生产燃料乙醇最合理的原料。

工业应用中淀粉的用途决定于其理化性质。淀粉中存在两种葡萄糖高聚物组分：直链淀粉和支链淀粉。高直链淀粉和糯性淀粉能够显著拓展淀粉工业加工产品的多元化，更具应用价值，已在玉米、小麦、马铃薯等作物中被证实。目前，淀粉市场还缺乏具有高直链和糯性木薯淀粉的产品，限制了木薯淀粉的竞争力和应用范围，对木薯产业发展有很大影响。

基因工程培育淀粉品质优良的木薯新种质是快速有效的手段。在转基因木薯中以 *CaMV35S* 或木薯维管束特异启动子 P54/1.0 驱动表达双链小分子 RNA，针对淀粉生物合成途径中负责直链淀粉合成的颗粒结合型淀粉合成酶Ⅰ（granule-bound starch synthase Ⅰ，GBSSI）和影响支链淀粉合成的分支酶Ⅰ和Ⅱ（starch branching enzyme，SBEⅠ和 SBEⅡ）分别进行基因表达干扰。qRT-PCR、SDS-PAGE 和 Western blot 等分子水平检测表明转基因植株储藏根中 *GBSSI* 或 *SBE* 表达量明显下降，比色法测定结果表明储藏根淀粉中的直链淀粉含量明显受到影响。P54/1.0 驱动的 *GBSSI*-RNAi 转基因株系'A8'中 *GBSSI* 的表达量可被完全抑制，储藏根淀粉为全糯，其效果与 *CaMV 35S* 驱动的 *GBSSI*-RNAi 转基因株系'B9'的干扰程度相当。该启动子的作用也在 *SBE*-RNAi 转基因株系中进一步确证。

电镜分析发现直链淀粉的减少，不会对木薯淀粉粒外观形态造成明显影

响，但内部结构却有显著变化；而直链淀粉的升高，则使淀粉粒外观发生明显改变，呈现出近球形、椭圆形及一些不规则形态，这不同于野生型中常见的钟罩形。推测这些形态的产生是由于直链淀粉的升高影响同一淀粉体中淀粉粒合成起始或多个淀粉粒的正常分离导致的。碘-淀粉络合物在扫描电镜下的形态特征暗示了直链淀粉分子可能在维持淀粉颗粒三维结构的稳定性上有一定作用。利用广角 X-衍射方法检测转基因植株淀粉特征发现，不同于野生型淀粉中典型的 A 型衍射峰特征谱，高直链淀粉在 17°衍射角出现 B 型结构特征，在 15°和 23°角衍射强度下降；糯性淀粉中'B9'也在 17°衍射角出现 B 型结构特征，其余糯性淀粉则保持 A 型不变。木薯高直链淀粉和糯性淀粉具有明显不同的黏度特征。糯性淀粉具有糊化时间短、峰值黏度高、凝沉回生等特点，同时冻融稳定性明显提升；而高直链淀粉则表现出抗糊化特性，易于发生重结晶。对 GBSSI-RNAi 转基因株系和辐射诱变自交系糯性突变体'AM206-5'两种来源的糯性淀粉进行了结构和性质上的比较。快速黏度分析发现两种方法获得的糯性淀粉在黏度性质上相似，但 GBSSI-RNAi 转基因淀粉物化特性更加多样化。两者在淀粉粒和支链淀粉分子的超微结构及热力学性质上也有所差异，这些差异将会影响它们工业应用的程度。

光合作用形成的临时性淀粉在植物的生长过程中起主要作用。夜间临时性淀粉降解以提供呼吸和蔗糖合成的底物。淀粉磷酸化和去磷酸化在高等植物的淀粉降解过程中起重要作用。淀粉磷酸化和去磷酸化缺乏的突变体抑制了叶中临时性淀粉的降解，导致叶中淀粉积累植株生长受抑制。而种子中磷酸化的降低增加玉米和大麦的产量，进一步表明淀粉磷酸化在库源的碳流分配过程中起重要作用。与其他作物不同，在木薯生长过程中，光合作用形成的碳水化合物以合适的比例从叶向储藏根运输，其向下运输的能力取决于叶片中临时性淀粉的磷酸化程度，最终决定储藏器官的发育和产量。

我们利用第一个木薯 T-DNA 插入突变体 storage root delay （srd），发现了导致储藏根发育延缓的关键基因是参与淀粉磷酸化的关键基因 α-葡聚糖，水合二激酶 1 （α-glucan，water dikinase，GWD1）。木薯中有三个基因 MeGWD1、MeGWD2 和 MeGWD3，分别属于三个不同的家族。通过 qRT-PCR 分析基因在光周期中的表达变化，表明暗周期开始后，即临时性淀粉开始降解时，叶片中 MeGWD 表达量明显提高。木薯块根不同发育时期的 MeGWD 表达模式显示其在块根发育期大量表达；此外 MeGWD 还可能参与了木薯的抗冷能力的调节，冷处理后木薯叶片中 MeGWD 表达明显上调。与其他基因相比，MeGWD1 表达量较高暗示了该基因可能在木薯的磷酸化过程中起主要作用。我们进一步利用 CaMV 35S 表达双链小分子 RNA 的方式，针对 MeGWD1 的特异性区域进行基因表达干扰。通过 Southern blot、qRT-PCR、SDS-

PAGE 和 Western blot 等分子水平检测表明，在 *GWD1*-RNAi 转基因木薯中，*MeGWD2* 及 *MeGWD3* 表达变化不明显，而 *MeGWD1* 在转录水平及蛋白水平都被显著性抑制。同时相对于野生型，转基因木薯临时性和储存性淀粉的葡萄糖残基 C-6 位磷酸化程度也明显降低。通过对光周期叶片临时性淀粉含量测定表明，暗周期末转基因木薯叶片中积累淀粉的量（12％）要比野生型（0.1％）高 120 倍之多，同时其淀粉代谢的昼夜节律也发生紊乱。糖含量测定结果表明，叶片中可溶性糖也发生了明显的变化，其中多种单糖、寡糖以及可溶性总糖的含量都明显降低。与叶片不同，转基因木薯块根中淀粉的含量（9％～18％）低于野生型（27％），但其单糖、寡糖及可溶性总糖的含量明显上升。田间中试试验也表明，相对于野生型，转基因木薯块根发育滞后。对野生型及转基因木薯淀粉的直链淀粉含量，链长分布、热力学性质及结晶形式等理化特性进行深入分析，结果表明相对于野生型，转基因木薯叶片临时性淀粉颗粒明显变大，直链淀粉含量显著提高，由野生型的 10％ 变为转基因植株的 33％。伴随着直链淀粉含量的增加，淀粉粒结晶形式由野生型的结晶态转变为典型的半结晶态 C 型淀粉，支链淀粉短链组分增加，但其热力学性质及支链淀粉链长分布上没有明显变化。与叶片不同的是，野生型及转基因木薯块根储存性淀粉在以上分析上没有明显的差异。对块根淀粉的淀粉酶消化实验进一步分析表明，野生型及转基因木薯淀粉都可以被 α-淀粉酶正常降解，但转基因株系中淀粉的 β-淀粉酶的降解被明显的抑制。

突变体 *srd* 和 *GWD1* RNAi 植株均证实 *MeGWD1* 通过改变木薯淀粉磷酸化水平，调节叶片中 β-淀粉酶对临时性淀粉的降解，抑制其表达会造成叶片中淀粉的大量积累，同时抑制了暗周期中临时性淀粉的动用及其向库组织的转移，影响木薯库源碳分配以及块根的发育进程。淀粉结构分析表明，降低 *MeGWD* 的表达使叶片临时性淀粉结构更接近于块根储存性淀粉，推测 *MeGWD* 可能参与块根储存性淀粉的合成及构建。该研究为进一步强化临时型淀粉的降解，促进源库分配提供了新思路和技术；同时，也为综合利用木薯叶片作为优质饲料提供了新种质。

同时，开展了木薯淀粉合成关键酶蛋白复合体的分子调控，针对蛋白复合体的组装模式、调控机制及其参与储藏型淀粉合成和影响碳流分配的功能机制进行了研究。首先利用酵母双杂交和 BiFC 蛋白相互作用实验发现了 10 个不同的蛋白互作模式，发现了一些新的蛋白互作模式。其中，MeSSII 与 MeISAII 之间的互作揭示了去分支酶可以通过与 MeSSII 相互作用形成蛋白复合体进而参与淀粉合成的新机制。MeGBSSI 与 MeSSI 和 MeISAI 的相互作用说明直链淀粉合成过程与支链淀粉合成过程是紧密联系，相互配合的过程，而不是之前人们所认为的是两种相对独立的过程。凝胶过滤层析（GPC）和 BN-PAGE 实验结果发现，所有的 7 种木薯淀粉合成关键酶在木薯成熟储藏根中都能以高分子量蛋白复合体的形式存在。免疫共沉淀实验结果进一步揭示了这些酶之间的相互作用关系，其中包括 MeGBSSI-MeSSs、MeGBSSI-MeSBEs、MeGBSSI-MeISAs 和 MeSSII-MeISAII，验证了酵母双杂交和 BiFC 的实验结果。以上蛋白互作模式说明木薯储藏型淀粉的合成需要 MeGBSSI 和支链淀粉关键酶之间的密切协同配合。进一步研究发现，磷酸化作用和氧化还原作用可以对以上的蛋白互作模式的形成起到调控作用，但不同淀粉合成关键酶间的蛋白互作模式对以上两种作用的响应机制存在巨大的差异。研究拓展了淀粉合成代谢现有的调控网络的知识，也可为新型淀粉品质木薯的遗传改造提供思路和策略。

（二）木薯淀粉合成代谢途径及调控机理研究

通过多年的工作，建立木薯功能基因验证的酵母杂交实验体系（'Y1H'和'Y2H'），木薯和马铃薯的遗传转化体系，结合基因表达分析、亚细胞定位等技术，对木薯淀粉合成代谢途径关键基因功能进行了验证，并初步构建了ABA 依赖的信号调控途径。

1. 建立蛋白互作及酵母杂交技术体系，初步揭示木薯淀粉代谢调控途径

在 973 项目明确木薯淀粉合成途径基础上，克隆并分析蔗糖合酶 Sus 基因家族成员，发现 MeSus1 和 MeSus4 两个高表达重要成员；构建了木薯储藏根的高质量全长 cDNA 文库，用于'Y1H'和'Y2H'文库筛选，并以 MeSus1pro 为诱饵，通过'Y1H'文库筛选，克隆并鉴定了 6 个候选转录因子，bHLH1、ERF1、GRF2、GT1、TALE1、WRKY2。6 个转录因子在储藏根中的表达量远高于幼叶和成熟叶，与储藏根发育过程相关。候选转录因子的表达受不同激素信号及非生物胁迫的影响，在体内和体外条件下，分别证实了 6个转录因子能够与 MeSus1pro 结合。且所有候选转录因子都定位于细胞核，4个转录因子具有转录激活能力，且 ERF1＞bHLH1＞GT1＞GRF2，TALE1和 WRKY2 没有转录激活能力。bHLH1 能够正调控 MeSus1 的转录，其余 5个均为负调控子。采用上述转录因子进一步筛选，获得 24 个互作蛋白因子，发现 ABA 受体 PYL 与 GT1 存在互作关系，基本构建了 ABA 信号调节淀粉合成的信号调控关系。

2. 建立木薯和马铃薯遗传转化体系，获得淀粉代谢途径部分基因的突变体

利用木薯遗传转化技术方法转化木薯材料 CV.60444，目前获得 PPDK，SuSy，GT1，ERF 等基因的过表达和干扰转化植株。并对木薯 PPDK、SuS1，SuS4、SUT、AGPS1、AGPL1 及 AGPS1 ＋ AGPL1，AGPS3 ＋AGPL1 等基因或者组合，构建马铃薯过表达体系，并获得突变株。其中，叶绿体型 PPDK 过表达马铃薯表现薯型变长并有产量增加。上述两种遗传转

化方法，一方面可以成为验证木薯淀粉代谢相关基因功能的重要工具；另一方面也是发展基因编辑，定向遗传改良创制新种质的必要途径。

三、获得两份淀粉体及淀粉粒增大的转基因木薯新材料

利用块根特异性启动子，在 SC8 木薯块根中过量表达和反义抑制 *MeFtsZ1* 基因，分别获得了淀粉体及淀粉粒增大且淀粉的热力学特性发生改变的 TR-OE2 和 TR-T5 转基因木薯株系。转基因与非转基因 SC8 木薯植株的生长无显著差异，转基因株系的块根数、平均单株产量、干物质率、直链淀粉及支链淀粉含量与非转基因木薯的差异不显著。

TR-OE2 株系的淀粉体明显比 SC8 对照增大；淀粉体内积累的淀粉粒数目 SC8 相似，即一个淀粉体内包含了 1~3 个淀粉粒，但是 TR-OE2 株系的淀粉粒明显比 SC8 大。TR-T5 株系的淀粉体明显比 SC8 对照增大；淀粉体内积累的淀粉粒数目 SC8 相似，即一个淀粉体内包含了 1~3 个淀粉粒，但是 TR-T5 株系的淀粉粒明显比 SC8 大，且含有一个淀粉粒的淀粉体较多。

TR-OE2 的峰值黏度和崩解值显著降低，糊化温度和峰值时间显著提高，而热糊黏度、最终黏度和回生值没有发生变化。TR-T5 的峰值黏度、糊化黏度和最终黏度显著降低，糊化温度显著提高，而崩解值、回生值和峰值时间没有发生变化。表明木薯淀粉粒大小的改变，可以引起淀粉黏度特性的改变。

TR-OE2 的起始温度、峰值温度和结束温度均显著高于 SC8。TR-T5 的起始温度和结束温度显著低于 SC8，峰值温度没有发生改变。TR-OE2、TR-T5 和 SC8 的热熔差异不显著。结果表明木薯淀粉粒大小的改变，可以引起淀粉糊化过程中的热力学特性的改变。

四、淀粉代谢通路基因的表达水平揭示栽培种淀粉高效积累机制

利用 iTRAQ 技术分析 SC205 和 W14 块根全蛋白质的变化。对三羧酸循环、糖酵解/糖异生、淀粉和蔗糖代谢、氨基糖不核苷酸糖代谢、丙酮酸代谢和氧化磷酸化等 196 个差异蛋白，包括 AGPase、淀粉合成酶、己糖激酶等进行 STRING 分析，节点连接线条数在 50 个以上共有 6 个蛋白，包括 ATP 柠檬酸裂解酶、谷氨酸合酶、乙酰辅酶 A 羧化酶和苹果酸脱氢酶等。

五、木薯基因组和蛋白质组相关研究

淀粉积累代谢途径的初步研究：通过分析木薯块根淀粉积累代谢途径，确定其中一个关键酶——淀粉磷酸合酶（SPS），通过查阅基因组信息得到该基因的 5 个同源基因序列，该 5 个同源基因在序列长度及碱基排列上都有较大差异，对'华南 9 号''华南 5 号'以及糖木薯块根定量分析都可以看出，该基

因的五个同源基因，只有其中一个 *SPS2* 表达量较高，起关键作用，其他四个表达水平均较低或者不表达。于是重点研究 *SPS2* 基因，构建了 *SPS2* 过表达载体及 Cas9/CRisPR 沉默载体，遗传转化拟南芥以及糖木薯和华南 5 号研究该基因的功能以及在淀粉代谢途径中的关键作用。

六、木薯块根中淀粉磷酸化酶（SP）功能验证

对木薯块根（SC205，SC5，CAS，亚马孙糖木薯，粉红木薯，花叶木薯）不同发育时期淀粉磷酸化酶的表达水平进行分析；构建酵母双杂库，筛选与其有相互作用的蛋白质；构建 SP 过表达载体，对其进行亚细胞定位。

此外，还对淀粉含量差异较大的木薯种质 SC5 和 Cas36-12 的不同生育期的块根进行 DNA 甲基化分析，结果显示木薯块根膨大期是块根发育的关键，进一步研究膨大期的甲基化概况，可以为木薯块根的淀粉含量提供依据。

第四章 木薯高产栽培及机械化关键技术研究

第一节 木薯种茎处理技术研究

一、木薯种茎越冬贮藏技术

我国木薯种植的生产区域主要分布在纬度较低的在华南热区，生产上通常利用成熟木薯种茎进行繁殖。在北移种植地区，木薯收获后种茎越冬留种面临着冬季低温霜冻和春季间歇性高温和低温、土壤水分增多和空气湿度增大等因素的威胁，这些因素对木薯种茎安全留种工作带来了极大困难。生产上，木薯种源需经过长途跋涉，从华南地区的广东、广西、海南等地调运，容易造成种茎机械损伤、失水干枯、病虫害入侵、生产成本加大等问题，且种茎质量和所需品种也得不到保证。因此，木薯种茎安全越冬贮藏和就地留种成为限制木薯北移种植推广的关键影响因素之一。体系组织相关岗位专家和试验站开展种茎越冬贮藏技术研发，经过多年探索，形成了一套较为有效的种茎贮藏技术体系，并已推广应用。

根据我国木薯的种植区域和气象特性，将中国木薯种茎贮藏区划分为无霜区、偶发霜冻区、轻霜区、重霜区（低温区），并提出每个区域相对应的种茎越冬安全贮藏技术。总结研究经验，于2015年在中国农业出版社出版了《中国木薯种茎越冬贮藏实用技术》一书。

1. 无霜区木薯种茎安全越冬贮藏技术

无霜区是指在北纬21.6°以南的地区，常年无霜冻。无霜区的木薯种茎越冬贮藏，一般不需要设施保护，有条件的也可以加以简单设施保护。贮藏方法主要有活体越冬保存、砍收后露天堆放保存等。

2. 偶发霜冻区木薯种茎安全越冬贮藏技术

北纬21.6°以北至轻霜区的偶发霜冻气候区，称之为偶发霜冻区。对于这一区域，多数年份没有霜冻气象出现，但偶尔有霜冻出现，有些年份霜冻较轻，有些年份霜冻较重。根据这一特点，从提高木薯种茎安全越冬出发，建议适当采用防止霜冻危害木薯种茎的保护性措施，如露天盖草堆放、露天盖膜堆放和露天浅埋堆放等。

3. 轻霜区木薯种茎安全越冬贮藏技术

北纬22.8°—23.8°的以南地区，除极个别年份外，发生霜冻的频率较低，程度较轻，属于轻霜区。该地区是我国木薯种植最为集中的区域之一，因为有霜冻危害，木薯种茎的越冬贮藏，必须依靠简单的设施加以保护，才能保证木薯种茎安全越冬，一般有大棚等简易性保护设施或者直接放在室内贮藏等。

4. 重霜区（低温区）木薯种茎安全贮藏技术

重霜区（低温区）和高寒山区，木薯种茎露天贮藏，容易受到低温和霜冻寒害的影响，不能安全越冬。因此，重霜区（低温区）和高寒山区，木薯种茎安全越冬贮藏都要采取设施化防寒防冻、保温保湿等，才能保证这些地区第二年有木薯种茎种植，才有利于木薯产业的发展。在设施化方面，可以考虑就地取材，经济实用，比如当地的岩洞、地窖及小拱棚、塑料大棚等，都可以用来进行木薯种茎安全越冬贮藏。

针对北移种植区实际情况，相关试验站也开展了部分工作。长沙综合试验站主要推广利用甘薯贮藏窖保存木薯种茎的方式。南昌综合试验站总结提出了一套适宜于江西种植区域的种茎越冬贮藏方法，该项技术还被选入了原农业部科教司组织编写的《2012年轻简化实用技术汇编》中。

二、木薯种茎收获、贮藏栽培技术

木薯种茎均为上年收获的种茎，在田头地角进行保存和贮藏。种茎主要贮藏的方式有：（1）露天堆放法。种茎收回后，直接堆放于大树下或通风的房屋内。（2）直立堆放法。选背风避阳处，锄松表土，把种茎直立堆放，用泥土覆盖种茎茎部30～40cm，大半露出地面。（3）埋藏法。方法是选择背风向阳、位置较高不积水的地方，挖成30～50cm深的坑，宽度随种茎长度而定，长度随需要而定，高度1m左右。把种茎整齐堆放于坑内，盖上5～10cm的土，形成拱背形，留有3～5个通气孔，四周开排水沟。

木薯种茎在越冬贮藏过程中，受到严重或部分冻害后，研究总结出适合木薯种茎的贮藏办法，其技术要点：收获贮藏成熟木薯种茎，应在每年的12月中旬后也就是冬至前收获。如受霜冻影响，种茎易受冻害。种茎要干爽，选择在晴天、露水干后砍收种茎。选择已充分成熟、芽眼饱满的主茎中部作种茎。种茎要尽可能与土壤接触，土壤能除湿、保湿、保温。挖50cm左右深的坑，宽度以木薯种茎长度而定，整齐摆放木薯种茎，后盖厚约5cm的土，土上覆盖薄膜，膜上再盖一层土，厚度约5cm。

三、木薯种茎环剥增产栽培技术研究

为充分利用单位面积的土地及光热资源，增加单株木薯产量，云南保山综合试验站开展了木薯种茎环剥试验。通过增长木薯种茎长度，并从中间对其养分进行阻断，从而提高植株对土地、光热的有效利用率，使植株能够两头结薯，这种木薯种植方式使鲜薯个数及单株产量明显增加，鲜薯个数增长率达50％以上，而单株产量增产率也达 25％以上。该项技术操作简单，劳动力花费不大，这将有利于提高薯农的经济收入，提高农户种植木薯的积极性，并推动木薯产业的健康发展。该技术"一种木薯种茎环剥增产的栽培方法"取得了发明专利（专利号：201310389029.9）。

第二节　木薯北移种植及其配套高产高效生产技术

一、木薯耐低温高产栽培技术研究

木薯北移种植区与我国木薯传统种植的南方地区有很大的不同，木薯适宜生长期短，仅 7～8 个月，且前期低温高湿，后期低温霜冻。围绕"适时种植、合理密植、科学施肥"几个主要环节，在开展早熟耐低温品种筛选工作的基础上，开展木薯耐低温高产高效栽培、肥料高效利用等的研究与示范，为木薯北移种植提供技术支撑。

1. 开展木薯高效利用肥料技术研究，在栽培岗位科学家指导下，在摸清了湖南木薯种植区土壤肥力的基本情况的基础上，进行了不同施肥处理的肥料 3414 试验、木薯新品种对氮和钾肥的响应试验等研究；得出长沙地区木薯种植的施肥最佳用量配方（kg/667m²）：氮∶磷∶钾＝12∶6∶15；并指导应用于生产，获得了良好的效果，肥料减少使用 10％以上，增产 20％以上。

2. 开展了不同播期与育苗方式、不同地膜覆盖栽培方式对湖南木薯生长及产量影响的研究，摸索出湖南地区木薯耐低温高产栽培技术模式：黑膜覆盖＋直播栽培＋提早播种（播种时间为 3 月 15 日前后）。比传统露地种植提早播种 20d 以上，节省人工成本 20％、减轻了田间除草工作，减少了除草剂的使用量。

二、木薯间套种高效栽培技术研究

木薯生长期长，前期生长慢，地表覆盖率低，需肥量少，后期高度荫蔽，但单作效益低，是一种弱势低效边际作物，可以通过与其他作物套种来增加复种指数、提高光能和土地利用率、增加单位面积产量和经济效益，以解决北移木薯种植效益的瓶颈问题。根据作物周期生长的差异与要求，在前期间套种生长快、周期短的或是矮秆型作物。各综合试验站根据所在地的生产实际情况，开展了木薯与当地传统作物间套种的栽培技术研究，形成了木薯与花生、大豆、生姜、辣椒、瓜类、幼龄果树等重要经济作物间套种高效栽培技术体系。桂林综合试验站颁布实施广西地方标准《木薯套种玉米生产技术规程》一项。此外，还进行了宽窄行木薯间套种模式的试验与示范，木薯套种大豆、玉米、花生、西瓜和生姜等栽培模式，通过宽窄行栽培模式应用，解决前期木薯被遮蔽影响产量、田间管理农事操作难问题。与纯种木薯相比，木薯间套种模式获得较高的作物产量，根据作物周期生长的差异，增加复种指数、提高光能和土地利用率、增加单位面积产量和经济效益，增加农民收益，对稳定发展木薯产业具有十分重要意义。

目前，针对不同生态区的木薯间套作生产，总结木薯与西瓜、南瓜、香瓜、毛节瓜、花生、大豆、幼龄果树等作物的高产高效间套种模式28项，立体种养模式4项，在木薯间套种栽培中，除收获较高的间套作物产量外，还能较好地提高鲜薯产量。间套作模式与纯种木薯比较，增产6.1%～25.2%鲜薯，总收入是纯种的1.6～4.2倍，净收入是纯种的1.7～4.9倍。目前，间套作模式已在我国大部分木薯主产区推广应用，其种植面积占到木薯种植总面积的一半左右，起到明显的增产增收和促进木薯产业发展的作用。

第三节　木薯高产、高效栽培技术研究

为了实现木薯稳产增效的生产目标，体系木薯栽培管理团队和各综合试验站，结合各个种植区木薯生产实际情况，系统开展了包括木薯种茎选择、种植方法、栽培模式、田间肥水管理等木薯栽培技术研究。

1. 木薯种植方式

通过施肥深度、种茎摆放方式及朝向等种植方式对木薯产量的影响研究表明：肥料利用率较高的木薯施肥深度3～9cm；平地种植以60°角斜插种茎为优；要统一种茎芽眼朝向；平地种植的种茎芽向对木薯产量的重要性排序为向南＞向西＞向北＞向东（CK）；机械起垄种植木薯时，平放种植优于斜插，平放种植的优劣排序为种茎芽眼朝向南＞向西＞向北＞向东，斜插种植的优劣排序为种茎芽眼朝向东＞向南＞向西＞向北；双行平插种植中，交错斜顺向和交错正对向为优；宽窄行的淀粉含量、鲜薯和淀粉产量优于等株行距和宽行窄株。调查木薯的风害、结薯特性以及模拟拉力抗倒试验均表明：抗风能力最强的是木薯种植芽向与风力方向相同，其次是与风力方向垂直，最弱是与风力方向相反；根据历次风灾调研分析，提出"密植、减肥、矮化、宽窄行"农艺参数，根据历次旱灾调研分析，确定"种茎长度至少20cm、埋深至少8cm、植后镇压"等耐旱农艺参数。

2. 肥料需求规律及其调控应用研究

按三元二次 D-最优饱和试验设计分析，氮磷钾配施对木薯产量的重要性排序为 K＞N＞P；根据木薯块根与叶片 SPAD 值的各种函数关系，提出木薯不同生育期的 SPAD 临界值和相应施氮量；研究提出我国木薯的 Mg、Ca、

Zn、Cu 施肥技术；组织各试验站开展 BGA 土壤调理剂等新型肥料的系列试验，提出部分生物肥、复合肥和 BGA 土壤调理剂的施肥技术；开展木薯主导品种的块根营养和矿物质成分分布规律研究，测定木薯肉和木薯皮中的 7 种营养成分和 7 种矿物质元素含量，为木薯施肥提供营养计算基础。通过以上研究，总结推广木薯 N、P、K 肥的最佳施肥量及配比，推广中微量元素肥料及有机肥的高效施肥技术。还研究集成国内外的营养施肥研究成果，主编《木薯营养施肥研究与实践》。此外，与各地试验站合作，开展减肥等探索性试验，确认减肥能起到稳产增效作用，这将进一步加强研究与推广。

3. 水分需求规律和评价指标及其调控技术研究

研究提出种茎的含水率、失水速率和成活率等简易抗旱指标；对木薯叶片显微解剖及生理指标测定，筛选出栅栏组织度及丙二醛含量 2 个抗旱指标；通过主成分分析、聚类分析、相关分析等方法，推荐过氧化物酶（POD）活性和可溶性蛋白（Pr）含量作为木薯幼苗耐旱性的主要评价指标；运用灰色关联度分析法，推荐木薯苗期的抗旱参考指标为实际光化学量子产量 $[Y（Ⅱ）]$、可变荧光（F_v）、F_m/F_o 和 F_v/F_m；还研究了水分中度胁迫条件下的木薯叶片气孔导度、胞间 CO_2 浓度、净光合速率（Pn）、最大净光合速率（Pmax）、表观量子效率（α）、光饱和点（LSP）和光补偿点的变化规律。在筛选抗旱指标的同时，推荐了耐旱性强的'华南 205''华南 9 号''南植 199''GR911''桂热 4 号'等木薯品种以及'A265''BRA274'等耐旱种质。

对木薯叶片喷施水杨酸（SA）和油菜素内酯（BR）溶液，促进干旱胁迫的木薯苗生长，推荐最优喷施浓度为 100mg/L SA 或 0.2mg/L BR。用 1%、2%石灰水溶液和 1%氯化钙溶液浸种，显著增加鲜薯、薯干和淀粉产量，目前深入研究钙的抗逆机制。种茎耐旱处理技术的优劣排序为蜡封＞浸水＞不处理（CK）＞覆膜，浸水和蜡封的鲜薯产量分别比 CK 提高 25.0%和 21.3%，蜡封的薯干和淀粉产量比 CK 分别提高 22.6%与 35.0%，浸水的薯干和淀粉产量分别比 CK 提高 16.1%与 10.0%。试验表明保水剂与尿素配施有一定抗旱作用，推荐了两者的适宜配施量。研究提出集中育苗、雨季移栽的抗旱栽培技术。

在上述肥水调控研究基础上，结合生产调研总结，在出版的《木薯间套作与高效利用技术》和发布的《能源木薯生产技术规程》中，针对不同地域的木薯间套作瓜类等作物，推荐了不同栽培模式的肥水调控和耐旱栽培技术。牵头承办体系内的"海南省木薯高效栽培研讨会"和"中国木薯栽培技术发展战略研讨会"等，系统研讨和推广木薯水肥高效利用栽培技术，并凝练未来的木薯栽培研究发展战略及其任务，在鲜薯干物率不低于对照的情况下，可提高鲜薯单产 10%～20%，提高肥料和水分的利用率达 10%。

4. 木薯地膜覆盖栽培技术

栽培方法是在犁耙好的地块上，按行距起畦，畦间覆盖地膜，地膜四周用泥土压实，然后按株距将木薯种茎平插入畦两边，种茎露出地面 3～5cm。起畦地膜覆盖优点：（1）具有保温、保水、保肥的作用。（2）提早种植、升温快、早出苗且出苗整齐。（3）降低土壤水分蒸发，保持土壤湿润和疏松，促进木薯生长和薯块膨大，减少水土流失，抑制杂草生长，易收获。（4）可以提早整地，利于抢上季节。（5）利于木薯间套种，如西瓜、南瓜、毛节瓜、香瓜、花生等间套种。（6）肥料在基肥一次放完，减少前中期中耕除草及追肥等管理。（7）利于机械化收获。（8）地膜覆盖比露地栽培鲜薯产量增加 20%～30%，是一项投资少、省工、省力，深受广大农民欢迎的木薯高产栽培方式。木薯地膜栽培可采用纯种方法，也可采用一膜两用方法，即在地膜西瓜、地膜玉米、地膜花生等间套种木薯。

试验站联合研发了小型木薯种植机械-木薯起畦施肥盖膜一体机，实现起垄、施肥、旋耕、盖膜一次过；每小时可作业 4 亩左右，减少劳动用工；机械作业时只需 3 人协助，其中 2 人分别在两头割膜压膜、1 人运送肥料农膜；该套机械不需要太大动力，只需一般中小型拖拉机即可，在小地块、坡地也可作业。此外，该农机除了可以应用于木薯地起垄盖膜外，还可以用于西瓜、南瓜、毛节瓜、香瓜等作物的起垄盖膜。通过多年的示范和推广，木薯地膜覆盖栽培技术已在广西武鸣全面推广，应用面积达 60%以上。木薯地膜覆盖已在国内木薯主产区推广。

5. 粉垄栽培技术，其极大提高了木薯的产量

粉垄栽培技术，就是利用专用机械的螺旋形钻头垂直入土 30～50cm，然后由牵引机牵引前行，整个耕作层的土壤均匀细碎，且土层基本不乱，土壤容重降低、孔隙度增大，通透性好，有利于水分、氧气等进入土壤，有利于木薯强根壮体，疏松的土壤也有利于木薯块根的膨大，从而促进了木薯单产的提高，经多年多点试验示范，粉垄栽培木薯单产可以提高 20%以上。

开展了木薯新品种配套栽培技术的研究和示范推广，深入系统地研究了良种木薯的生长发育规律、抗逆性能、产量构成特点、形态生理指标等，制定了配套高产栽培技术措施，初步摸清了木薯新品种的生长习性和栽培要点。针对不同品种制定了不同的栽培措施和规程。研究并完善了木薯不同间套种体系高产高效标准化种植技术。与广西水利科学院合作在崇左市建立了木薯节水灌溉区试验示范区，开展了木薯高效节水灌溉的灌水定额及灌溉制度研究试验，试验设置不同处理，分别在木薯幼苗期、块根形成期、块根膨大期和块根成熟期对木薯生长植株进行了采样分析，测定其含水量，氮、磷、钾养分含量，块根产量及淀粉含量，获得了相关试验数据。总结提出丘陵山区木薯高效节水灌溉

集成技术。

6. 间套作和高效利用集成技术

在间套作和高效利用方面，体系岗站人员研究适宜不同生态区的间套种栽培技术模式。全面研究总结木薯与瓜类、豆类、玉米、中草药、橡胶等间套作模式，开展间作、连作、轮作对木薯生长及土壤微生态影响的长期定位试验，主要是从地上部（光热竞争）和地下部（土壤、营养、微生物），研究木薯与花生在不同间作模式下的高产优质高效互作机制，并出版了《木薯间套作与高效利用技术》，系统总结和推广木薯间套作、立体种养技术。

第四节　木薯生产机械化科技研发

在木薯生产机械化方面，国家木薯产业技术体系自"十三五"以来，体系成立了机械化研究室，做到专人专岗、专业人做专业事，在总结"十二五"栽培工作的基础上，进一步梳理分析，体系以推进木薯生产管理机械化、控制综合生产成本、提高种植效益为目标，根据建立现代木薯产业、促进农机农艺配套的要求，联合栽培科学家岗位、广西北海综合试验站、海南白沙综合试验站、云南保山综合试验站，开展宽窄双行起垄种植适宜机械化作业的农艺模式的研究，开展配套的木薯生产机械化技术与装备的研制并进行生产试验和示范。经过三年的努力，目前已总体突破了木薯宽窄双行起垄种植模式及配套机械化技术。

一、建立了适宜机械化的木薯种植新模式

建立了适宜机械化的木薯种植新模式，技术特点如下，宽窄双行采用窄行距 60～70cm、宽行距 110～120cm、株距 60～70cm、起垄高度 25～30cm、垄宽 120cm。2016—2017 年，该技术在广东国投广东生物能源有限公司的生产试验面积约 5 000 亩。通过对该种植模式下木薯生长状态、木薯产量与木薯生产机械化难易程度的初步评估，确定宽窄行双行起垄种植模式降低了木薯生产作业难度，特别是显著降低了木薯收获作业难度，大幅提高了木薯明薯率。据初步试验统计，宽窄双行起垄种植模式下使用振动链式收获机明薯率可达到 95％以上、深松铲式收获机明薯率也达到 90％以上。

二、构建了配套宽窄双行起垄种植模式的木薯生产机械化装备体系

针对宽窄双行起垄种植模式，研制了配套的木薯生产机械化技术与装备，包括配套木薯种植技术与装备、木薯中耕管理技术与装备、木薯收获技术与装备。主要技术特点：

1. 木薯种植技术与装备

研制了配套宽窄双行起垄种植模式配套的 2CM-2 起垄式木薯种植机，配套 90～120 马力拖拉机，采用标准三点式悬挂结构，其结构主要由机架、传动系统、施肥装置、滚切式切种排种装置、开沟装置、覆土镇压装置、种杆放置装置、护垄侧板、座椅、悬挂装置等组成。土地旋耕后，采用配套的旋耕起垄机起垄，形成标准垄形，再用起垄式木薯种植机完成木薯种植作业，在两名投放种杆人员辅助下，该种植机可一次完成开沟、切种、施肥、下种、覆土、压实等多道工序，同时，可根据种植要求调整株间距，在护垄侧板的作用下，该机作业过程中不伤垄形。与种植配套的作业设备还包括 1GL-180 型起垄机。该机适用于木薯宽窄双行起垄种植作业模式下木薯地的旋耕起垄作业，旋耕深度 25～30cm，垄面宽约 110cm，垄底宽约 130cm，垄高 25～35cm，垄沟宽约 50cm，垄形成型好、垄面平整、覆盖严密。

2. 木薯田间管理技术与装备

研制了 3ZFM-2 木薯中耕施肥机，配套 90 马力拖拉机，采用标准三点式悬挂，其结构主要由机架、肥箱、施肥器、传动装置、培土器等结构组成，一次作业 2 行，可进行除草、培土、追肥，不伤薯根。针对农户小地块、坡地种植、拖拉机不便进入的木薯地块，研制了小型木薯中耕除草机，以 12 马力柴油机为驱动动力，其结构主要由限深轮、行走轮、发动机、传动机构、培土刀等组成，一次作业 1 行，可进行木薯地的除草、培土作业。

3. 木薯收获前秸秆处理技术与装备

研制了 4JMW-200 型卧式托板仿形木薯秆粉碎还田机，解决了传统后置地轮仿形对不平整土地仿形的滞后问题，更精准地控制粉碎机粉碎刀片与土壤的距离，使其保持在木薯茎秆的直径尺寸范围内，减少木薯秆漏碎显著，提高粉碎率。同时仿垄形托板设计成可调整式，可根据不同品种木薯秆的粗细调节粉碎机粉碎刀片与土壤的距离，获得较好的粉碎效果；针对起垄式木薯地，研制了 4JMF-200 多辊仿垄形木薯秆粉碎还田机，可解决垄沟残留木薯秆、粉碎不彻底的问题，满足起垄种植木薯农艺的秸秆粉碎还田要求。这种机具要求木薯标准化种植（机械种植，垄形、宽窄行距要求规范），可获得较好的粉碎效果；针对木薯秆（含嫩茎叶）综合利用的要求（嫩茎叶作饲料、硬秆作栽培基质、颗粒燃料或纤维板等），研制履带自走式木薯秆联合粉碎收获机，促进木薯秆高效率粉碎和经济收集，为开展综合利用创造条件。

4. 木薯收获技术与装备

研制 3 款不同技术原理的木薯挖掘收获机。

4UMS-140 型深松铲式收获机，配套 90 马力拖拉机，采用标准三点式后悬挂，其结构主要包括机架、挖掘铲、栅条等，一次作业 2 行，可进行木薯的挖薯、起薯，该机结构简单，作业效率较高，故障率低，明薯率有较大程度提高；

4UMB-150 型拨辊轮式木薯收获机，该机配套 90～120 马力拖拉机，采用标准三点式后悬挂，其结构主要包括机架、挖掘铲、减速箱、传动系统、运输辊、拨辊轮等组成，一次作业 2 行，可进行木薯的挖掘、起薯；

4UML-130 型振动链式木薯收获机，该机配套 90～120 马力拖拉机，采用标准三点式后悬挂，其结构主要包括机架、挖掘铲、减速箱、链排、传动系统等，一次作业 2 行，可进行木薯的挖掘、起薯。

针对木薯田间收集转运的需求，初步研发与设计了履带式木薯田间转运车。

经 5 000 多亩的生产试验表明，宽窄双行起垄种植模式可有效提高木薯单产、大幅提高木薯收获机的明薯率、减少木薯损失并降低拖拉机的作业能耗，得到木薯种植企业、农户和拖拉机机手的充分认可。

第五章 木薯有害生物监控基础与关键技术研究

在木薯生产过程中，病虫草等各类有害生物的危害严重影响了木薯及相关产业的健康发展。然而，前期我国木薯病虫草害防控相关的研究基础薄弱，部分病虫草害的本底及研究几近空白；应对花叶病毒病、褐条病、木薯单爪螨等危险性病虫害的检测预警与风险评估等储备性研究积累很少。随着木薯产业的发展，新品种不断育成并在生产中推广应用，木薯的种植区域、耕作制度、管理模式和田间集约化程度等在不断发生变化，病虫草害频发和流行，新的病虫害也不断出现，造成严重的经济损失。为此，本研究团队以查明当前我国木薯有害生物的种类及危害情况、解决主要病虫草害监控基础及关键技术、提高木薯有害生物防治应用基础和防治技术研究水平、保障我国木薯产业持续健康发展为目标，围绕我国木薯病虫草害防治研究中的空白及产业需求，组织主产区科研单位、企业、生产部门开展研发工作，重点以有害生物调查监测与主要病虫草害防控关键技术研究为主，系统开展细菌性枯萎病、朱砂叶螨、恶性杂草等几种常发、危险性病虫草害防控的应用基础和关键技术研究，并进行示范应用。

针对前期我国木薯有害生物种类及分布不清的问题，联合体系各岗站和规模化木薯种植户，在国内木薯主产区开展病虫草害调查工作，以掌握当前木薯病虫草害种类、分布、为害情况，以及明确主要的病虫草害问题；在此基础上，采用信息化技术建立木薯有害生物基础数据库，开展病虫草害远程查询、诊断和防治技术服务。

针对重大、危险性病虫害检测监测与预警工作技术支撑的不足，采用有害生物风险性分析（PRA）程序，开展细菌性萎蔫病、木薯花叶病、木薯单爪螨等危险性病虫风险评估，研发及检测监测技术，并以代表性产区为立足点，构建覆盖木薯主产区的有害生物监测网点，并及时跟踪国外木薯主要病虫害的发生动态和流行趋势，对入侵危险性病虫害进行监测与预警，及时发现并处置木薯突发性病虫害，并在关键季节和关键环节发出预警信息和防治建议。

针对细菌性萎蔫病、朱砂叶螨、恶性杂草等重要病虫草害监控基础及关键技术研究不足的问题，系统开展了相关有害生物的基础生物学、发生流行规律、致害机理、抗性种质鉴选与创制、防控关键技术等方面的研究。

针对其他褐斑病、蛴螬等常发病虫草害防控基础薄弱与防控技术缺乏等问题，较为系统地开展了鉴定、检测监测、防治技术研发等研究工作，为有害生物的有效控制提供理论依据。

整体上，木薯有害生物监控基础与关键技术研究走的是"种类调查与鉴定—数据库及监测网络建设—发生规律与成灾关键因子分析—防控基础及关键技术研发—集成示范与推广"的技术路线。

第一节　建立木薯有害生物基础数据库

自 2008 年开始，病虫草害防控研究团队联合体系各岗站和规模化木薯种植户，对我国主要种植区进行全面病虫草害调查与鉴定工作，基本摸清了我国木薯的病虫草害的种类、分布及其为害情况。

在病害方面，发现为害我国木薯的病害有 4 类 10 种，发现有检疫性病害细菌性萎蔫病和花叶病毒病 2 种；真菌性病害 7 种（褐斑病 *Cercosporidium henningsii* 炭疽病 *Colletotrichum gloeosporioides*、离孺孢叶斑病 *Bipolaris setariae*、棒孢霉叶斑病 *Corynespora cassiicola*、白点病 *Phaeoramularia manihotis*、疫霉根腐病 *Pytophthora palmivora* 和枯萎叶斑病 *Cercospora vicosae*），寄生性藻类病害 1 种（藻斑病 *Cephaleuros virescens*）；未发现褐条病、丛枝病和蛙皮病等危险性病害；其中，离孺孢叶斑病、棒孢霉叶斑病和藻斑病为国内外新记录病害，疫霉根腐病为国内新记录病害。木薯花叶病（斯里兰卡木薯花叶病毒株系）已入侵我国，并在多点为害。检疫性细菌性枯萎病是目前危害最为严重的病害，其在整个木薯生长季节均可发生；疫情主要分布在海南的儋州、白沙、文昌、琼海、澄迈，广东的湛江、开平、茂名、阳江，广西北海、梧州、贵港、武鸣，以及江西东乡等地；其中在广东湛江、广西北海和贵港等种植区发生最为严重，频发且流行。褐斑病在各个木薯种植区均有发生，主要在木薯生长的中后期为害，是当前发生面积最大、最普遍的病害；疫霉根腐病在云南、海南、广东等局部地区严重为害，由于为害木薯根部和薯块，容易造成严重的产量损失；炭疽病、棒孢霉叶斑病、白点病、藻斑病等病害在各个产区也屡有发生。

在虫害方面，调查发现木薯害虫、害螨 65 种，其中害虫 60 种，害螨 5 种，外来有害生物 12 种。

杂草方面，五个木薯种植省区有 42 科 160 个属 228 种杂草，并基本明确了各个木薯种植区主要病虫害种类及优势杂草和恶性杂草种类。其中，海南木薯种植区杂草有 34 科 107 属 131 种，菊科、禾本科以及蝶形花科植物种类较多，优势种为假臭草、鬼针草、牛筋草、伞房花耳草、叶下珠和水蜈蚣等；广西木薯主产区杂草有 13 科 33 种，主要是禾本科杂草 9 种和菊科杂草 6 种，优势杂草为阔叶丰花草、马唐、香附子和胜红蓟；广东木薯主产区有 22 科 74 种杂草，其中禾本科杂草 17 种和菊科杂草 13 种，优势杂草为阔叶丰花草、假臭草、胜红蓟和马唐等；云南木薯地杂草有 19 科 48 种，主要是禾本科杂草 8 种和菊科杂草 14 种，优势杂草为马齿苋、龙葵、赛葵、胜红蓟和香附子等；贵州木薯地主要杂草有白茅、三叶鬼针草、兰香草等。各区域木薯地杂草分布情况分析结果表明，木薯主产区主要优势杂草为阔叶丰花草、香附子和胜红蓟等。

通过搜集和整理国内外木薯病害研究进展，并进行系统整理和有序化存储，构建了图文并茂的木薯有害生物（病害）数据库，提供子库查询、综合查询、快速查询等多种查询方式，实现了基于互联网的木薯有害生物（病害）相关信息的快速查询。在此基础上，建设了木薯病害预警监测与控制网，开展了病害的远程诊断、查询与防治技术服务，并研发出木薯病虫草害预警监测与控制手机客户端软件（App）。

第二节　重要、危险性病虫害的检测和监测技术

通过检索国内外文献，结合木薯病虫害普查结果，在对危险性病虫害的国内外分布状况、潜在经济危害性等方面分析的基础上，采用有害生物风险性分析（PRA）程序，完成了细菌性萎蔫病、花叶病毒病、木薯单爪螨等重大检疫性病虫害的风险评估分析工作。根据国家《进出境动植物检疫法》《植物检疫条例》及《植物检疫条例实施细则（农业部分）》其实施细则，结合我国具体情况，制定了花叶病毒病和丛枝病预警方案。建立了细菌性萎蔫病菌、疫霉根腐病菌、害螨、粉蚧等重要危险性病虫害的快速检测技术。

联合各岗站，在主要种植区设立重要病虫草害监测点，形成了覆盖我国木薯主产区、辐射整个种植区并与境外木薯种植企业对接的监测网络，对主要病虫草害进行有效疫情监测，掌握主要病害的发生动态和流行趋势；尤其是对入侵危险性病虫草害进行监测与预警，及时发现木薯突发性病虫草害，并在关键季节和关键环节发出预警信息和治理建议。并制定了木薯细菌性萎蔫病监测技术规程；针对木薯花叶病等突发危险性病害，制定了木薯花叶病毒病应急防控措施，并在体系内推行实施。

第三节　重大病虫草害致害机理与防控基础研究

对细菌性萎蔫病、褐斑病等重要病害，朱砂叶螨、单爪螨、粉蚧等重要危

险害虫（螨），以及阔叶丰花草、假臭草、香附子等优势杂草等国内重要病虫草害，进行致害机理和防控技术研发。

一、细菌性萎蔫病绿色防控基础研究

收集了各个病害发生区的细菌性萎蔫病菌共 106 株；完成了对 43 个来自国内的代表性菌株和南美及东南亚菌株的遗传多样性分析，发现我国木薯细菌性萎蔫病菌菌株可分为 3 个类群，与国外菌株存在明显的遗传多样性差异。基本摸清了木薯细菌性萎蔫病的发生规律和影响因素，该病在木薯苗期至整个生育期均可为害，其发病程度与气候条件、木薯品种的感病性及其生育期等因素密切相关；高温多雨季节容易发病，暴雨和台风雨天气容易引起病害暴发流行，植株的感病程度因品种及其生育期不同而不同。完成了该病菌的全基因组测序工作，并构建了含 20 382 个转化子的 Tn5 转化子库，筛选获得致病力表失突变体 96 个，致病力减弱突变体 113 个。分离获得致病力变异突变体的插入位点侧翼序列 25 个，这些基因可能与致病性相关。通过基因敲除和互补验证，证明 $argH$ 基因（预测编码精氨基琥珀酸裂解酶）参与病原菌的致病过程。采用同源克隆法获得 $hrpG$、$hrpX$ 两个基因，发现其在病原菌的致病过程中发挥着重要的调控作用。

初步明确了国家木薯种质圃 603 份主要种质的抗性水平，通过重病田间抗病性筛选进一步确定了主要木薯品种（种质）的抗病水平，筛选获得 26 份具有一定田间抗性的种质，而当前的主栽品种均表现为感病。基本明确了木薯对细菌性萎蔫病的抗性生物学，包括物理结构、理化性状等。进行了 STK 类、Mlo 基因等抗病相关基因的克隆与分析研究，基本明确了 $MeMlo$、$MeNPR1$、$NAC29$ 等抗病相关基因与抗病性的相关性。利用农艺性状优良的木薯种质与抗（耐）病木薯种质进行杂交，以创制兼具优良性状的抗病新种质。进行了 $MeBIK1$ 基因功能鉴定工作，该基因响应参与病原物侵染木薯的应答，其过表达可提高拟南芥植株对 $XamHN04$ 致病菌的抗性，并构建了该基因过表达载体进行木薯遗传转化。利用已有的木薯基因组数据，充分挖掘木薯高通量数据，在木薯全基因组水平上对木薯 ERF 转录因子家族进行了鉴定及分析，并进行木薯受病原菌浸染后的转录组分析，构建了木薯应答病菌胁迫的基因表达谱，找出抗病相关的 ERF 转录因子。采用 qPCR 技术分析了 $MeERFs$ 和卜游靶基因在 SA、JA、ACC 激素处理、Xam 病原菌侵染下的表达模式。进行了 GR4×C1030、GR4×C576 等 12 个杂交组合的优良主栽品种×抗（耐）病木薯种质杂交试验与新种质培育工作，通过剪叶法初筛和田间抗性复筛，获得具有较好抗病性的木薯新种质 8 份。

二、害螨、粉蚧等重要害虫（螨）防控基础研究

明确木薯重要危险性害虫（螨）发生与危害新特点及其在不同生态环境、耕作制度与栽培模式等条件下的为害特性与发生规律，确定温度及长期大面积连作、不合理间套作与轮作是木薯重要害虫（螨）暴发成灾的关键因子；建立了木薯害螨和木薯粉蚧离体规模化人工饲养技术体系，为有效监测和防控重要危险性害虫（螨）在我国木薯种植区的发生与危害策略与关键技术研发及应用提供了理论依据。明确了木薯单爪螨、木瓜秀粉蚧的耐热性及木薯单爪螨的寄主选择性，为有效监测和防控木薯单爪和木瓜秀粉蚧在我国木薯种植区的发生与危害策略、关键技术研发及应用提供了理论依据。

建立切实可行的木薯抗螨性评级标准与鉴定技术体系，获得木薯抗螨性鉴定的抗感参试标准品种，鉴定筛选出抗螨种质 325 份、抗螨主推品种 41 个、创制抗虫（螨）新种质 8 份，系统开展了基于转录组测序的木薯抗螨相关基因克隆与功能验证工作，发现 PPO、POD、SOD、CAT 酶活性与木薯抗螨性显著正相关，初步建立 6 类木薯抗螨相关基因资源库；获得了转 $MeCu/ZnSOD+MeCAT1$ 双基因株系 'SC2'、'SC4' 和 'SC11'，饲喂实验证明 SOD、CAT 具有抗螨性功能；克隆获得 4 个木薯抗螨相关基因 $MePPO$、$MePOD$、单宁酸合成酶关键基因 $MeLAR$ 和 $MeANR$，并从发育生物学、酶学防御效应、次生代谢物质防御效应及基因表达特性等方面初步验证这 4 个基因的功能。在此基础上，进一步从发育生物学、营养防御效应、次生代谢物质防御效应、保护酶防御效应、保护酶基因表达特性及其抗螨分子机制等多个层面阐明了木薯对朱砂叶螨和木薯单爪螨的抗螨性机理，为有效监测和防控朱砂叶螨和木薯单爪螨的发生和危害提供了理论依据。

三、主要杂草发生规律和防除技术研究

杂草发生规律研究：据木薯园杂草调查研究，从杂草生活史类型上来看，危害木薯生长的主要杂草分为多年生杂草和一年生杂草。多年生杂草主要是丝茅和香附子，其适应力强、根系发达、生态幅广，在生长期内，它能在短时间内以数倍甚至几十倍的数量快速繁育生长，迅速占领地面，对木薯地的争肥争水能力极强，而且繁殖器官生长在土壤深层区域，清除起来很困难，为其防除造成很大的障碍；一年生杂草主要是阔叶丰花草、假臭草等杂草，属于喜光性杂草，适应性强，对土壤及水分条件要求不严、花期长，在适宜条件下，种子全年可以萌发，是木薯地常见恶性杂草。

木薯生长初期，生长缓慢，株距宽。此时土壤中水肥充足，光照强、气温高，杂草生长发育快，如马唐、香附子、丝茅、稗草、假臭草、阔叶丰花草等

杂草迅速占据生长空间，并形成优势种群，争肥争水，严重影响木薯的生长。因此，在木薯生长初期，杂草是木薯生长发育的主要限制因子。当木薯生长中后期，木薯植株形成较高的郁闭度时，行间的杂草由于缺少阳光生长受到抑制。杂草的生长速度和生物量都有不同程度的降低。

结合木薯园害草普查信息，针对每种害草对木薯生长和产量的危害程度进行了综合评估，并对分布面广、危害严重的四种杂草（假臭草、阔叶丰花草、香附子、丝茅）展开发生机理和防治技术的研究。

假臭草：是 20 世纪 80 年代入侵我国的恶性杂草，近年来，已经随着农业经济的发展迅速扩张，蔓延成灾。经对我国木薯主产区的主要杂草普查后发现，该草在我国广东、广西、海南等地区普遍发生，并有向亚热带地区扩散的趋势。

阔叶丰花草：原产热带美洲，自 1937 年引进广东等地作为军马饲料以来迅速蔓延，现已严重危害木薯和其他农作物的生长并影响产量。目前，已经广泛分布在广西、海南的木薯园地中。

香附子：我国常见恶性杂草之一，香附子在我果木薯主产区发生普遍，广西、广东、海南木薯种植区均有为害，受害严重的木薯园地，香附子密度高达每平方米 1 000 多株，覆盖度高达 75% 以上，甚至全田被覆盖，严重影响木薯的正常生长并影响产量。

丝茅：分布面广，在我国南北方均有分布，在我国木薯种植区均有分布，是木薯园中常见杂草之一。

第四节　重要病虫草害防控技术研发

一、细菌性萎蔫病、褐斑病等常发和重大病害防控关键技术研发与应用

形成了细菌性萎蔫罹病种茎消毒技术，即经 0.4% 的甲醛浸泡 55～60min 处理后，种茎中没有检测到活的病原菌，且发芽率及长势不受影响；经过处理后的种茎在苗期和发病高峰期发病均较轻，对细菌性萎蔫病具有一定的预防作用。通过采用含毒介质法筛选对细菌性萎蔫病和褐斑病病原菌有效的防控药剂，发现乙蒜素等药剂对细菌性萎蔫病菌具有很好的抑制效果，并在广东湛江、广西平南等地的重病薯园进行药剂的防效评价和施药技术研发，发现在病害发生初期用药，乙蒜素对该病防效最好，防效均在 70% 以上；筛选出多菌灵（50% 多菌灵 WP）和咪鲜胺（25% 咪鲜胺 EC）等对褐斑病菌均有较好抑杀效果，其中的必扑尔（25% 丙环唑 EC）和咪鲜胺（25% 咪鲜胺 EC）两种药剂对褐斑病的田间防效达 90% 以上。并初步形成了应用多旋翼无人机进行细

菌性萎蔫病和褐斑病飞防技术。与传统的人工喷药方式相比，无人机飞防具有效率高、防效好、成本低、地形限制小、安全性高等优点，近年来我国木薯种植中规模化趋势越来越大，该技术具有良好的推广应用前景。

二、强化木薯不同种植模式下的害虫绿色防控关键技术研发与示范，初步形成适于木薯北移种植、粮饲化规模化生产、机械化生产条件下的农药减施与害虫综合防控策略，以及区域性害虫绿色防控关键技术体系

（1）研发出 2 种环境友好型中试复合型杀虫杀螨剂"扫虫光"和"除螨净"、2 种中试生物药剂毒饵"5.7％甲氨基阿维菌素苯甲酸盐诱杀粉"和"5.7％甲氨基阿维菌素苯甲酸盐诱杀液"及 4 种对朱砂叶螨具有良好防效的高效低毒低残留药剂（43％联苯肼酯悬浮剂、15％哒螨灵乳油、40％哒螨灵悬浮剂和 20％丁氟螨酯悬浮剂），上述药剂防效均达 90％以上，并通过联合毒力作用研究，发现新型药剂 43％联苯肼酯悬浮剂和 73％炔螨特乳油混配对朱砂叶螨表现出良好的增效作用，并对朱砂叶螨 GST 具有显著的联合抑制作用，为联苯肼酯与炔螨特合理混配使用防治朱砂叶螨的发生与危害提供了理论依据。

（2）针对木薯北移种植条件下的外来危险性害虫（螨）易于随种质资源交流入侵、扩散、定殖成灾等突出问题，初步构建基于最大虫口限量的传入—适生—扩散全过程定量风险评估体系及基于入侵源、阻截带、非疫区的阻截控制与区域减灾技术体系。

（3）针对木薯粮饲化规模化生产条件下的农药不合理使用所致出现的食品与饲料安全、产地生态环境安全、害虫抗药性等突出问题，初步构建基于最大虫口限量及安全高效靶标的农药减施与虫害绿色防控策略，以及以抗性健康种苗培育、种茎无害化药剂处理防灾减灾、根际药肥一体化微生态调控减灾、合理间套作微生态调控减灾、生物药剂毒饵诱杀、聚集信息素诱杀、生物防治、高效低度低残留药剂应急防控为核心的绿色技术体系。

（4）针对木薯机械化生产条件下的茎叶粉碎还田易致虫口基数大、成灾风险大等突出问题，初步构建基于最大虫口限量、最大绿色农药使用剂量限量及安全长效有效靶标的农药减施与虫害绿色防控策略，以及以抗性健康种苗培育、种茎无害化药剂处理防灾减灾、根际颗粒药肥一体化微生态调控减灾、合理宽窄行间套作微生态调控减灾、生物药剂毒饵诱杀、聚集信息素诱杀、高效低度低残留药剂应急防控为核心的绿色技术体系。

（5）初步集成以上述技术为核心的我国木薯主要害虫（螨）环境友好型综合防控技术。

三、优势杂草防控基础研究——开展了木薯地杂草发生预测及环境友好型防控技术的研发，初步建立了杂草发生预测技术和防控模式

开展了木薯地杂草发生的预测技术研发，初步建立实验室木薯杂草发生预测技术体系。通过对地面杂草种子的种类、数量，土壤种子库中杂草种子类别的鉴定、发芽势、发芽率、休眠期等研究建立一套用于新耕地杂草种子库输入输出规律检测的技术，在每块新耕地种植前通过实验可以明确预测第二年杂草发生的种类及数量等，为生产上早预防和精准防控杂草发生提供了方法。

四、化学除草剂使用方法和提出绿肥覆盖抑制杂草发生的栽培模式

化学药剂除草。木薯种植前，木薯地如杂草茂盛和有小灌木的地块，可用草甘膦进行免耕化学除草，能有效防除单子叶、双子叶、一年生和多年生的草本杂草等。木薯种植后 3 天，使用选择性芽前除草剂——乙草胺等，进行免耕化学除草，可对一年生禾本科和阔叶杂草有效防除，持效期 2 个月左右。木薯生长中后期，用速效触型灭生性除草剂——百草枯定向喷雾防除各种一年生和多年生杂草，且其对块根及已木质化的茎干无影响。在木薯茎秆高 1m 以上木栓化后，用草甘膦或百草枯等作为茎叶定向喷雾剂，可防除一年生和多年生杂草。通过对木薯间套作、绿肥覆盖等较为系统深入的调查和研究，比较分析绿肥覆盖的利弊，提出利用绿肥覆盖抑制杂草为害的模式。

第六章　木薯加工与综合利用关键技术

　　木薯是世界三大薯类之一，全球种植面积仅次于马铃薯，高于甘薯，具有高生物量、抗旱、耐瘠薄、高淀粉率等生物学特性，是人类主要食物资源之一，为世界近10亿热带亚热带地区的人们提供口粮，是一种多用途的原料作物、经济作物以及粮食作物。据 FAO 统计，2017 年全球产量大约 3.0 亿 t，而 2017 年世界仍有超过 8.0 亿人口处于饥饿和营养不良状态，占世界总人口的 1/8，主要分布在非洲、南美洲和东南亚（印度尼西亚、越南和老挝等）以木薯为口粮的木薯主产区。通常，在木薯主要种植区域，其食用方法通常是将木薯块根经过蒸煮后食用或加工成 Gari（一种木薯粉团）和 FuFu（当地一种主食）等木薯食品后食用。然而，木薯是一种生氰植物，其新鲜的块根和叶片中含有大量的生氰糖苷，经水解会产生有毒的氰化物，如果人体长期食用超量的氰化物食品，容易导致 Konzo（一种由食物中毒引起的痉挛性致畸疾病）等并发症，甚至引起死亡。于是，如何安全、卫生食用木薯及其产品是木薯食用化和综合利用技术研发面临的关键问题。

　　从木薯食品加工利用方面来看，在非洲，木薯块根通过浸泡、晒干和蒸煮等传统方法处理后食用以及加工成木薯粉再制作成各式木薯食品后食用，每人每年消费木薯约 80kg；在东南亚的印度尼西亚、老挝、柬埔寨和越南等国，木薯块根用于清蒸、晒干后磨粉制作各式食品仍然是主要的利用方式。这种简单的、家庭作坊式的处理方式，虽然氰化物含量基本能够控制在世界卫生组织的食用标准内，但是木薯食品的卫生水平和营养品质令人担忧。在我国，20世纪 60 至 70 年代，木薯曾经是南方的"救荒作物"，但从 20 世纪 80 年代到21 世纪初开始，木薯成了我国南方淀粉和饲料工业的主要加工原料，木薯食品却鲜少被提及，综合利用更是几乎空白。2013 年以来，原农业部（现农业农村部）和海南省等上级主管部门加大了对木薯食用化研究推广的投入，木薯面条、木薯饺子、木薯米和木薯面包等系列木薯食品相继研发成功，但木薯轻简化加工技术相对滞后，是木薯产业食用化发展重点关注的领域。

　　研究表明木薯块根淀粉含量高，蛋白质和脂肪含量低，含有矿物质元素，包括钾 1.2%、钙 0.07%、磷 0.05% 等，但块根采后十分容易腐烂，故必须短时间内加工，以减少损失。

　　在新常态和国家"一带一路"倡议的指引下，开展木薯块根食品化利用技术研发是促进我国薯类主粮技术加快发展，保证我国粮食安全的一个有效行动，符合我国科技创新驱动（支撑）产业发展、推动科技成果向高值化、产业化发展以及进一步优化发展的需要。此外，木薯叶副产物综合利用和系列食品的研发与推广，还可为木薯产业升值、农民增收和县域经济增长做贡献，也是辐射带动周边区域经济发展的重要引擎，更是服务我国热带农业科技外交的重要举措，也有利于加快热带、亚热带贫困山区脱贫步伐，为精准扶贫提供新思路，在世界热带、亚热带贫困地区都具有十分重要的现实意义。

为此，2010 年以来，在农业部（后更名为农业农村部）、科技部和地方政府的大力支持下，吕飞杰研究员、古碧教授和张振文副研究员等带领的专家团队致力于木薯全粉、木薯粉、木薯副产物和木薯食品加工技术和加工工艺研发，并取得重要进展，研发和集成了一批轻简化技术，并进行示范推广。

第一节　木薯块根保鲜处理技术

以食用鲜木薯块根为研究对象，研究不同药剂处理后在 10℃ 和 85％ 相对湿度条件下贮藏，块根主要生理生化特性的变化，探究主要抗氧化酶在贮藏过程的差异。结果表明，采后 7d 是块根迅速失水期，其干物率和淀粉含量呈上升趋势，3 类处理均可以在一定程度上延缓失水速度。贮藏前期（0-30d）$NaCl$ 和 $Na_2S_2O_5$ 溶液处理可以提高 SOD 和 APX 酶活性，抑制 POD 和 CAT 酶活性，但到了贮藏后期（30～60d）各处理基本一致。可见 98℃、10g/L 的 $NaCl$ 热水和抗氧化剂 $Na_2S_2O_5$ 处理在短期内可延缓褐变发生。方差统计分析后发现，各自的 6 项指标均在贮藏时期分别达极显著差异，各自的处理除对 SOD 酶活性的影响不显著外，对其他 5 项指标影响达显著或极显著水平。

与柳州张飞餐饮有限公司合作研究开发出以'桂热 9 号'为原料的木薯羹等系列食品，创立"张飞木薯羹"木薯食品品牌，实现科研成果产业化。指导企业首创食用木薯冷冻贮藏工艺和标准技术，在国内首建大型食用木薯专用冷库，周年可供新鲜食用木薯，解决鲜木薯难贮藏保鲜这一阻碍木薯食用产业化发展的技术瓶颈问题。

第二节　木薯淀粉、木薯全粉加工技术研发与集成示范

一、木薯淀粉清洁生产技术

从资源高效利用、节能降耗、节水减排等角度着手，充分借鉴国内外同行

业及相关行业经验和技术装备水平，重点研究木薯淀粉加工工艺特点，并结合清洁生产模式，开发一种水耗与电耗低、环境友好的木薯淀粉生产清洁工艺技术，使其达到清洁生产一级水平。吨产品水耗从 $20\sim30m^3$ 降低至 $10m^3$ 以下，电耗从 $230kW \cdot h$ 降至 $165kW \cdot h$ 以下，耗鲜木薯量从 4.1 降至 3.8 以下，淀粉收率从 85% 提高至 94% 以上，废水产生量从 $20m^3$ 降至 $10m^3$ 以下，COD产生量从 0.4t 降至 0.1t 以下，水循环利用率从 41% 提高至大于 88%，废水排放 COD 浓度从大于 $300mg/L$（无法稳定达标）降至 $100mg/L$ 以下（稳定达标）。产品质量大幅提高，产品优级率达 100%，清洁生产产品，其中的黏度峰值等指标优于国标优级产品的幅度在 50% 以上。彻底解决木薯淀粉加工行业环境污染严重、木薯淀粉加工行业水资源浪费严重等问题。提高企业利润，增强行业竞争力，为本行业创立新的生产工艺技术及标准，为同类型加工企业提供了一条可供借鉴的技术路线，使木薯淀粉加工企业更具市场竞争力，可持续性发展能力增强。利用此项技术成果，已建立中产量 3 万 t 的木薯淀粉清洁生产示范工程 1 个。

二、集成木薯（全）粉生产技术

食用木薯（全）粉，以新鲜木薯（苦木薯或甜木薯）为原料，突破传统木薯淀粉加工行业仅利用其中淀粉物质的不足，采用资源利用率最大化、减排、节水、降耗、资源节约与环境友好的清洁生产技术，原料利用率≥98%、吨产品耗水量≤6.0m³、吨产品耗煤（标）量≤0.08t、吨产品耗电量≤125.0kW·h，各项技术指标均达到国际先进水平。其现代化封闭式清洁生产流程，达到更佳成品安全、卫生控制标准，而且储运安全、生产成本低，保质期较长，产品保留了木薯中原有食物纤维、蛋白质、维生素、矿物质等营养成分与微量元素，创新性地开发了一种天然、安全、健康的优质粮食原料。这项技术不仅丰富了国民一日三餐的餐桌上的食物，也填补我国在木薯主食化利用研究方面的空白，引领木薯加工企业走食用化、多元化利用发展道路，对提升我国木薯在食粮中的地位和作用具有重要的意义。同时，通过集成创新，研发薯类脱皮装置和太阳能辅助热泵干燥技术，不仅提高了木薯加工利用效率 10 倍以上，也减少了 15%～30% 能耗，产品品质也得到极大提升。

第三节　木薯粉食品加工与副产物利用技术研发

一、木薯鲜薯加工技术

'SC9''GR891'等食用木薯品种的鲜薯，可直接蒸煮食用或加工成木薯汁、糖水木薯等；或者根据饮食习惯，研究开发出具有地方特色风味的木薯菜品：木薯炖排骨、木薯炖土鸡、凉拌木薯丝、木薯扣肉、油炸木薯片等。其中，与柳州张飞餐饮有限公司合作研究开发出以'桂热9号'为原料的木薯羹等系列食品，创立"张飞木薯羹"木薯食品品牌，实现科研成果产业化。

二、木薯（全）粉食品加工技术研发

木薯粉具有低筋、高淀粉、低脂的特点，通过湿法碾磨、机械外力和热糊化等技术集成，提高木薯粉的韧性，并以此技术研发了系列木薯粉食品，包括木薯年糕、木薯面条、木薯饼干、木薯酥皮饼和木薯泥月饼等系列木薯食品，不仅丰富了国内休闲食品品种，也填补了我国木薯休闲食品产业化利用的技术空白。

三、协同副产物加工技术研发

据统计，木薯全球种植面积仅次于马铃薯，高于甘薯，2017年全球产量大约3.0亿t，副产物（叶片、茎秆）产量约是块根产量的30%，达9 000万t，其中80%以上被丢弃田间地头，造成资源极大浪费。研究表明，木薯茎秆含有粗蛋白（4.47%）和粗纤维（39.32%），从营养水平来看，木薯茎秆粗蛋白、纤维素含量明显高于杂木屑，与棉籽壳相当，其他成分含量与基本营养料相比差异不大，是食用苗栽培的优良基质原料（表6-1）。此外，木薯叶片也是重要的副产物，叶片含有丰富黄酮类物质、粗蛋白和维生素等（表6-2），是重要的饲料和功能性产品的优质原料，利用前景广阔。在国家"一带一路"倡议、《乡村振兴战略规划（2018—2022年）》和《农业绿色发展技术导则（2018—2030）》的指导下，加快充分利用我国木薯产业技术研发优势，提高综合利用水平和农业综合效益，将成为农民脱贫致富的新途径。

表6-1 不同基质料营养成分比较

物料	粗蛋白	粗脂肪	纤维素	半纤维素	木质素	无氮浸出物	灰分
杂木屑	1.57	3.12	36.12	12.58	19.17	24.52	2.92
棉籽壳	5.07	1.57	32.73	21.42	15.18	18.19	5.84
玉米芯	2.05	0.78	30.26	34.13	17.19	13.46	2.13
玉米秸秆	3.51	0.82	32.91	31.89	14.65	11.36	4.86
小麦秸秆	2.63	1.16	43.6	22.21	9.32	14.81	6.27
高粱秸秆	3.42	1.73	40.11	30.15	7.68	10.79	6.12
木薯秆	4.47	0.38	39.32	11.88	19.84	21.32	2.79

表6-2　木薯鲜叶的主要营养成分

指标	含量	指标	含量
水分（％）	75.00～85.00	钙（％）	0.12～0.16
粗蛋白（％）	6.80～12.20	磷（mg/kg）	620.0～750.0
粗脂肪（％）	0.70～1.10	钾（％）	0.38～0.45
碳水化合物（％）	10.00～14.00	铁（mg/kg）	20.00～30.00
粗纤维（％）	5.80～7.40	胡萝卜素E（％）	0.78～0.84
粗灰分（％）	1.20～2.10	维生素B_1（mg/kg）	1.20～1.70
β-胡萝卜素（mg/g）	0.43～0.57	维生素C（mg/kg）	780.00～890.00
叶黄素（mg/g）	0.82～0.98		
芦丁（mg/g）	1.10～1.60		
烟花苷（mg/g）	0.22～0.36		

四、"木薯茎秆基质培养食用菌"系列配方优化，培养出高海藻糖的平菇、榆黄蘑及耐热型黑木耳

联合吉林农业大学食用菌育种专家开展木薯茎秆基质化利用研究，以木薯秆屑、木屑、麸皮、石膏粉和石灰等为主要原料，调整木屑和木薯茎秆比例，将木薯茎秆添加比例从0％到31.2％，利用该配方培养出的平菇和榆黄蘑海藻糖含量分别达到（61.51±3.58）mg/g和（250.32±4.55）mg/g，极显著高于对照（图6-1）；当木薯茎秆配比达78％时，黑木耳海藻糖含量达到（16.58±1.22）mg/g，也极显著高于对照。此外，还利用配方木薯秆屑70％、木屑10％、麸皮15％、石膏粉1％和石灰2％等筛选出耐热型黑木耳品种两个：'南山1号''L18'，形成栽培技术规程2项，填补我国耐热型黑木耳栽培技术空白，并在吉林、海南、福建等地开展基质化利用技术研发、熟化与示范推广。

平菇（'夏灰2号'）　　黑木耳（'南山1号'）　　榆黄蘑（'Y11'）

图6-1　筛选出的不同种类食用菌

五、总结完善木薯叶养蚕技术的理论基础

木薯是多年生、喜阳性作物，每亩叶片产量 0.25～0.40t，当植株受到荫蔽或植株封行以后，植株下层叶片就会因光照不足而出现发黄和落叶，此时可适度疏叶用于养蚕，即可减少对木薯块根的影响，又能提高薯农的经济效益。一般来说，一亩木薯地一般可采叶 0.25～0.40t 鲜叶，可养蚕 1 盒（1 万头），16～18d 即可完成一个批次（从收蚁到结茧），收获蚕茧 20～25kg，其中鲜蛹 16～20kg，茧壳 3kg 左右。以广西近三年的平均销售价计算，鲜蛹 40～60 元/kg，茧壳 50 元/kg，养蚕收入 800～1 350 元。另外，养蚕副产物蚕沙（1 万头蚕约产 100kg）也是很好的有机肥，经处理回田又节约了一笔肥料费（约 150 元）。

为延伸木薯产业价值链，提高副产物利用率，以木薯叶养蚕作为突破口，通过分析 3 种不同基因型木薯叶片的营养成分，比较其对蓖麻蚕生长量、蓖麻蚕血清的影响，发现叶片品质的差异影响蓖麻蚕生长量，'SC9'综合品质好，蓖麻蚕取食量大，生长发育最快，用'SC9'饲养的蓖麻蚕其单头蚕体重达到 7.1g，显著高于其他叶片饲养的蓖麻蚕的 6.2g 和 5.2g，虫体重量最大；且用'SC9'木薯叶饲养的蓖麻蚕南黄白一的四龄蚕体长达 8.4cm，显著大于用蓖麻叶饲养的 7.2cm（图 6-2）。通过以上研究，进一步完善了木薯叶养殖蓖麻蚕技术提供理论基础；并联合海南白沙农科所进行木薯叶饲料化养蚕技术熟化与示范推广。

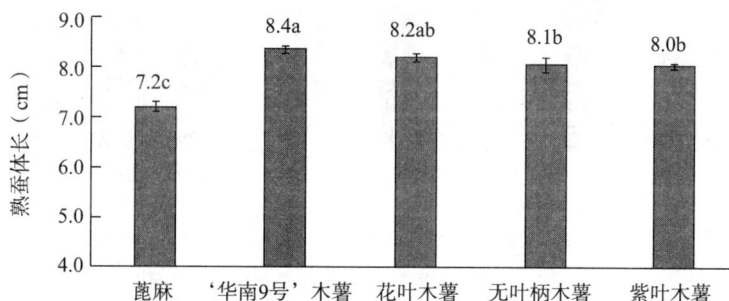

图 6-2　蓖麻和 4 种不同基因型木薯叶片饲养对蓖麻熟蚕体长的影响

六、木薯叶资源化利用技术

木薯叶除了饲料化利用养蚕以外，木薯叶功能性成分开发利用也是重要研究领域。木薯叶含有丰富的类黄酮化合物（花青素、类胡萝卜素）和多种黄酮类化合物，小白鼠试验证实，木薯叶粉可以增加肝脏中维生素 A，对预

防乳腺癌、子宫癌、卵巢癌、胃癌、糖尿病、高血压、心脏病、胃炎、胃溃疡、关节炎和神经炎等常见疾病有一定作用，是开发保健功能食品或药品优质原料，但由于其叶片中含有较多的生氰糖苷，经酶解后可以产生大量毒性较大的氰化物，且不同成熟度的叶片，生氰糖苷含量差异显著，如果脱氰效果不佳，容易发生中毒现象发生，极大限制了木薯叶资源化利用，利用技术研究滞后，包括黄酮类物等抗氧化活性物质（花青素、芦丁、烟花苷、槲皮素和山奈酚）等利用技术也尚未产业化利用，产业化进程缓慢，产业化利用任重道远。

为此，木薯叶片的利用首要任务就是对木薯叶脱氰技术进行系统研究，包括品种、成熟度和处理时间、处理温度等。研究表明，不同品种木薯其叶片氰化物含量差异显著，直接烘干处理后'热引1号'木薯幼叶、嫩叶、老叶的氢氰酸均显著高于其他3个品种（图6-3），且高于国家食品安全标准对食品中氰化物含量的要求；经水浴处理后烘干，脱氰效果很好，4个品种氢氰酸含量均差异不显著（$P>0.05$），均在国家相关标准范围（10mg/kg）之内。经综合评价后结果表明，叶片采收后，不同成熟度木薯叶片处理方式为：其中嫩叶水浴处理条件为70℃、5hs；成熟叶水浴处理条件为：50℃、4hs，老叶水浴处理条件为50℃、5hs，处理后氰化物消减率达90%以上。

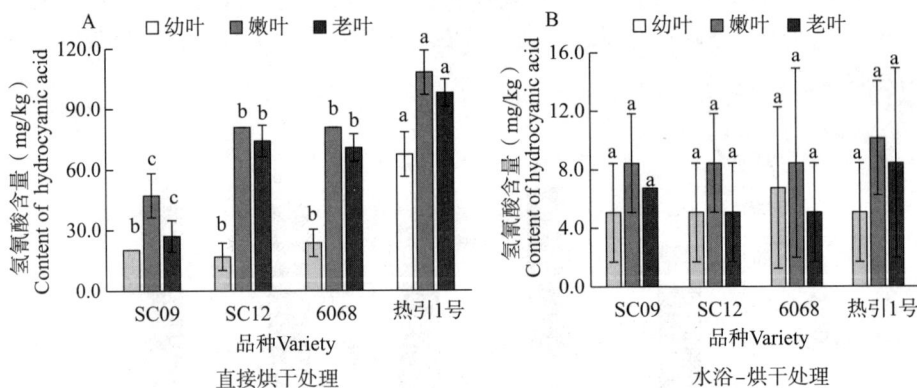

图6-3 不同生育期木薯叶片氢氰酸含量变化

在此基础上，成功研发了木薯叶固体饮料加工技术和加工工艺。固体饮料是指含水量小于5%，具有一定形状（如颗粒状、片状、块状、粉末状），需要经过温水冲溶才可以饮用的饮料，可分蛋白型固体饮料、普通型固体饮料和焙烤型固体饮料3种类型。木薯叶固体饮料是一种普通型固体饮料，富含蛋白质、维生素、多糖、矿物质和多种抗氧化物质等，其中蛋白质含量≥5%，氨基酸共有18种、维生素6种、矿物质6种、糖类2%～3%。加工过程采用先进复合酶工艺技术和科学配方，其主要加工过程包括以下步骤：①浸泡：将木薯叶粉用去离子水于常温下浸泡 0.5～1h；②酶解：向上述去离子水中加入含淀粉酶、蛋白酶和脂肪酶的复合酶制剂，进行酶解反应，反应结束后过滤收集酶解液；③去味：将上述酶解液在 50～80℃环境下减压浓缩脱腥、干燥即得木薯叶固体饮料。具体加工工艺过程或方法可参考现行的专利技术"木薯叶提取物及其制备方法与应用（ZL201010119250.9）"。

第四节　功能成分分离快速检测技术研发

以木薯茎秆栽培的食用菌为试材，对海藻糖的提取方法和高效液相色谱-蒸发光散射（HPLC-ELSD）检测方法进行优化，检测不同比例木薯茎秆栽培 3 种食用菌（平菇，榆黄蘑，黑木耳）海藻糖含量；该方法具有准确度高、重现性好、样品稳定性较好等优点。并建立了木薯叶生氰糖苷的提取和检测方法、黄酮类物质的快速提取和测定方法和黄曲霉毒素 B_1 抗体检测技术。

一、海藻糖分离检测方法建立

以木薯茎秆栽培的食用菌为试材，对海藻糖的提取方法和高效液相色谱-蒸发光散射（HPLC-ELSD）检测方法进行优化，分析了不同比例木薯茎秆栽培 3 种食用菌（平菇，榆黄蘑，黑木耳）海藻糖含量。结果表明，食用菌中的海藻糖在 80℃水浴 60min 条件下可有效提取，最高含量达到 190.5mg/g；利用优化后色谱条件分析了标准品和样品中海藻糖，其分离效果均良好。并分析了平菇、榆黄蘑和黑木耳中海藻糖含量，发现当栽培基质的木薯茎秆比例为 31.2％时，3 种食用菌海藻糖含量达到最高，分别为 61.5mg/g，250.3mg/g 和 15.0mg/g。研究结果表明，HPLC-ELSD 可分析 3 种食用菌中海藻糖含量，该方法具有准确度高，重现性好，样品稳定性较好等特点。

二、木薯叶片氰糖苷的提取和检测方法建立

A-氰糖苷的提取：

100g 木薯叶粉末或匀浆后的木薯块根，加入 3mL 不同浓度预冷的硫酸，超声破碎 3min（4℃）。破碎后匀浆在 10 000rpm、4℃条件下离心 10min，收集上清液，在－20℃下保存待用。比较了不同硫酸浓度对提取效果的影响。结果发现，提取木薯块根氰糖苷的硫酸的浓度为 0.01M，木薯叶片为 0.5M 为最佳。

B-氰糖苷的 HPLC-ELSD 检测：

色谱柱：C18 column（Waters；$5.0\mu m$，$4.6\times150mm$），柱温：25℃；流速：0.4mL/min，漂移管温度：95℃，蒸发管温度：85℃，增益：3；流动相：A，0.1%（v/v）甲酸水溶液；B，0.1%（v/v）甲酸和80%（v/v）的MeCN混合溶液。在27min内可完成样品分析，样品回收率可达到80%以上，样品24h稳定性和仪器精密度RSD在5%以下。发现该分析方法同时适合与木薯块根、木薯叶片中氰糖苷的分离，分析效果较好，适合于木薯块根、叶片中生氰糖苷的定量分析检测。

三、木薯黄酮类物质的快速提取和测定方法建立

以木薯叶片为试材，对木薯叶中芦丁、烟花苷、槲皮素和山奈酚的提取和检测方法进行了探索和优化。结果表明，在70℃条件下，以40%和80%的乙醇水溶液，料液比1/75（g/mL）超声提取30min，可有效提取木薯叶片中4种黄酮醇。HPLC分析时流动相以甲醇－0.2%的磷酸水溶液进行二元梯度洗脱，检测波长为350nm，流速为0.8mL/min，柱温为40℃；在该色谱条件下，可有效分离木薯叶片中芦丁、烟花苷、槲皮素；4种黄酮醇类物质线性关系良好，相关系数（R^2）>0.999 2，检出限为$0.02\sim0.10\mu g/mL$；方法的精密度、重复性和稳定性的标准偏差（RSD）都低于4.00%；样品的加标平均回收率为90.81%～99.83%，方法的准确度较好，RSD<2.84%。该提取和检测方法简单、准确，重复性好，能实现不同生育期和不同品种木薯叶中4种黄酮类物质的同时测定。

此外，还利用已建立的提取和检测方法，测定了三个木薯品种不同生育期木薯叶片中黄酮醇含量。结果表明，不同品种、不同生育期木薯叶片中黄酮醇含量差异较大，黄酮类物质在木薯叶中主要以糖苷类物质芦丁和烟花苷存在，槲皮素微量或检测不到，而山奈酚在考察的品种中都未检测到。证明该方法能准确地对不同品种木薯叶片中黄酮类物质进行分析评价。

四、黄曲霉毒素 B_1 抗体检测技术研发

利用免疫学技术，分别制备黄曲霉毒素 B_1、黄曲霉毒素 G_1 免疫原、包被原，免疫 Babl/C 小鼠，将免疫后产生特异性抗体的 Balb/C 小鼠的脾细胞和骨髓瘤细胞进行融合制备单克隆抗体，再通过腹水诱生法制备大量的单克隆抗体并纯化，用盐析纯化的抗体建立竞争 ELISA 检测方法，应用于木薯及其制品、玉米及其制品、花生及其制品、大豆及其制品、谷类及其制品、饲料、粮油等食品中的黄曲霉毒素 B_1、黄曲霉毒素 G_1 的快速检测验证，并研发出相应的快速检测产品（图6-4）。

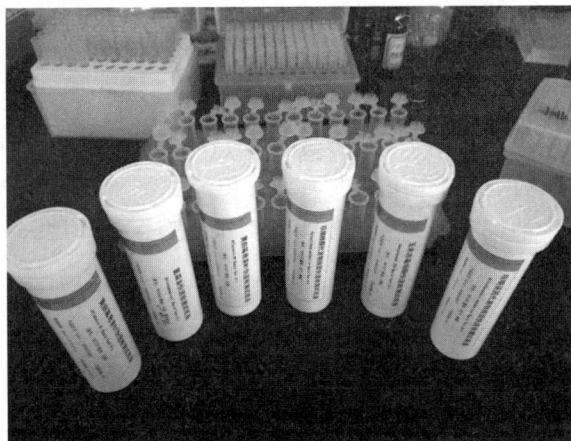

图6-4　黄曲霉毒素快速检测产品

第五节　木薯叶抗氧化功能细胞学验证

许多研究表明，木薯叶不仅含有丰富的类胡萝卜素，黄酮类物质含量也很高。截至目前，在木薯叶中发现了8种黄酮类化合物，分别是芦丁、烟花苷、槲皮素、山柰酚、三羟基黄酮醇、金丝桃苷、刺槐苷、水仙苷，其中芦丁和烟花苷是木薯叶片中的主要黄酮类物质。Isao Kubo等人还发现，巴西木薯叶片黄酮类化合物中槲皮素、山柰酚、芦丁含量分别达到了840mg/kg、840mg/kg、4 620mg/kg，且这3种化合物的抗氧化性效果显著，在清除羟自由基、DPPH自由基和总还原力上明显高于相同浓度的维生素C，对四氯化碳诱导小鼠肝损伤具有保护作用；此外，木薯叶黄酮类物质在抗菌、降血糖、调节血脂、消炎方面具有显著的功效，对金黄色葡萄球菌有较高的抑菌作用，但木薯叶提取物对细胞的抗氧化效果如何，值得探讨，为木薯叶黄酮类物质的开发利用提供理论依据。正常生理状况下，人体内活性氧自由基是处于不断产生与清除的动态平衡中，一旦产生过剩或抗氧化防御系统出现故障，会造成体内氧自由基代谢失调，过剩的ROS会攻击机体内的生物大分子，引起脂质过氧化、蛋白质或核酸出现交联断裂、细胞结构遭破坏等生理生化现象，最终导致细胞凋亡或坏死。H_2O_2作为活性氧家族中的重要一员，在进入细胞后通过Fenton反应生成大量自由基，这些过量的羟自由基几乎可以和细胞有所成分发生氧化反应，给细胞造成严重损伤。

为了评估木薯叶黄酮类化合物对H_2O_2诱导的SH-SY5Y细胞中的ROS含量的影响，利用ELISA检测法，结合流式细胞仪进行分析，结果发现：经

H_2O_2 处理后导致人神经母细胞瘤细胞（SH-SY5Y）内活性氧 ROS 含量显著上升，加入木薯叶提取液后（化合物 C）（浓度为 8 512mg/L）能够明显缓解 H_2O_2 导致的 SH-SY5Y 细胞内活性氧的升高，且 ROS 含量 H_2O_2 损伤组＞对照组＞木薯叶黄酮类化合物干预组＞木薯叶黄酮类保护组。说明木薯叶提取液对 ROS 产生有显著的抑制作用。进一步分析流式细胞仪细胞凋亡图发现，提取液处理后可减少活性氧对细胞的伤害，对细胞有保护作用。

第七章　辣木产业发展及关键技术研究

辣木（Moringa）又称鼓槌树（Drumstick tree），属辣木科辣木属，是一种具有独特经济价值的多年生热带落叶乔木，原产印度北部，全世界约有 13 个品种，主要分布在印度、中国、菲律宾、古巴、日本、埃及、埃塞俄比亚等 30 多个热带、亚热带国家和地区。目前较常食用有以下三品种：印度传统辣木（Moringa oleifera Lam.）、印度改良种辣木（印度 T. N. 农业大学的改良种，早生且具高豆荚产量）和非洲辣木（原只产于肯尼亚图尔卡纳湖附近及埃塞俄比亚西南部）。在中国，辣木主要种植在云南、广东、广西、福建、海南、四川和贵州。国内种植面积约 10 万亩，新鲜辣木叶子的年总产量约有 50 万 t。

2017 年，辣木被纳入"现代农业产业技术体系"，隶属"国家木薯产业技术体系"管理，这是继 2016 年 1 月中国辣木产业联盟成立后，农业部对辣木产业做出的又一大力支持的举措，由此中国辣木产业迈入系统合作研发的新时代。建立执行机构以来，始终以推动辣木全产业链的发展为出发点，脚踏实地，真正地帮助国内辣木产业相关科技部门、企业、农民，从种植、加工、储藏、销售等方面提升综合实力，从而推动当地经济发展、丰富当地物质文化、优化了当地社会生态环境，为辣木产业发展做出了应有的贡献。

第一节　辣木产业发展思路与产业发展政策建议

一、辣木产业的机遇

（一）遇见辣木

2011 年 6 月 6 日，习近平（时任国家副主席）访问古巴期间参观辣木，回国后批示农业部落实与古方开展有关辣木产业的研发合作。2011 年 8 月 11 日习近平副主席在农业部部长韩长赋呈报的关于古巴希望与我国开展辣木和桑叶种植等农业合作的情况上批示，农业部可继续深化此项目合作交流，为中古经济合作交流做出贡献。

2012 年签署的《中华人民共和国农业部和古巴共和国农业部农业合作规划（2012 年—2016 年）》中明确提出"加强在辣木种植和加工领域的合作，共同探讨利用辣木改善人们的营养水平"。2014 年 1 月 2 日，韩长赋部长在《关于辣木种植和加工情况的报告》上批示："同意报告所求。继续加强与古巴合作研究，可考虑互派技术人员和交换种质资源。"

2014 年 3 月，农业部国际合作司和农垦局经调研提交了《关于中国与古巴开展辣木合作的工作方案》，主要内容包括在古巴建立古中农业技术综合试验示范园区、古中辣木科技合作中心，在中国建设中古辣木科技合作中心（全国辣木科技创新中心）、试验示范基地、示范企业，建议"追加安排专项经费，支持中古辣木科技合作中心建设及国内产业发展"。2014 年 4 月 11 日，中国-古巴辣木科技合作中心揭牌仪式在云南省热带作物研究所内举行，标志着中古两国辣木科技合作进入了一个新阶段。

国家主席习近平 2014 年 7 月 22 日在哈瓦那亲切探望古巴革命领袖菲德尔·卡斯特罗。习近平祝菲德尔·卡斯特罗健康长寿、万事如意。菲德尔·卡斯特罗邀请习近平参观庭院和农庄。看到中方赠送的辣木、桑树种子如今已经生根发芽、枝繁叶茂，两人十分高兴。菲德尔·卡斯特罗告诉习近平，辣木和桑树目前正在古巴推广种植。习近平说还特意带了些辣木和桑树种子，希望它们茁壮成长，成为中古友谊新的见证。2015 年 4 月中古辣木科技合作中心在云南成立，古中辣木科技合作中心在哈瓦那揭牌。中方愿同古方加强农业合作，共同提高农业水平、维护粮食安全。

2017 年 8 月国家木薯产业技术体系启动会在海南儋州举行，首席科学家发表重要讲话，首先就农业农村部科教司将辣木作为新兴产业列入木薯体系一事表示称赞，其次对辣木岗站专家的加入表示欢迎，最后提出"哪里有木薯哪里就有辣木"的口号，这将是今后我们发展辣木产业的理念。

（二）健康辣木

辣木在印度 4 000 多年的传统医学中，以其高蛋白、低脂质、高纤维、高维生素含量的特性和特殊的降血压、降血糖、抗菌消炎、抗肿瘤、强心等功效，被誉为"生命之树，神奇之树"。根据印度森林部所出版的《印度药用植物百科全书》的记载，在印度的各种医药派别中，辣木可以活化细胞增强免疫力，有助于分泌胰岛素和调节血糖，有效地抗氧化、抗自由基、消除人体活性氧，有丰富的保健养生功效，长期服用对于降高血压、降高血脂、降高血糖有明显效果，还可以预防肿瘤、增强免疫力、保护心脏、预防治疗糖尿病、保护胃黏膜、治疗胃溃疡、预防骨质疏松症、预防脂肪肝及酒精肝，提神醒脑，治疗中风、改善消化功能、颐养脾胃、消除疲劳、治疗和预防抑郁症、改善男性生育能力、促进睡眠增强体力、改善人的精神状态，降低冠动脉硬化性心脏病等慢性病的发病率，辅助治疗风湿症，有效改善支气管炎，消除便秘，促进愈合伤口，预防结石，保护眼睛提高视力，改善贫血，提高记忆力，在平衡人体皮肤色素及美容等方面功效显著。在印度，辣木是药食兼用的"医药百宝箱"，更是健康的保障。

（三）惠民辣木

辣木作为具有独特价值的热带落叶乔木，自 20 世纪 60 年代开始引种，至今，人们对辣木的认知还仅限于媒体少量的宣传，而辣木作为蔬菜和食品有增进营养，食疗保健的功能却并未被人们熟知。辣木的应用价值很高，辣木籽生产的食用油、润滑油等品质均高于市场上同类型油，另外很多高级化妆品里都添加了辣木精油，因其具有抗氧化、延缓衰老的功效。当前，辣木在畜牧业方面的用途最为广泛，辣木作为饲草被大量用于畜、禽、鱼的养殖，很大程度上减少了疾病对畜、禽、鱼的侵扰，减少了抗生素的使用，为人类社会的生活提供了各方面的帮助，辣木正在成为具有独特价值的惠民之树。

二、辣木产业的挑战

（一）新兴的产业、市场培育阶段

辣木产业是一个新兴的产业，还处于市场培育阶段。近年来，由于辣木产品市场混乱不规范、产品价格虚高、消费者认知度低、过度和不实宣传等的原因，造成产品滞销、原料价格下降、种植面积锐减，并影响到辣木整个产业链的健康发展，辣木产业正处于低迷时期。如何通过产业技术体系各岗站的联合，挖掘辣木对人类健康和其他方面的功效，鼓励辣木企业研发、改进新产品，打开消费者市场，从而带动种植业的发展，这将是辣木产业技术体系面临的最大挑战。

（二）缺乏高附加值深加工辣木产品

农业产业的发展离不开政府引导、企业主导、农户参与和科技支撑。辣木作为外来物种，得到中国和古巴两国领导人的高度重视，以及我国农业农村部的大力支持，政府层面上的引导作用显而易见。但是作为产业，其发展还处于初创阶段。农业要产业化，产业要规模化，规模要品牌化，品牌要市场化。实现辣木产业的跨越式发展，目前的瓶颈问题还是缺乏市场接受程度高的高附加值深加工辣木产品。虽然已经有一部分企业在进行辣木产品的开发与研究，但是这其中仍然存在许多问题亟待解决。

（三）科技支撑力量不足

首先，对辣木产品开发的科技支撑力量严重不足。国内目前参与辣木产品开发企业以小微企业为主，缺少人才和技术积累，自主研发能力极弱；同时，介入辣木研究的机构少、从事辣木专业科研人员少、辣木科研经费投入少、开发的产品档次低、科技含量少、功能效果不佳。以上的诸多因素直接限制了辣木产品开发与技术推广，辣木产量低、销量差、经济效益不尽如人意又反过来导致技术培训力量投入降低、科技推广服务体系滞后，形成恶性循环。

其次，辣木产品开发技术创新目标有待进一步拓展。辣木全株的不同器官均可被利用开发，最主要的利用部位是鲜条、叶子和种子，但目前只有辣木叶被原农业部批准为食品新原料，鲜条和种子只能从其他方面进行产品开发，且不同培育目的需要特定性状的良种和相应的种植与管理技术措施；辣木产品可开发成营养食品、饮料、保健品、化妆品和饲料等五大产品系列，但目前多见于低端营养食品、化妆品两类产品，附加值低，经济效益差。

最后，辣木产品开发缺少辣木产业科技创新的合作交流平台。尽管我国专业从事辣木产品开发利用研究的企业和科研院所本来就不多，但是各企业和相关科研院所仍都处于各自为政、单打独斗的局面，辣木研究科技人才资源没有得到有效配置，产业链不完整，研发思路落后，产品开发脱离市场需求等问题亟须解决。

三、辣木产业发展思路

（一）辣木产业发展需紧密联系企业

农业产业离不开企业，任何一个产业的发展，都需要政府引导、企业主导、农户参与、科技支撑，辣木产业的发展也是如此。2014—2015年，我国曾一度出现辣木热，许多企业相继从事辣木种植、生产和低端产品的加工，2016年辣木热逐渐冷下来，许多企业相继退出辣木种植、生产与加工领域。目前，还在坚持做辣木的企业，是对辣木产业有情怀的那些企业家们。从广东、云南到河北、北京，依然有一些企业还在坚持做辣木，如广东爱心世纪集团、云南德宏天佑和红河谷、河北天竺宝辣木有限公司等。我们通过与企业联合，签订合作协议、开展合作研究，设立专家工作站，帮助企业申报政府部门的各类项目等，及时了解企业需求，从种植到加工销售，全产业链参与。企业为我们提供研究场所、研究基地。真正实现合作、共赢。

（二）注重全产业链的打造和延伸

辣木发展过程中，辣木种植企业和专业合作社大多具有自己的种植基地，或者与其他企业和农户联合发展种植基地；同时，除部分专合作社外，绝大多数企业设有加工车间，比较注重产品的加工、新产品的研发及产品的销售。德宏天佑科技有限公司在德宏拥有2 000亩的种植庄园，未来还要扩大到20 000亩，公司与云南农业大学及云南省高原特色农业产业研究院合作开发辣木系列产品，拥有3个注册商标。云南德宏天佑科技有限公司非常注重辣木全产业链的推进，除了与云南各地适宜种植辣木的地方开展合作，建设辣木种植基地，设立加工厂外，同时还建立起了相应的辣木销售市场。基本形成了"种植、科研、生产、营销"一条龙的发展模式。

（三）辣木产业发展依靠技术创新

辣木产业发展需要创造和应用新知识和新技术、新工艺，采用新的生产方式和经营管理模式，开发新产品，提高产品质量，提供产品新体验、新服务。辣木产品加工岗位团队不断相互学习、自我学习，团队人员以市场为导向、以政府决策为依据，不断改进辣木产品开发了理念和技术手段；从精准食疗和保健食品角度出发，不断挖掘辣木的营养功能因子及其功效作用，开发系列辣木产品；团队成员创新组合形式，成员组成模式合理，从植化分离、功效因子筛查、产品开发、功能性及作用机制研究四个模块组建团队，团队成员相互合作，各取所长，高效推动辣木产品的开发及应用。充分调动人的积极性，建立奖惩制度，奖勤罚懒。

（四）加强辣木产品研发和知识产权保护

市场需要的是多样化的产品。辣木产业发展过程中，需要非常注重产品的研发。因此，多数企业与科研机构合作，加大科研合作力度，促进产品研发的深度和广度。辣木行业知识产权保护意识日益增强，将有利于企业生产出更多具有新颖性、创造性和实用性的辣木产品，增强企业核心竞争力，同时也有助于实现市场的公平公正和可持续发展。辣木企业主动申请发明类知识产权，包括"辣木的普洱养生茶及制备方法""鲜嫩辣木叶护肤品及其制备方法""方便储运的鲜嫩辣木叶的加工方法""口感好、营养好的辣木养生面条及制备方法""分期采摘加工辣木产品的方法和应用"等已获得国家知识产权保护。目前，各个辣木种植大省想要在市场竞争中保持领先，就需要科研机构和本土企业加大科技开发力度，注重知识产权保护。

（五）强化产品加工的生态化和多样化

企业及专业合作社在科学运用、保护授权专利、提高创新能力和研发水平的同时，更加注重在辣木叶选料的安全性和高效性上严格把关。在种植地的选择、栽培管理、原料晾晒时间和方法上，以及采收的每一个环节上，都严格按食品的标准来执行。多数企业及专业合作社的辣木生产原料，都是根据合格检测结果来组织生产，若不达标，则坚决不予投料生产。除传统的辣木鲜叶、辣木籽、辣木养生茶、辣木面条、辣木片外，2015 年依托科研机构和企业自身研发能力，已研发并生产出生态、安全的辣木营养粉、辣木含片、辣木胶囊及辣木酸奶、辣木方便面、辣木化妆品、辣木睡眠酵素等产品。正在生产的产品有辣木精油、辣木养生食用油、辣木营养保健食品、辣木系列洗护美妆产品系列等。目前辣木生态产品已经接近 20 种。

（六）实施市场推广和消费群体培育

2013 年全国开始逐步知晓辣木和辣木产品，2014 年全国层面大规模的宣传报道，科研机构与企业快速跟进，辣木开始进入消费者的视野。2015 年，云南省通过引导企业与科研机构合作，推出一系列辣木特色产品，形成辣木从种植、加工、销售及服务的全产业链开发，凭互联网平台推出全新的线上到线下、工厂到消费者的商业模式，这些技术和模式为外省消费者带来更好的产品体验和生活方式的同时，不断扩大辣木在全国健康产业的发展空间。在全国推广的过程中，云南科研机构和企业一直走在全国前列。云南辣木研究所与中投协农投委农村金融促进中心签订战略合作协议，重点围绕辣木等生物产业开展种植加工技术研发、人才培养与产业化等方面的合作；德宏天佑集团在北京开设了辣木产品"旗舰店"；云南大叶帝红加入中国辣木产业联盟。云南辣木产业已由种植、生产，开始转入向全国进行渠道推广阶段。如德宏天佑参加了2015年的昆明农博会、云南在北京和上海的高原特色现代农业推介会，加入了中国辣木产业联盟、在北京开设了辣木产品旗舰店；多家企业借助"互联网＋"，实施辣木在线电商行动。

四、辣木产业发展政策建议

（一）辣木产业规划

2014年，为科学指导辣木产业发展，促进中国-古巴辣木产业交流合作，服务国家外交、提升国际影响力，产业技术体系中辣木栽培模式岗和西双版纳综合试验站相关专家协助农业部农垦局参与了《全国辣木产业发展及中古辣木产业合作规划（2014—2020年）》的编制工作。该规划依据《国务院关于加快培育和发展战略性新兴产业的决定》（国发〔2010〕32号）、《国务院办公厅关于促进热带作物产业发展的意见》（国办发〔2010〕45号）、《国务院办公厅关于印发促进生物产业加快发展若干政策的通知》（国办发〔2009〕45号）等文件精神，介绍了我国辣木产业的基本概况，分析了该产业市场发展的潜力，确定了产业的发展思路、基本原则、主要目标；提出产业建设的重点和保障措施。同年，为了贯彻落实高原特色农业发展精神和要求，将辣木产业打造成一个在全国有显著影响的云南高原特色新兴产业，辣木栽培模式岗和西双版纳综合试验站相关专家，在综合分析了辣木产业基础、发展现状、市场前景、产业政策等情况下，分别协助云南省政府和西双版纳州地方政府制定《云南省辣木产业发展规划（2015—2020年）》和云南省西双版纳傣族自治州功能性植物（辣木、诺丽、星油藤）产业发展规划（2014—2020年）》，奉献出了自己的一分力量。

2015年，为贯彻落实《国务院办公厅关于促进热带作物产业发展的意见》（国办发〔2010〕45号）文件精神，科学指导辣木产业发展，促进我国辣木产业科研、生产、加工、营销等全产业链均衡发展，增加热区农民收入、改善生态环境，立足当前辣木产业实际，辣木栽培模式岗和西双版纳综合试验站相关专家，协助农业农村部农垦局（南亚办）、中国农垦经济发展中心（南亚中心）编制了《辣木优势区域布局（2016—2020 年）》。依据生态环境、产业基础、发展趋势等，较为科学的将我国辣木优势区域划分为：南亚热带季风气候、热带亚热带海洋气候、亚热带干热河谷、亚热带内陆等 4 个优势区，科学的引导辣木产业的发展。产业技术体系中辣木栽培模式岗和西双版纳综合试验站相关专家先后参与了《全国辣木产业规划（2014—2020）》《云南省辣木产业规划（2014—2020）》、《云南省辣木产业科技规划（2015—2020）》《西双版纳功能性（植物）生物产业发展规划（2014—2020）》和《楚雄州辣木产业科技规划（2014—2020）》《主要热带作物区域布局规划（2016—2020）》，参与相关辣木产业发展规划的审核，并提出建设性修改建议，编写了《云南省辣木产业科技创新战略联盟》，为辣木产业发展提供决策依据。

（二）打造辣木大省

目前，云南辣木种植稳居全国第一，辣木加工和销售的龙头企业和专业合作社数量也是全国第一，辣木鲜叶、辣木产品销售量和销售额居于全国前列；同时，在辣木产品研发方面，云南的科研机构的水平和能力也处于全国领先的位置。云南省各级政府部门应该加大对辣木产业发展的重视，抓住辣木产业发展现有的良好基础，科学理性做好引导，建立健全辣木产业技术体系，强化辣木种植的生态化和标准化，培育和扶持辣木龙头企业和专业合作社，鼓励申报"中国辣木之乡"，集中力量，打造辣木大省，一直保持辣木产业在全国的领先地位和消费者心中的产品品牌形象。

（三）引导理性推广和消费

要吸取三七、石斛和玛咖等云南特色农产品的产业发展教训，避免从"辣木神化"到"辣木神话"的破灭。发展辣木一定要坚持以企业为主体的"一、二、三产业融合发展"总体模式，全产业链布局，不仅要种植、研发结合发展，还要重视精深加工、市场销售和服务环节建设。特别是要引导科学理性消费，避免夸大宣传、恶意炒作，引导辣木产业持续健康发展。

（四）加大科技投入并促进科研成果转化

积极参与国际及国内的科研院所加强合作，增加科研投入，从人力、物力、资金等多方面的投入，尤其是辣木大健康产业的发展，重点开展辣木功效因子的功能性基础研究及产业化开发，包括高端食品、保健品、特医食品等；积极参与全国甚至国际科技成果交易会，寻求合作伙伴及招揽投资，使科技成果落地。

创造和应用新知识和新技术、新工艺，采用新的生产方式和经营管理模式，开发新产品，提高产品质量，提供产品新体验、新服务。以市场为导向、以政府决策为依据，不断改进辣木产品开发了理念和技术手段，从精准食疗和保健食品角度出发，不断挖掘辣木的营养功能因子及其功效作用，开发系列辣木产品。从植化分离、功效因子筛查、产品开发、功能性及作用机制研究出发，高效推动辣木产品的开发及应用。

农业产业离不开企业，任何一个产业的发展，政府引导、企业主导、农户参与、科技支撑，辣木产业的发展也是如此。通过与企业联合，签订合作协议、开展合作研究，设立专家工作站，帮助企业申报政府部门的各类项目等，及时了解企业需求，从种植到加工销售，全产业链参与。企业为我们提供研究场所、研究基地。真正实现合作、共赢。

（五）建设辣木产业园区

辣木产业尚处于培育阶段，急需研发出高附加值深加工辣木产品。2014—2015年，我国曾一度出现辣木热，辣木企业如雨后春笋，2016年辣木热冷下来，大多数企业相继退出。云南红河谷、海南木养元、湖南德荣、广东爱心世纪、广西习缘辣木等一些企业，依然还在坚持。但具有很强实力的公司企业较少，产品上市及产品推广效率较低。农业产业离不开企业，如何全产业链参与，与企业合作共赢，有待探索。

以云南省为例，充分发挥普洱、楚雄、玉溪、德宏等地辣木精深加工的生产能力，依托昆明市作为省会城市具有产业辐射面广的优势，并以体系辣木相关岗站为依托，建立辣木相关产品省级和国家级产品检测中心；在昆明高新技术开发区集中建设辣木产业园区。针对辣木相关产品进行园区化管理，对园区产品进行分类管理，实现中高端产品及配套产业的集聚化发展，共同把云南打造成全国重要的辣木精深加工产业基地。

（六）完善辣木产品开发市场体系

明确辣木产品的市场定位，将已开发的辣木相关产品纳入已有的相关市场，在种子育苗、蔬菜等市场开辟辣木特色窗口，同时将辣木产品纳入相关农产品信息网络监测，扩大大众群体对辣木的认知。探索辣木产业发展的新业态，以养生的健康理念为指导，积极开发辣木的药用价值，从而完善云南辣木产品的市场体系。

（七）加大辣木产品的宣传推广力度

紧抓全国各地将辣木产业打造成特色农业的新兴产业机遇，促进市县与高校、研发企业的合作，同时，政府部门应对企业、农户、消费者适当采取一些有效的保障和激励措施，使其能够从政策、价格、销量、市场、利润等方面得到认可，促进辣木产品知名度提升。借助影响范围巨大的社会媒体对辣木的真实价值的宣传，进一步扩大社会消费群体对辣木产品的全面、真实的认识。

第二节　辣木种植相关技术成果

一、辣木种质资源收集及创制

辣木为外来物种，100多年前传入中国。全世界辣木共13个种，目前主要种植的有2个种，分别为原产印度的多油辣木（*Moringa oleifora*）和原产非洲的狭瓣辣木（*Moringa stenopetana*）。辣木为常异花授粉作物，就人工选育的品种而言，狭瓣辣木还未有可以查找到的品种，多油辣木主要是印度选育的'PKM1'和'PKM2'新品种，但是，这2个品种种性并不稳定，品种内分化非常明显。

自2002年以来，云南省热带作物科学研究所、中-古辣木科技合作中心，一直致力于辣木种质资源的收集、评价和创制工作。目前农业农村部景洪辣木种质资源圃内共保存不同国家和地区来源的种质200余份。通过自然杂交、化学诱变及太空育种技术等创制辣木育种中间材料181份，极大地丰富了我国辣木种质资源。

2021年，在国家木薯产业体系的支持下，由云南省热带作物科学研究所牵头起草的农业行业标准《热带作物种质资源描述规范　辣木》（NY/T 3976—2021）获准颁布，并于2024年启动编写《辣木品种审定规范》《辣木品种区域性试验规范》等品种申报相关标准，为我国辣木品种登记、审定奠定了基础。目前，体系辣木相关岗站根据辣木的不同用途选育了多个辣木专用型意向性品种，相信我国在不远的将来将会拥有自主知识产权的辣木品种。

二、种苗繁育

在辣木种苗繁育方面体系辣木岗站开展了深入研究和实践，通过辣木种苗繁育技术的创新和改进，我们在辣木种苗的数量提升和品质改善方面均取得了显著的进展，已经实现了辣木工厂化育苗，参与起草了农业行业标准《辣木种苗生产技术规程》（NY/T 3328—2018）并获得颁布。同时，为了解决种子苗对辣木产量和品质的影响，在辣木无性系种苗繁育方面开展了系列研究，在辣木组培快繁、扦插、微扦插、嫁接等方面均取得突破，"一种提高辣木成活率的育苗床""一种辣木扦插繁殖方法""一种辣木枝接的嫁接改良方法"等专利获得授权；辣木高压结合扦插成苗、辣木微扦插成苗等技术，已在云南、广西等地小规模地推广，取得显著成效。

三、辣木栽培技术

栽培技术是辣木产业发展的重要环节。针对辣木的果用、叶用、菜用、饲用等不同用途，我们开展了辣木栽培模式研究，提出辣木果用、叶用、饲用及大棚栽培等栽培模式；针对辣木专用肥缺乏、病虫危害风险高、采后处理技术落后等问题，系统研究了辣木生物学特性，明确了辣木营养需求规律，摸清病虫害种类、分布、天敌资源和发生规律，创建了辣木科学施肥和病虫害绿色防控技术，并逐步构建了辣木规范化栽培技术体系，云南、广西、海南、贵州等地的辣木种植基本实现规范化栽培。"辣木无土栽培技术""饲用辣木栽培技术"等模式获得国家发明专利授权；制定了《辣木生产技术规程》（NY/T 3201—2018）、《辣木主要害虫综合防治技术规程》（DB53/T 1108—2022）、《辣木叶营养诊断技术规程》（DB53/T 1107—2022）、《大棚辣木栽培技术规程》（DB53/T 1106—2022）、《辣木叶采收技术规程》（TCSTC 08—2024）、《饲料辣木生产技术规程》（T/CSTS 07—2024）等行业、地方及团体标准，为辣木产业标准化建设做出了贡献。另外，旨在通过大棚栽培、间套种、林下种养及休闲农业等模式的创新，建立辣木多样化栽培模式，以适应不同地区，气候、生态、消费环境，扩大辣木种植区域，丰富菜篮子；并增加辣木种植附加值，促进农业增产、农业增效、农民增收。

第三节　辣木健康功效及产品研发成果

辣木营养丰富，富含维生素、蛋白质、钙、钾、铁等矿物质及多种营养成分和药用成分，在食品、日化、保健品、医药、饲料、环保、生物能源等领域具有一定应用价值。嫩叶和嫩果荚可作为蔬菜使用；幼苗的根可作为调味品；鲜花可制作沙拉；木材可提取蓝色染料；叶和嫩枝可作牲畜饲料；种子油可作润滑剂和功能性化妆品。虽然辣木用途广泛，但由于受到辣木产品市场和销售许可的限制，我国的辣木产品开发目前尚处于起步和探索阶段，但云南省、广东省等辣木产品研发总体上走在国内前列。2012 年 12 月，辣木叶作为新资源食品被我国卫生部正式批准，成为我国合法的食品产品开发的新原料。

在辣木的产品研发方面，国内先后出现了多家有规模的辣木企业，特别是一批集中于云南、广东和海南等辣木产地的民营企业，推出了一批辣木产品，并涌现了一批辣木产业工作者。目前，参与辣木产品开发的龙头企业主要进行叶片、嫩茎和嫩荚的食用性功能开发，如辣木营养粉、辣木养生茶、辣木减肥茶、辣木固肾茶、辣木降压茶以及辣木叶片剂等功能保健品系列。此外，一些企业还参与了化妆品行业中的香味赋形剂的研发，推出了如唇膏、按摩油、洗发香波、肥皂等系列产品。目前，国内进行辣木产品开发的企业对辣木叶粉的需求量很高，其中部分为低质叶粉（主要由老叶、枝梗和茎干组成），它们经过与辣木种仁加工后的油枯、油糟混合后再施以本底配方，形成新型复合饲料；其余的优质叶粉，主要用于辣木茶品、片剂和胶囊以及面食品的生产。

针对辣木产业发展中健康功效理论研究薄弱以及辣木深加工能力严重不足的关键技术问题，开展了分离纯化辣木中化学成分，建立辣木天然产物数据库，研究辣木活性因子的健康功效机理等工作，以辣木健康功效为理论基础，研发系列辣木精深加工产品。

一、辣木新食品原料

委托"中国疾病预防控制中心营养与食品安全所"进行辣木叶安全性评价，完成辣木叶的急性毒性试验、三项遗传毒性试验、90d 喂养试验及大鼠致畸等实验测定，结果表明，辣木食用安全、无毒。2008 年，向中国疾病预防控制中心营养与食品安全所提交辣木作为新资源食品的申报材料，经过历时 4 年的努力，通过专家初审、专家现场考察、存在问题质疑、材料补充完善和评审等环节，2012 年 12 月，获得国家卫生部行政许可，批文为卫食新通字〔2012〕第 0002 号，批准了辣木叶可作为食品食用，为辣木产业化开发打下了坚实基础，标志着向产业化迈出第一步。

二、辣木基因组解析

云南省农业厅通过并实施了《云南辣木产业发展规划（2015—2020）》，为云南辣木发展提供了思路。由云南农业大学、云南省高原特色农业产业研究院等 6 家单位联合组成的科研团队绘制完成辣木基因图谱，该团队共经过了 1 年多努力，破译了辣木的 3.16 亿对碱基排序，完成世界上首个辣木基因组绘制，获取了决定辣木生长、形态和功效的 19 465 个蛋白质编码基因信息；该基因组的解析，将把辣木的研究带入分子育种时代，为辣木的育种、药理研究、病虫害防治、推广等提供了重要依据。

2014 年 8 月 22 日科研团队成功完成了世界上首个辣木基因组精细图谱的绘制和辣木叶蛋白质组的解析工作，辣木基因组文章《Genome of Drumstick tree (Moringa oleifera Lam.), a potential perennial crop》发表在《CHINA SCIENCE》。该成果入选了"2014 云南十大科技进展评选"活动，获得"云南农业大学十大科技成果奖"。

三、建立辣木天然产物数据库

利用植物化学分析等方法获得辣木提取物不同极性部位，并进行相应极性部位的单体化合物的分离、纯化和鉴定，初步建立辣木天然产物数据库。

（1）从辣木籽中酶解提取 4-α-L-鼠李糖基-异硫氰酸苄酯（4-［（α-L-rhamnosyloxy）benzyl］isothiocyanate，GMG-ITC）的工艺条件及纯化方法。通过单因素和正交试验的方法，优化了对脱油辣木籽中硫代葡萄糖苷进行酶解提取，进而以二氯甲烷为溶剂进行萃取及重结晶可获得高纯度的 GMG-ITC。通过高效液相色谱法测定酶解提取液中 GMG-ITC 含量，筛选出制备辣木籽 GMG-ITC 的最佳酶解提取工艺为：时间 9h，溶剂倍数 1∶60（g/mL），pH 为 5.0，温度 30℃。建立了简化且高效的辣木籽脱油、酶解提取、萃取、重结晶 4 步新工艺组合，制备得到产率为 4.70%、纯度达 98% 的 GMG-ITC。

（2）研究所经过 500 余次试验，反复摸索，首次成功从辣木中提取制备天然叶酸产品，叶酸含量高达 26.9mg/100g，浓度较普通生物叶酸提高 20 倍。

（3）针对辣木的不同化学成分，利用不同溶剂的极性大小不同的性质，制备得到辣木丙酮提取物的石油醚部位，乙酸乙酯部位和辣木生物碱部分。为后续药理活性实验提供实验样品。药理活性实验初步发现辣木丙酮提取物的石油醚部分具有促进肠道增长的作用；乙酸乙酯部分有抗衰老的作用。

（4）将辣木石油醚部位分成了脂肪酸和非脂肪酸部分。脂肪酸部分利用 GC-MS 检测，得到其中化学主要成分为亚油酸、亚麻酸、棕榈酸、棕榈酸丁酯、亚麻酸乙酯、棕榈酸丁酯、肉豆蔻酸、新植二烯、棕榈酸甲酯、亚麻酸甲酯、亚油酸丁酯、硬脂酸、亚麻酸丁酯。分离得到非脂肪酸部位的化合物有 α-托可醌、β-谷甾醇。

（5）辣木叶粉碎后用 95% 乙醇回流提取 3 次，每次 4h，滤液浓缩成浸膏，加水混悬，分别用乙酸乙酯、正丁醇萃取，萃取液浓缩至浸膏，得乙酸乙酯部分 50g，正丁醇部分 500g。取乙酸乙酯部分 50g，经硅胶柱色谱［石油醚-丙酮（10∶1～1∶1）］梯度洗脱划分为 Fr1（16g），Fr2（20g），Fr3（20g），Fr4（103g）4 段。Fr2 经硅胶柱色谱［石油醚-丙酮（15∶1～5∶1）］梯度洗脱得 5 个流份 Fr2-1～Fr2-5。Fr2-5 经硅胶柱色谱［石油醚-丙酮（8∶1～3∶1）］梯度洗脱和 Sephadex LH-20［氯仿-甲醇（1∶1）］分离得化合物。

通过薄层或者 HPLC 检测化合物纯度后，用波谱学［红外（IR）、紫外（UV）、质谱（MS）、氢谱（1H-NMR）、碳谱（13C-NMR）、异核单量子相关（HSQC）、二维氢氢相关谱（COSY）、异核多量子相关（HMBC）、旋转坐标系 NOE 谱（ROSY）］等方法对其进行准确的结构鉴定。

紫云英苷（黄芪苷：黄色无定型粉末，C21H20O11，ESI-MS m/z：448 ［M］＋，Astragalin，Kaempferol 3-O-beta-D-glucopyranoside）（图 7-1）

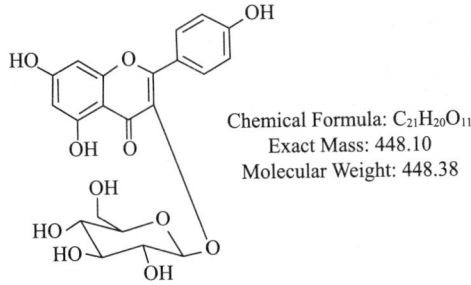

Chemical Formula: $C_{21}H_{20}O_{11}$
Exact Mass: 448.10
Molecular Weight: 448.38

图 7-1　紫云英苷分子式

四、辣木功效因子对机体的健康作用及其机制研究

利用分子生物学等技术手段，结合细胞模型和实验动物模型，从基因水平和蛋白水平上研究辣木对机体的健康功效，并阐明其分子作用机制，为辣木功能性食品开发提供理论基础。

(一) 辣木异硫氰酸酯

从辣木籽中酶解提取 4-α-L-鼠李糖基-异硫氰酸苄酯（4-［(α-L-rhamnosyloxy) benzyl］isothiocyanate，GMG-ITC），辣木籽中 GMG-ITC 对各类型疾病作用机制仍有待深入研究，而目前对 GMG-ITC 的提取分离主要通过反复的色谱层析及高效液相色谱法分离得到，产率较低，且未见如何大量且高纯度制备该化合物的报道。

本项目以通过高效液相色谱法检测辣木籽内源酶酶解生成 GMG-ITC 的含量为评价标准，以酶解过程中固液比、pH、酶解温度和酶解时间为考察因素，通过单因素和正交试验法优化该成分的酶解工艺参数，并首次通过简化的脱油、酶解、二氯甲烷萃取及重结晶四个步骤制备得到高纯度 GMG-ITC，为辣木籽中异硫氰酸酯类功效成分的纯化制备研究提供理论依据。对辣木异硫氰酸酯的抗癌作用细胞株（31 种）进行了筛查，发现了最佳的作用细胞株为肾癌（ACHN）细胞，其次分别为黑色素瘤及多种乳腺癌、结肠癌细胞株。

对辣木异硫氰酸酯进行了计算机模拟对接及数据库模拟分析，发现了其最佳作用蛋白为雄激素受体、葡萄糖激酶及 MAPK 受体等。为后续该活性深入研究及机制阐明奠定了实验基础。辣木异硫氰酸酯的大产量酶解提纯制备方法为首创工艺。发现的相关最适作用靶细胞及靶蛋白也为首次发现。

(二) 化合物相关靶点的预测

应用网络药理学的先验知识，通过数据库检索和模拟分子对接，寻找分离得到的辣木中化合物 α-托可醌的作用靶点为雄皮质激素受体、雌皮质激素受体和糖皮质激素受体，为下一步药理活性筛选提供依据。

（三）提取物对脂质代谢的影响及可能机制

有研究证明辣木具有降血脂、降血糖、降血压、抗炎、抗氧化等功效。与此同时，一些学者开始尝试将辣木或其提取物饲喂 wistar 大鼠，发现大鼠血清、肝脏和肾脏胆固醇水平降低，为辣木在降脂方面的发展获得了有力的证据。天然辣木的药用成分、药用价值一直受到国内外学者的重视。我们前期的研究发现辣木具有降低高脂模型小鼠血清总胆固醇及甘油三酯的作用，但是目前辣木调控脂质代谢的确切物质基础和活性机制仍未被揭示。

探讨辣木叶提取物对脂质代谢的影响及可能机制。在细胞水平，通过运用 MTT 检测、油红 O 染色、TG 含量检测、实时荧光定量 PCR 和 Western Blot 等方法，明确了辣木叶提取物的降脂作用及机制。在动物水平，通过用辣木石油醚提取物灌喂高脂饮食小鼠，检测高脂饮食小鼠体重的变化、血清生化指标、肝脏脂滴大小、附睾脂肪细胞大小、脂肪合成和分解相关基因和蛋白的表达，发现辣木叶提取物显著降低高脂模型小鼠体重、脂肪重量、血清甘油三酯、总胆固醇等含量，降低与脂肪合成相关基因和蛋白的表达，提高脂肪分解相关基因和蛋白的表达，并且辣木叶调节脂代谢的这一作用与活化 AMPK 通路有关。此项研究将为辣木作为预防肥胖症的药物原料或保健食品的开发研究提供科学依据。

（四）辣木多酚缓解 DSS 诱导的小鼠结肠炎研究

炎症性肠病（inflammatory bowel diseases，IBD）是一种自发的非特异性肠道炎症性疾病，临床表现主要包括腹痛、腹泻、黏液脓血便。溃疡性结肠炎（ulcerative colitis，UC）和克罗恩病（Crohn's disease，CD）是 IBD 最常见的两种形式。统计数据显示，全球范围内至少有五百万 IBD 患者。在中国，近十年间 IBD 总病例约 35 万，值得注意的是，患病人数逐年增加，与前 10 年相比，近 10 年炎症性肠病总病例数增长约超过 24 倍。因 IBD 的发病率呈逐年上升趋势，病程冗长，且有并发结肠癌的危险，因此越来越受到人们的重视。由于 UC 发病机制的不明确限制了其治疗方面的发展，因此寻找治疗新策略及新药物成为当今 UC 研究领域的一大热点。本研究对辣木多酚对葡聚糖硫酸钠（dextran sodium sulfate，DSS）诱导的小鼠结肠炎的缓解作用及其作用机制进行了初步探究，为新型 UC 的保健食品的开发利用或新治疗药物的开发提供理论依据。

（五）研发辣木系列深加工产品

以市场消费为导向，辣木健康功效理论为基础，针对不同消费人群，利用现代食品加工工艺技术，开发系列辣木深加工产品及辣木与木薯配方系列食品，引领辣木产品深加工技术方向。

1. 辣木天然叶酸

由于天然叶酸在植物中含量极低，所以一直没有从植物中提取天然来源叶酸的相关产品出现。但在市场调研中发现，67％的消费者不知道天然叶酸与合成叶酸的概念，但76％消费者会选择使用天然叶酸。所以如何高效地获得天然叶酸并加以推广，是争取叶酸高附加值市场制高点的机遇。

辣木中天然叶酸具有含量高（1 360µg/100g）、生物利用度高（81.9％）的特点，是最好的天然叶酸来源，而世界上叶酸产品均为化合合成叶酸，给人体健康带来潜在危害。利用植物化学分离纯化、微生物发酵等方法，研发世界上第一款辣木天然叶酸产品，对辣木天然叶酸产品进行科研成果转化及产业化开发，助推云南辣木大健康产业的快速发展。

应用微生物发酵、低温提取、超声破碎细胞壁、除渣，采用反渗透膜进行去水浓缩；采用真空低温连续干燥机进行干燥，得到叶酸有效成分提取物将浓缩液采用真空低温连续干燥机进行干燥，制备得到高纯度辣木天然叶酸产品。经过500余次试验的反复摸索，首次成功从辣木中提取制备天然叶酸产品，叶酸含量高达26.9mg/100g，浓度较普通生物叶酸提高20倍。

天然叶酸成功开发是继国内市场上天然维生素E和天然维生素C之后的第三大天然维生素产品，也是世界上第一款辣木天然叶酸产品，弥补了世界天然叶酸的空白，具有广阔的市场空间和发展潜力。

2017年6月22日至6月24日，以"跨越产学鸿沟　携手创新共赢"为主题的首届"中国高校科技成果交易会（以下简称科交会）"在广东惠州举行。在此次科交会中，云南辣木研究所所长田洋博士带领研究团队攻关的科研项目"辣木天然叶酸保健品开发"，荣获教育部首届"中国高校科技成果交易会"的"最佳路演奖"。本次科交会共征集到300所海内外高校10 000余项科技成果，并由十大领域所对应的十大知名高校先期进行评审，每所高校组织由院士带头的核心评审团队，围绕科技成果的先进性、成熟度和产业化价值三个标准进行盲评，其中评选出100个重点项目进行路演。"辣木天然叶酸保健品开发"项目获得路演资格，由研究所所长田洋博士代表团队进行现场路演，现场获得投资人、高校专家学者及观众的高度评价，路演后多位投资人和企业代表就该项目的产学研合作进行了深度交流并达成初步合作意向。

中国消费者越来越注重健康，而这一趋势已经推动了众多大健康产业的显著增长，当下蓬勃兴起的维生素补充剂行业就是其中之一。而目前维生素市场中发展最快的就是叶酸。叶酸能够促进婴幼儿神经细胞和脑细胞发育，是孕期妇女必须补充的保健品，没有替代物。受环保政策影响，合成叶酸价格从2014年以来，价格一路飙升，从160元/kg升到目前的3 200元/kg，是上升最快且单价最高的维生素产品。所以综合其价格上涨及孕期刚性需求等原因，叶酸相关产品的生产开发受到越来越多的关注。因此，辣木叶酸产品的诞生必将引领新的消费市场。

2. 辣木天然有机钙

钙是人体中含量最丰富的矿物质之一，被人们称作生命金属，是生命中必不可少的元素。市场上的钙制剂分为两类：无机钙制剂和有机钙制剂。无机钙制剂主要指以碳酸钙矿石等为原料经强酸强碱化学方法处理加工而成的无机钙盐，如碳酸钙、氯化钙、氢氧化钙等。碳酸钙、氧化钙等呈碱性，必须在胃中与大量胃酸反应生成离子钙后才能被吸收，因此胃很难在有限的时间内分泌足够的胃酸将其全部离子化，吸收率低，影响肠胃功能。有机钙制剂主要是指乳酸钙、醋酸钙、葡萄糖酸钙和柠檬酸钙等有机酸钙。有机钙溶解性好，对胃肠刺激性小，但化学合成的有机钙普遍存在着含钙量低和有不同程度毒副作用等缺点。

辣木富含蛋白质、维生素、矿物质和活性因子，特别是钙含量高达 $2\,500\sim3\,000mg/100g$，是牛奶的 25 倍，是天然钙最好的植物来源。利用微生物发酵工程技术、天然产物提取分离技术及现代食品加工技术等手段，以辣木叶为原料，利用其富含蛋白质、矿物质、维生素的特点，采用微生物发酵技术、现代食品加工技术等，通过多种微生物菌群阶段式发酵，提取辣木中的天然水溶性钙，制成辣木天然有机钙产品。产品加工过程改变了钙的赋存形态，形成多肽螯合钙、氨基酸螯合钙，避免钙离子受消化道内其他成分的影响形成不溶性沉淀，保证钙离子顺利到达钙吸收位点；同时，产品富含维生素 D_3、维生素 K_2，钙磷比例接近 $2:1$，可促进钙吸收与骨沉积。

3. 辣木膳食纤维

膳食纤维作为一种特殊的营养素，对人体健康有重要作用。它含有独特的生物活性物质混合物，包括抗性淀粉、维生素、矿物质、植物化学物质和抗氧化成分。近年来，随着大量学者对膳食纤维研究的逐渐深入，膳食纤维对人体健康的重要功能也逐渐被人们所熟知。膳食纤维具有降血糖、降血脂、抗癌、改善肠道菌群、治疗便秘、利于减肥以及替代脂肪等作用。

辣木中富含膳食纤维，其膳食纤维含量可达 50%，在利用辣木叶粉通过微生物发酵技术制备辣木天然有机钙产品后，会产生大量的辣木渣这类副产物，利用辣木中残存微生物为菌种进行二次发酵制备辣木膳食纤维粗品，通过进一步的添加辅料后经机械压片制备可得到辣木膳食纤维含片。

4. 辣木活性肽

辣木是一种高钙、高蛋白、高纤维、低脂肪植物，而且含有丰富的矿物质、维生素和 19 种氨基酸，素有"神奇之树"的称号。辣木叶干粉中的蛋白质含量丰富，属于完全蛋白，且含量可达 27.6%，但水溶性蛋白含量只有

3%~4%，存在难降解、生物效价低、吸收困难的问题，优化一种增加水溶性蛋白、提高辣木蛋白提取率的方法，研究并制备一款辣木蛋白多肽产品具有重要的现实意义。

利用超声波辅助和酶化学法相结合的方法，研究其破坏辣木纤维素及其他多糖对蛋白的包裹和支撑作用，增加水不溶性蛋白的释放能力。通过超声波的空化作用对蛋白质结构进行"撕扯""拉断"，采用两段式、阶梯式酶催化技术，在酶的作用下催化水解，增加水溶性蛋白含量，提高酶的水解速率，制得水解辣木肽溶液。后期采用低温真空浓缩和冷冻干燥技术，得到高品质辣木肽。最后添加营养促进剂、功能稳定剂和其他助剂在一定条件下做模压片，得到辣木多肽含片产品。

5. 辣木木薯酸奶冻干粉

本品是以辣木粉、木薯粉、牛奶为原料，经现代发酵技术进行菌种筛选、营养复配，产品实现植物蛋白＋动物蛋白＋微生物蛋白三合一伴侣型产品，营养搭配更合理、生物利用度提高，超低温冷冻干燥技术可保存嗜热链球菌、保加利亚乳杆菌、嗜酸乳杆菌、婴儿双歧杆菌、长双歧杆菌、干酪乳杆菌等益生菌全活性。同时，在发酵过程中乳酸菌还可以产生一些人体营养所必需的多种维生素，同时改善肠道微生物种群，并具有发酵后特殊的香气和风味。经低温干燥后制备的产品保质期可达 12 个月以上，同时冻干型辣木木薯酸奶便于运输，可大大提高辣木、木薯推广力度和产品的知名度。

6. 辣木睡眠酵素

辣木酵素是利用微生物对鲜辣木叶汁发酵制成，辣木酵素富含伽马氨基丁酸，伽马氨基丁酸是中枢神经系统中很重要的抑制性神经递质，它是一种天然存在的非蛋白组成氨基酸，具有极其重要的生理功能，可以让亢奋的脑细胞休息，抑制神经细胞过度兴奋，因此辣木酵素具有助睡眠的健康功效。

7. 辣木醋

以辣木叶粉、红糖为原料，采用半固态发酵方法，通过正交试验，确定原料液酶解、酒精发酵和醋酸发酵的最佳工艺条件。辣木醋原料液酶解的最佳工艺参数为：辣木叶粉与水的质量比为 1∶10，复合酶由纤维素酶、木聚糖酶和β-葡聚糖酶组成，复合酶的添加量为 0.4g/L，酶解温度为 50℃，时间为1.5h。酒精发酵的最佳工艺参数为：酵母菌接种量 0.3%，发酵温度 30℃，发酵时间 7 天。醋酸发酵的最佳工艺条件为：醋酸菌接种量 10%，初始酒精度9%，发酵温度 29℃，发酵时间 6d。辣木具有显著的降"三高"的功效，辣木醋产品采用单一菌种分步发酵技术，严格控制酿造过程中的每一个重要发酵环节，比传统发酵时间缩短一倍，提高发酵效率及出场率。具有降"三高"、美容、助睡眠等功效。

8. 辣木乳酸菌饮料

辣木叶中富含蛋白质、钙质等营养成分，但是其中草酸含量较高，蛋白质和钙质通常以非水溶性的形式存在，人体难以吸收，通过前处理和乳酸菌发酵，制成辣木叶鲜榨汁发酵乳酸菌饮料，可有效解决因植物蛋白吸收差、口感差、营养物质损耗大等问题，辣木叶中的营养成分更容易被人体吸收和利用，本发明营养成分包含益生菌 2×10^6 cfu/mL，富含可溶性钙、游离氨基酸、多肽、维生素、可溶性纤维素、低聚糖、寡糖等营养成分，口感好，解决了人们直接食用辣木叶粉所带来的口感苦涩、难于下咽的问题，使辣木叶营养粉更容易被接受；所采用的组分全部来源于植物，天然健康、口味清新、酸甜爽口，利于市场推广。在发酵过程中乳酸菌还可以产生人体营养所必需的多种维生素，如维生素 B_1、维生素 B_2、维生素 B_6、维生素 B_{12} 等。辣木益生菌饮料营养丰富，口感清凉酸甜，是一款健康好喝的辣木产品。

9. 辣木茶

辣木茶是辣木产品的最初级加工产品，是以辣木花、辣木嫩叶、成品茶叶为原料，按辣木叶：成品茶叶为 $1:3\sim4$ 的重量比例混合，经冷冻干燥或热力干燥制成辣木茶。冲泡饮用，夏饮清热解暑解毒，秋饮去余热，冬饮滋补身体。

10. 辣木蛋白平衡酸奶

产品充分利用的植物蛋白与动物蛋白混合食用，实现优势互补，在微生物发酵过程中产生不同分子量、不同活性的小分子肽，可弥补动物蛋白与植物蛋白的氨基酸组成及配比的差异，丰富人体必需氨基酸的种类与含量，更好地满足人体需求。同时辣木富含丰富的营养素，产品营养价值更高。加工过程采用了冷冻干燥技术，最大限度地保留了产品的活菌数。

五、辣木饲料产品研发

1. 辣木植物蛋白饲料原料主要来源

辣木为辣木科辣木属植物，广泛种植在亚洲和非洲热带和亚热带地区，全世界约有 13 个辣木品种，主要分布在亚洲的印度、中国、日本，非洲的埃及、肯尼亚、埃塞俄比亚、安哥拉、纳米比亚、苏丹，美洲的墨西哥、美国等 30 多个热带、亚热带国家和地区。

目前我国已经引种栽培印度传统辣木、印度改良辣木（早生且具高豆荚产量）和非洲辣木（原只产于肯尼亚图尔卡纳湖附近及埃塞俄比亚西南部）三个品种，生产上栽培最多的品种主要是印度改良品种'PKM-1'和'PKM-2'，主要用于经济开发；若主要用于改善生态环境，应选择印度传统辣木或非洲辣木。辣木种植主要分布在云南、广东、广西、福建、海南、四川、贵州等省

（区）。我国辣木种植总面积在 10 万亩左右。

辣木的产量明显高于其他饲料作物（如大豆、牧草、木薯等），以鲜叶量计，年产量约为 126t/hm^2；以干物质计，年产量为 10.4～24.7t/hm^2。在高密度种植下辣木所获得的辣木叶年产量可高达 650t/hm^2。

辣木营养价值颇高，其豆荚、叶片（鲜叶和叶粉）和种子粗蛋白质含量高、纤维物质含量低，且富含多种矿物质、维生素及各类氨基酸。以干物质为基础测量，辣木粗蛋白质水平为 27.0%～33.5%，粗纤维水平为 5.9%，高度符合优质蛋白质饲料的标准。因此，辣木不仅可作为高营养价值的蔬菜供人类食用，还可作为优质的植物性蛋白质饲料供给我国畜牧业。

2. 饲料化利用可行性

辣木是一种不与粮食争土地的饲料源，具有营养丰富、适应性广、抗逆性强、易栽种、产量高、采收时间短等特性，作为新型植物性蛋白质饲料可有效解决我国优质蛋白质饲料和动物保健品资源匮乏的问题。

辣木因其高产、速生、多功能且符合优质蛋白质饲料标准，在国外已被广泛应用于单胃动物、反刍动物及水产品的饲料中，其作为畜禽和水产饲料蛋白或饲料添加剂均能显著提高鸡、猪、牛、羊、鱼的总增重、平均日增重及饲料转化率，进而提高了畜禽的生长速度，缩短了出栏时间，饲喂成本显著降低；同时，辣木粉补充料还有利于改善肌肉脂肪酸的含量，降低肉脂质氧化程度，提高瘦肉率，降低胆固醇，肉、蛋、奶产量和品质明显改善。

辣木叶粉不仅能提高畜禽干物质采食量，还可以改善它们的血液生理生化指标，并保持氮平衡，辣木籽粗提物可以改善瘤胃发酵功能，降低瘤胃酸中毒的可能性，提高畜禽肌体的代谢能力，增强其免疫力和抗病能力。因此，辣木饲料和保健产品的开发与应用既可提高畜禽动物产品的产量和品质，又能缓解蛋白质饲料资源紧缺的现状。

不同动物种类对辣木最适需求量有所差异。生长育肥猪基础饲粮中最适添加量为 6%，饲喂辣木的猪生长速度和增重较快，蛋白质体外消化率最高，达 79.2%；鸡饲料中低辣木添加比例（小于 10%），2.5% 和 5% 辣木叶直接替代部分鱼粉和豆粕，显著提高肉鸡平均日增重（33.6%、38.5%）、改善饲料转化率（17.7%、20.2%）；鹅饲粮中辣木茎粉的最适添加量在 6% 以内；兔的饲粮中最适添加比例为 15%～20%；罗非鱼基础饲料中用 30% 辣木叶粉替代饲喂效果最佳；辣木叶粉可有效替代部分奶牛饲粮中的棉籽粕，两者最佳配比为 40：60（辣木叶粉：棉籽粕）；辣木叶、小麦草、蜜糖混合一起做青贮饲料饲喂奶牛，奶牛产奶量提高了 1.91%。辣木叶粉可替代山羊饲粮中 50% 以上的芝麻粉，用 100% 辣木叶粉饲喂绵羊时，干物质、有机物、粗蛋白质、中性洗涤纤维的消化率均最高；以牧草为基础饲料，选择脱脂辣木籽粉替代牧草-

豆粕羊饲粮中的豆粕成分饲喂羔羊，每 100g 豆粕中分别添加 0g、2g、4g、6g 的脱脂辣木籽粉，发现供试羔羊平均日增重分别为 63.8g、88.5g、97.0g、76.6g，改善瘤胃发酵功能的同时不影响消化。青贮辣木可以替代部分苜蓿干草和青贮玉米饲喂奶牛，且对奶牛的产奶量、养分消化率、血清生化指标无负面影响；辣木叶粉替代奶牛饲粮中的豆粕后发现，除了粗蛋白质的消化率降低之外，其他消化吸收指标均无显著差异，且不影响乳成分，辣木叶粉在等能量等蛋白质基础上可替代豆粕作为牛饲粮中的蛋白质源。辣木不仅可作为多种饲粮的蛋白质补充料，还可作为饲料原料。

豆粕是生产动物饲料优质蛋白的主要原料，而我国大豆主要靠进口，能源危机的发生，导致美国急剧缩减大豆的出口，这将严重制约我国养殖业的发展。开发新型植物性蛋白质饲料是解决此问题的有效途径之一。辣木是速生、高产、多功能且符合优质蛋白质饲料标准的树种，在国外已广泛应用于反刍动物、单胃动物以及水产动物的饲料中，其饲料产品的开发与应用不仅能缓解蛋白质饲料资源紧缺的现状，还能提高畜禽及鱼类产品的产量与品质。对我国养殖业从大国向强国的转变和粮食安全具有重要的战略性意义。

第四节　辣木科技服务的社会效益及生态效益

一、辣木产业在精准扶贫方面的贡献

云南热区也是贫困地区，因而成为重点扶贫对象。辣木作为新资源植物，在云南红河流域等干热河谷地区具有广阔的开发前景。辣木种质资源与育种岗位全体成员，以云南玉溪市元江县依江风辣木产业开发有限公司和红河州红河县红河谷辣木产业开发有限公司为依托企业，开展服务当地农户的对口扶贫。因地制宜开展辣木重要害虫的生物防控，就地取材，用印楝素防治辣木瑙螟为害。开展林下养殖，增加临时工用工量，为当地农户提供就业机会。以企业带动产业，目前依江风辣木酸菜非常受欢迎，辣木酒销量也不错，依江风辣木茶仓储 2 年后口感更好，依江风庄园建设得到玉溪市相关政府职能部门的支持，园区建设逐步推进，集种植、养殖、餐饮和乡村旅游于一体，房车停靠车位 10 个，有望进一步为当地农户提供更多就业机会。红河谷辣木公司，开展对口扶贫，主要是人工除草，以及辣木有机生态种植，为当地农户提供稳定的工作支持。

依江风辣木公司 2017 年为当地农户支付的地租达 116.4 万元，临时工和员工工资 135 万元，合计 251.4 万元。公司养殖辣木猪 55 头、辣木羊 20 只。依江风公司除了辣木种植加工，主要经营苗木，园林植物成为元江县城南面一道亮丽的风景线。红河谷辣木公司，辣木种植面积 3 000 亩，2017 年支付当地农户的劳务费累计在 400 万元左右，由于公司基地早些年种植了印楝树，目前用印楝素防治辣木瑙螟，效果良好。原来杂草丛生的山坡地，种上了辣木，长势良好。林下养鸡（含火鸡）、养鹅、养鸭，以及人工蓄水池养鱼，种养结合。人工除草，不使用除草剂，家禽粪便与人工铲除的杂草制成堆肥，发酵好后还田至辣木园区，基本形成良性循环。

辣木产品加工岗位扶贫地点主要在云南德宏州芒市，以楚雄综合实验站和西双版纳综合实验站为纽带，利用工作组的科研成果与技术创新，对辣木产品进行精深加工。助力云南天佑科技开发有限公司进行产品研发，带动农民提高辣木种植技术，合理、适当扩大种植规模，实现德宏州芒市等扶贫点的农民可支配收入增长，提高扶贫可持续性。

通过开发辣木功能活性因子分离、纯化和制备技术，对辣木功能活性因子的健康功效机理进行研究，开发了系列辣木深加工产品，推动企业更新种植技术，为企业开发辣木茶、辣木片、辣木酵素等系列健康产品提供技术支持，使辣木健康产品远销古巴等国。同时，扶贫工作组积极推进企业参与扶贫工作，帮助辣木产业创新发展渠道，开拓市场，将企业与农户对接起来，产生最大效益。辣木产品加工岗位科研团队进行了辣木天然叶酸、辣木蛋白小分子活性肽、辣木乳酸菌饮料、辣木保健醋等辣木精深加工产品的技术攻关，同时帮助企业科学分析市场现状，为以德宏州芒市为扶贫核心的辣木产品龙头企业提供技术支持，同时在团队科研人员的技术支持下，在德宏州芒市贫困地区建立了 2 万多亩的辣木生态种植基地。多次开展种植技术培训，累计发放科技资料 1 600 余份，培训 700 人次。

为保证产品加工顺利进行，扶贫工作组已协助云南天佑科技开发有限公司在龙江、帕底、潞江坝等地区建立了辣木生态种植基地。带动企业参与当地扶贫工作，从而带动当地贫困农民走向依靠辣木栽培的脱贫道路。

楚雄综合试验站结合云南省农业科学院学院热区生态农业研究所扶贫攻坚工作，先后派出 58 人次到元谋县黄瓜园镇金雷村扶贫挂点开展扶贫工作，帮扶贫困户 6 户 28 人，开展 14 次扶贫送温暖活动，技术培训 5 场次，完成扶贫技术手册发放 30 余册，赠送鸡苗 100 余只，截至 2017 年 12 月，基本完成脱贫攻坚任务。辣木西双版纳综合试验站核心成员张永科、赵春攀 2 位同志参加了云南省热带作物科学研究所 2017 年"挂钩帮"扶贫工作。先后赴云南省勐腊县象明乡苗寨、瑶寨、曼松、么连、万亩茶厂一组、万亩茶厂二组、万亩茶厂四组、万亩茶厂六组，四个村小组和四个茶队，对所辖 230 户贫困村农户开展贫困人口摸底调查，了解贫困村农户生产、生活情况；重点了解挂钩贫困村辍学儿童的基本情况，逐户找家长和孩子进行谈心、谈话，在入户人员的耐心开导下，其中五户贫困户家长和孩子现场答应返校，继续完成学业。

二、岗站对接推动产业发展、促进农民增产增收

通过各岗站之间对接合作，完成辣木种植栽培—功效研究—产品研发—成果转化的工作程序，实现推动辣木产业的发展、达到促进农民增产增收的目的；通过岗站的对接，岗站团队各有分工，各司其职，既有分工又有合作，相互学习，相互借鉴经验，为更好完成体系任务创造条件。

以辣木栽培模式岗与西双版纳综合试验站对接共同完成辣木栽培和林下养殖技术示范推广工作为例：辣木栽培模式岗通过与西双版纳综合试验站对接后，联合在示范县麻栗坡县的"乙丁辣木种植专业合作社"建立了辣木栽培试验示范基地，示范辣木标准化露地栽培、病虫害防控等技术，以"公司＋合作社＋农户"的模式发动农户种植辣木，组织当地农户以现场讲解、发放资料、播放宣传片等方式，普及辣木知识和种植技术，效果显著，当地辣木种植面积有所增加。在红河县"红河谷辣木产业有限公司万年青辣木基地"建立辣木林下养殖试验基地，示范林下养殖技术（鸡、鸭、鹅），通过养殖增加辣木种植附加值的同时，有效地阻止了农户砍伐辣木现象，保住了辣木现有种植面积。

2018 年 11 月，辣木栽培模式岗与西双版纳综合试验站团队，联合在云南省西双版纳州勐海县（国家级贫困县）黎明农场（云南省农垦局扶贫点）的凤凰生产队和星火山生产队，免费为生产队农户发放辣木苗，并无偿为其提供技术培训服务，推荐其在自家承包地和房前屋后种植辣木，通过这种方式普及辣木知识，鼓励他们食用辣木，改善自身的身体健康，当地市场销售辣木蔬菜，增加经济收入。

辣木加工岗实验基地主要在德宏州芒市开展工作，以楚雄综合实验站和西双版纳综合实验站为纽带，利用工作组的科研成果与技术创新，对辣木产品进行精深加工。助力德宏州芒市云南天佑科技开发有限公司进行产品研发，带动农民提高辣木种植技术，合理、适当扩大种植规模，实现德宏州芒市等辣木种植农户可支配收入增长。

根据楚雄综合实验站和西双版纳综合实验站长期进行的技术研发成果与推广工作经验，帮助辣木产品加工龙头企业云南天佑科技开发有限公司开发系列健康产品，创新加工技术、开拓市场销售思路，带动辣木生态基地建设，带动当地贫困农民种植生态辣木并提高其种植技术。

辣木产品加工岗位科学家及其团队成员，通过开发辣木功能活性因子分离、纯化和制备技术，对辣木功能活性因子的健康功效机理进行研究，开发了系列辣木深加工产品，推动企业更新种植技术，为企业开发辣木茶、辣木片、辣木酵素等系列健康产品提供技术支持，使辣木健康产品远销古巴等国。同时，积极推动辣木产业创新发展渠道，开拓市场，将企业与农户对接起来，产

生最大效益。

　　辣木产品加工岗位科研团队进行了辣木天然叶酸、辣木蛋白小分子活性肽、辣木乳酸菌饮料、辣木保健醋等辣木精深加工产品的技术攻关。市场上普通叶酸都是化学合成的叶酸，辣木里面的叶酸不但高，而且生物利用度也很高，与化学合成的叶酸相接近，这为云南天佑科技开发有限公司开发的辣木中的叶酸的一大优势和特点。有民意调查显示，如果有天然叶酸存在的话，是有46%的消费者会选择天然叶酸，而叶酸的整个市场的销售额每年都达到上百亿元，是一个庞大的市场，而且化学合成的叶酸早在 2007 年英国的营养学杂志就已经报道过。绿叶蔬菜中含有的天然叶酸主要是在人体的肠道位进行吸收，而合成的叶酸是在肝脏位被吸收，肝脏位吸收合成的叶酸的量是非常有限的，如果过量的合成叶酸没有被吸收进入血液里，可能会引起白血病、关节炎等疾病。

　　之前，不单是国内，放眼全球，世界上都没有一款天然叶酸的存在，因此利用辣木中天然叶酸含量高和生物利用度高这两大特点，辣木产品加工岗位科研团队经过了 500 余次的实验的摸索，探索出最佳提取工艺。目前能达到 1g 叶酸中含有 269μg 有效成分，而一个孕妇人群所需要的叶酸量一天为 400μg 左右。为此，扶贫工作组为企业确定了产品定位目标：吃一片叶酸提取物就可以满足孕妇人群一天所需的叶酸含量。经过特定提取工艺，有效成分含量提高了 20 倍。同时申报了国家发明专利，在国家食品检测机构进行了检测和认证，这款天然叶酸开发的成功，也标志着国内第三个天然维生素产品开发成功。

　　为保证产品加工顺利进行，辣木加工岗已协助云南天佑科技开发有限公司在龙江、帕底、潞江坝等地区建立了辣木生态种植基地。带动企业参与当地扶贫工作，从而带动当地贫困农民走向依靠辣木栽培的脱贫道路。

三、辣木产业的社会效益及生态效益

（一）社会效益

　　辣木全身均可利用，从根到叶、花、果都有经济价值。辣木生长速度快，种植成本低，但经济价值高。例如，以 1 亩地种植 200 株辣木计算，亩均成本不足 3 000 元（不包括土地租金），但 1 亩地至少能收入 5 000 元，显示出较高的投入产出比。辣木产业色社会效益显著，不仅带来了可观的经济效益，还促进了就业、科研、健康贡献等多个方面的发展。

　　辣木产业的发展带动了就业机会的增加。不仅为农民提供了稳定的种植、管护岗位，还在采收、晾晒、加工等环节创造了大量季节性工作岗位，促进农村劳动力就地转移。在农村地区推广辣木种植，有助于调整农业产业结构，增加农民收入促进农村经济发展。

（二）生态效益

辣木产业在生态效益方面具有显著的优势。辣木生长迅速、适应性强、碳汇能力强等特点使其成为生态保护和环境治理的重要工具。同时，辣木的经济价值也为产业的发展提供了强大的支撑。

我国热区，特别是云南、贵州、四川等省份的干热河谷地区，由于热带雨林气候的特点，石漠化程度逐渐加快，水土流失、土壤污染、生态退化已成为热区发展的障碍。石漠化治理是当前面临的头号生态问题。由于石漠化区域成土母岩是碳酸岩类风化物，它因土层浅薄、含钙量大、有效供应不足，导致植被恢复及造林技术难度大，水土流失严重；加之长期以来人为因素的影响使森林植被严重破坏，水土流失加剧，土地严重退化，基岩大面积裸露等，最终形成生存环境不断恶化的局面，成为西部生态建设中面临的十分突出的地域环境问题和实现可持续发展的主要障碍之一。如果在这些热区的荒山地都种上辣木，它将成为云南又一种全新的粮食作物，并发展成为大面积的辣木生态园，这对云南的环境保护也将起到非常大的作用。

辣木作为一种生态树种，其光合作用强，能够吸收大气中的二氧化碳，有助于改善全球气候。辣木的碳汇功能对于缓解温室效应、维护生态平衡具有重要意义。辣木能够为其他植物和动物提供栖息地，促进生物多样性保护。同时，辣木种植还可以与其他作物相互间种，提高土地利用率和生态稳定性。

第八章 技术示范与推广应用

第一节 白沙综合试验站

站长欧文军研究员，依托中国热带农业科学院热带作物品种资源研究所。作为国家木薯产业技术体系在海南省唯一的试验站，担负着产业体系成果在全省的展示示范及面向"一带一路"热带国家的推广工作，深知重任在肩，必须准确定位发展方向。白沙站以国家木薯产业技术体系提出"十三五"木薯科技发展的"五化"（粮饲化、能源化、特用化、效益化、国际化）中的"食用化、特用化、效益化和国际化"为发展方向，拉长木薯产业链，提升木薯生产经济效益，同时促进木薯绿色生产。

木薯产业的转型升级、提质增效，食用化是必经之路。白沙站将积极配合加工研究室，持续推进海南省木薯食用化进程：一是进行多形式的食用化宣传；二是加大可食用木薯品种（系）的示范推广；三是开发多样化产品，针对不同消费群体，搞差异化营销。在"食用化"方面，白沙站通过调研发现，海南省木薯食用化推广比较顺利的市县主要集中在以文昌、琼海、万宁为代表的东南亚华侨较多的地区。因泰国、马来西亚、印度尼西亚等东南亚国家具有食用木薯的饮食习惯，当这些华侨回国以后，把这种饮食习惯和多种多样的木薯食品制作方法一同带回海南。但鲜食较少，主要是以木薯粉为原料制作各式糕点，作为早茶和下午茶甜点。

据此，白沙站累计建立了'华南9号''华南6068''ZM8229''华南12号'等食用木薯品种繁育基地300余亩，推广食用木薯种植面积4 000余亩，为木薯食用化提供原材料。同时，开展了木薯保鲜技术研究，形成一套低温条件下保鲜时间大于30d、常温条件下保鲜时间大于15d的鲜木薯保鲜技术，该技术在较长时间内能较好地保持木薯的贮藏品质，因此有利于鲜木薯贮运，这将极大打开木薯的鲜食市场。另外，在海南省冬交会、白沙县"三月三"美食展等活动现场及东部旅游城市，积极向游客展示木薯小吃、食用木薯全粉等产品，大力推广木薯食用化。

由于木薯产业的生产成本高、比较效益低，近年来海南省木薯种植面积逐年下降。面对这个严峻的现实，如何提高木薯综合产值已成为当务之急。白沙站始终以节本增效作为发展方向。调研显示，传统木薯生产方式中，劳动力成本可占收入的 40%，尤其是木薯的种植和收获阶段。2012 年开始，白沙站配合中国热带农业科学院农业机械研究所（现木薯体系机械化生产岗位），在海南省开展木薯机械化生产试验示范工作。由于木薯种植地贫瘠、平整性差，木薯植株高大、块根长等不利因素，机械化生产还存在诸多问题。但随着土地流转加快、劳动力成本上升等，"机械换人，势在必行"。白沙综合试验站将继续配合木薯体系机械化生产岗位，因地制宜的在海南省开展木薯机械化生产试验示范工作。

2015 年开始，白沙站通过向广西蚕业研究院学习，开展了木薯叶养蚕试验工作。在木薯高产栽培技术中，我们建议对生长中后期的木薯进行间苗，去除多余的枝叶，每株只留 1～2 根主枝，间苗时去除的木薯叶刚好可以用来饲养木薯蚕。试验表明，木薯叶养蚕具有投资小、易饲养、饲养时间短、见效快等特点。经计算，1 亩木薯可养殖 1 盒蚕种（1 万头），产生约 10kg 蚕蛹和 2kg 蚕茧，增加木薯种植收入约 720 元（蚕蛹、蚕茧市场价 60 元/kg）。目前，已带动木薯叶养蚕户 31 家，所生产的蚕蛹在当地市场可销售完成。未来考虑向东部旅游城市推广蚕蛹食用化，开拓销售渠道，以应对养殖户增加所生产的蚕蛹。

随着人们生活水平的提高，人们的饮食理念已逐渐从"吃得饱、吃得好"向"吃得健康"转变。作为畜牧业一大重要组成部分的生猪养殖业，由于抗生素等药品的滥用和粪便等废弃物污染等问题，正处于艰难的转型期。白沙站认为生态养殖、种养结合对生猪养殖业是一条非常好的出路。具体而言，邻近养殖场种植木薯，以猪粪便作为木薯种植肥料，解决环境污染问题；以木薯、木豆作为饲料原料，配合微生物发酵技术，生产混合发酵饲料替代全价饲料，解决抗生素滥用问题。这也为饲料中玉米豆粕减量替代提供一条新的思路，这对保障国家粮食安全、延长木薯产业链、提高养殖经济效益具有重要的意义。

白沙站立足海南，服务"一带一路"沿线国家。自 2019 年以来，多次受邀出访柬埔寨、尼日利亚、巴拿马等国；同时，接待尼日利亚、联合国粮农组织（FAO）、刚果（金）驻华大使馆公使衔参赞等代表团。通过开展交流合作，建立了中国海南-尼日利亚乌姆尼克木薯联合实验室、柬埔寨能源木薯标准化试验示范基地、非洲木薯产量倍增计划尼日利亚乌姆尼克示范基地等多个国际合作交流平台；引进优异薯类资源 330 多份，累计培训海外学员 550 多人次；为柬埔寨等政府编写《柬埔寨木薯产业发展规划》以及 *Feasibility study Report on the Kingdom of Tonga Cassava Value Chain Analysis*、*Survey Study Report on Sustainable Development of Cassava in Solomon Islands* 等 5 份产业发展报告及规划；2021 年获国际生物多样性和 CIAT 联盟颁发团队杰出贡献奖，为推动我国农业科技外交做出重要贡献，整体提升我国木薯科技的国际话语权。

在未来的发展中，白沙站将始终以"木薯产业振兴、农民增收致富"为前进方向，为推动木薯"粮饲化的有效补充，一带一路发挥作用"的木薯产业转型升级战略、实现乡村振兴和中国农业"走出去"做出重要贡献。

第二节　三明综合试验站

站长刘传森高级农艺师，依托单位大田县农业科学研究所。福建是木薯种植传统区域，农户喜欢种植木薯，主要用于粮饲补充和食品加工原料。可是，受限于"八山一水一分田"自然条件影响，农户种植规模小而分散，种植木薯效益比较低，原有木薯淀粉厂停产，若通过规模生产来壮大木薯产业发展较难。但福建在发展山地木薯和木薯淀粉食品加工等方面也具有自身的一定优势。围绕国家农业农村发展规划及木薯产业技术体系工作重点，福建木薯走"地下粮仓"保粮食安全和木薯食品开发的路子，抓好三方面工作：一是引进培育适宜当地条件生长的木薯新品种。在抗寒、抗逆、高产、安全、易收等性能上有新突破。二是创新种植模式，提高种植效益。在木薯套种、木薯连作、木薯分年收获、木薯茎秆综合利用等技术上探索降本增效的新途径。三是开发木薯加工食品。与沙县小吃和福建厨神食品有限公司等产业和公司紧密结合，开发特色小吃和QQ面等食品，满足消费者需求。

面临的主要问题：一是原材料供应不足。农村劳动力的转移，木薯种植面积逐年减少，如木薯加工企业复产，木薯产业化壮大发展，原材料需靠外调补充。二是产品宣传问题。消费者对木薯的认知度不高，宣传不到位。木薯"有毒"不能吃的老观念仍未改变，木薯的特殊作用知晓率不高。三是产品开发力度不够。对产品开发体系尚未形成合力，没有统一标准，产品种类偏少，能得到消费者认可的拳头产品更少，规模企业对投资木薯产业发展意愿不高。另外，木薯产品自身不足未能有效解决。如鲜薯储藏运输难，易变质；表皮有毒，剥皮需花费较多时间，加工建厂难度大，难以机械智能化等。

主要工作成效：①筛选新品种显成效。试验站先后引进木薯新品种（品系）200多个，筛选出一批适宜当地生长的特色新品种，有抗寒、抗逆的，有高产、可食用的，有可用于加工、观赏的，为木薯产业多样化发展提供基础。如选育了'闽树薯1号''SC9''SC6068''SC124''GR911''GR10'等新优品种，在示范县及福建省全面推广，得到很好效果。②创新种养模式提效益。创新推广山地木薯套种春大豆、套种生姜、套种玉米、套种西瓜等不同栽培技术模式，采用木薯全株不同方式喂养家禽家畜等，使得种植木薯效益翻番；③开发产品初见成效。自"十三五"以来，围绕让木薯吃起来，让加工企业参与进来的思路,一是对接三明市瑞雪智慧农业发展有限公司,开发木薯全粉干脆饼、木薯全粉干脆棒和木薯沙琪玛等产品,作为大田美人茶茶点和商务伴手礼投放市场,深受消费者喜爱。二是对接福建厨神食品有限公司加工木薯湿面,上市了系列受欢迎的产品,企业日均用木薯淀粉30t以上,是目前国内从事木薯食品加工的较大企业。三是积极开发木薯食谱,让木薯走上餐饮和饭桌,让人们自发吃起来。④综合利用典型示范。开展利用木薯秆渣栽培食用菌试验示范,筛选适宜栽培的品种,如黑木耳、榆黄蘑、赤松茸等9个品种,木薯秆渣在培养基中占比30%~60%。制定福建省地方标准1项、企业标准1项。

今后发展方向:立足福建木薯特点和优势,一是做好扩大宣传,有效带动。多层面全方位地宣传木薯能吃、好吃等知识,让更多消费者认可木薯,消除不安全感,让政府重视木薯产业发展,把木薯列入粮食作物享受种粮补贴,为粮食安全提供新保障;二是提升技术水平,增加木薯种植效益。通过培育新品种,做到食用、饲用与加工用品种合理布局,通过提升栽培技术和机械化水平,降本增效,增加农民收入;三是加强招商引资,企业带动。通过各种渠道,引进木薯淀粉加工、食品加工等规上企业,让企业带基地,基地带农户,农户带信心,实现产业化发展;四是结合乡村振兴发展。把木薯产业发展融合到乡村旅游、休闲农业等乡村产业发展中,围绕木薯开展有特色的田间劳作、食品制作、购物消费等活动,让木薯园成为欢乐园;五是开发木薯特色食品。加大与沙县小吃集团和福建厨神食品有限公司的联合,开发木薯粉系列产品,推向全国各地。

第三节　保山综合试验站

试验站站长刘光华研究员,依托单位云南省农业科学院热带亚热带经济作物研究所。该试验站作为云南木薯产业发展及技术支撑的重要科研力量,在推动当地相关产业经济发展、丰富当地物质文化、优化当地社会生态环境、促进乡村振兴等方面做出了积极贡献。在取得了突出成果的同时,着眼于云南木薯产业发展中存在的新问题,力求对症下药进一步开展相关学科领域的各项研究,为进一步促进云南木薯产业的健康、有序、稳定发展提供技术支撑。

保山站将以引领云南木薯产业科技创新、推动相关产业提质增效、推进产业绿色发展为目标,瞄准木薯产业"五化"主导方向,不断给云南木薯产业的发展注入新鲜血液。近年来,在国际合作方面,保山站与CIAT总部,以及CIAT驻亚洲办事处木薯科研人员建立了积极而有成效的联系,利用云南省外国专家局引智项目等引进了多名木薯科研人员到云南开展调研和指导。但与缅甸、泰国、柬埔寨等部分国家的交流和合作仍然偏少,需要进一步推进与深化，主要合作领域包括种质交流、病虫草害防控合作等。目前，市场上还没有能够应用于云南山地木薯种植与收获的小型机械，仅有用于切削干片及秸秆粉碎的机械。亟须研发适应云南山地的木薯种植和收获机械，并尽快进行试验示范与推广。保山站近年来以食用木薯品种华南 9 号、GR891 为原料，研发出了一系列木薯产品，包括木薯面条、木薯辣木面条、木薯全粉、木薯面包、木薯饼干、木薯蛋糕、木薯鲜花饼、木薯月饼、木薯糖浆、木薯酒等，目前研发的系列产品中木薯面条已通过生产许可认证，可进入市场进行销售，但其余产品还有待进一步进行生产许可认证后向市场进行推广。保山站近年来在自有的试验示范基地利用木薯叶养殖了鸡、羊、鱼，用木薯全粉饲喂猪，并取得了一定的成效。同时开展了木薯蚕的养殖技术研究，木薯蚕的养殖技术在隆阳区、勐海县、元阳县等地方已进行了部分推广，但相关技术还有待在全省大部分木薯植区进行更多，更广泛深入的推广，以提高产业整体效益。保山站自建站起就与云南省内大部分的木薯加工企业建立了合作关系。在与企业的合作方面，保山站鼓励企业开展精深加工，并积极提供技术支持，但企业由于产业利润下降等原因运营艰难，无力引进精深加工生产线。在与企业的合作方面，亟须为企业研发或谋求更新的节本增效技术。由于云南木薯主要种植在边疆少数民族地区，受语言、教育程度等因素的影响，部分薯农对新品种、新技术的接受意识不强，新品种、新技术推广进度缓慢。

在木薯种质资源引进与保存方面，保山站从国内海南、广西、广东等省区，以及哥伦比亚、巴西、缅甸、越南、泰国、菲律宾等国家引进保存木薯种质资源 300 余份，按相应规范建成了云南省第一个资源数量最多、标准的木薯种质资源圃。在木薯优良品种筛选方面，根据云南热区气候特点，筛选出了在产量、淀粉含量、抗旱、抗病虫害等方面均表现优良的'华南 5 号''华南 8 号''华南 205''桂热 4 号''桂热 5 号''GR911'等 6 个优良木薯品种，并获得云南省种子管理站颁发的品种鉴定证书。为云南省木薯产业的发展奠定了良好的品种基础。同时，针对云南木薯产业化发展对速生早熟，高产、高收获指数，淀粉含量高、氢氰酸含量低、营养价值高等方面的优良木薯品种的需求，通过在省内多点开展多年的试验，筛选出相对较适合加工的木薯品种'SC124'，食用的'SC9''GR891'，饲用的'新选 048''SC205'，这 5 个木薯品种获得了云南省种子管理站颁发的品种鉴定证书。在木薯抗病虫优良品种的选育方面，目前已获得 500 余份新种质，其中'云热薯 1 号''云热薯 2 号''云热薯 3 号''云热薯 4 号'获得云南省非主要农作物品种鉴定证书，'云热薯 1 号'等 2 个新品种获得国审品种证书，其余新种质的农艺性状、产量以及抗病虫害的数据在进一步收集中。

保山站近年来开展了一系列木薯高效栽培技术的研究，包括木薯不同种植方式的研究、木薯种茎环剥技术研究、木薯施肥技术研究、木薯地膜覆盖种植技术研究、木薯种茎浸泡技术研究、木薯病虫害防控技术研究、木薯间套作栽培技术研究、木薯茎叶饲料化利用刈割技术研究等。通过研究，主编出版《云南木薯高效栽培技术》《云南木薯》2部专著，专著以立足农村，服务"三农"，面向木薯产业发展需求为宗旨，具有很强的实用性，对云南木薯产业发展具有重要的指导意义。取得"一种木薯种茎环剥增产的栽培方法"（ZL201310389029.9）、"一种木薯秆套种蔓生型冬菜豆的方法"（ZL201810459534.9）等发明专利2项，以及取得"一种木薯种植用土壤调理剂的施洒设备"（ZL201821215913.5）、"一种人工拔木薯工具"（ZL201821417685.X）等实用新型专利2项，通过专利技术的推广运用，提高了木薯产量，增加了薯农收入。同时发布了《木薯间作玉米栽培技术规程》和《木薯套种菜豆栽培技术规程》2个地方标准。木薯间套作技术推广应用，改变了木薯单一种植管理状态，有效整合利用土地资源和光热资源，集约利用时间和空间，达到增产增收目的。

近年来，保山站在木薯栽培、生理、植保学科领域内基础研究实现新突破。"细胞壁转化酶MeCWINV3经ABA依赖途径参与木薯干旱相应的机制研究"项目获国家自然科学基金资助。云南是我国西南地区干旱最严重的省份之一，干热少雨严重影响作物的生长和产量。木薯是具有耐旱高产特性的优质农作物，产量和品质受干旱影响较小，但尚未探清木薯耐旱的生理和分子机制，在云南开展木薯的耐旱研究具有十分重要的区域经济意义。此外，"木薯单糖转运蛋白MeSTP7基因参与植物生长发育的机制研究""木薯/紫花苜蓿间作氮素高效吸收利用的根系-土壤互作机理""木薯抗疫霉根腐病资源挖掘及新种质创制"等3个项目获云南省农业联合专项面上项目基金资助。

产品加工技术方面，以食用木薯品种'华南9号''GR891'为原料，研发出了一系列木薯产品，包括木薯面条、木薯辣木面条、木薯全粉、木薯面包、木薯饼干、木薯蛋糕、木薯鲜花饼、木薯月饼、木薯糖浆、木薯酒等。研发的产品中，金木薯面条获批保山市重点新产品，"面条包装盒（金木薯）"（ZL20173 0055178.0）外包装获外观设计专利。木薯原料获国家绿色食品标志认证。保山站结合绿色科研科普、复合高效、生态循环、休闲观光和开放合作五位一体示范基地建设不断加大木薯的综合利用开发。研发出了木薯面包的制备方法，该木薯面包色泽均匀、呈现金黄色，组织细腻、有弹性，松软适口、无异味，氰化物含量在安全范围内，含有丰富的可食用纤维和多种维生素；为解决鲜木薯不宜贮藏的问题，延长食用木薯加工产业链，以'华南9号'木薯为原材料，经切片、烫漂、晒干等工艺，研究得出最佳的木薯干片制作方法。

同时，保山站积极开展木薯综合利用技术研究，目前已在试验示范基地利用木薯叶养殖了鸡、羊、鱼，用木薯全粉饲喂猪，并取得了一定的成效。开展了木薯蚕的养殖技术研究，木薯蚕的养殖技术在隆阳区、勐海县、西双版纳等地方得到了广泛的推广应用。随着云南肉牛产业的发展，加强饲草料储备对畜牧业健康发展至关重要。保山站到各地开展木薯茎叶青贮技术培训，提高木薯饲用化技术的普及率，为冬春季节饲草料短缺问题提供了一种可行性办法。并积极开展木薯饲用化试验，获得了提高木薯茎叶产量的种植技术；对木薯茎叶经过不同添加剂处理后进行青贮，改善了木薯单独青贮时的营养品质和发酵品质，为木薯饲用化利用及推广提供了技术支撑。保山试验站还开展木薯茎叶、木薯粉、玉米、王草不同配比压制颗粒饲料研究，初试产品已基本成型，并对木薯青贮饲料有机酸含量进行测定，为木薯饲用化利用提供了科学依据。通过系列木薯饲料化利用的研究推广，增加了薯农经济效益，延长了木薯产业链。通过系列研究，取得"一种以木薯为主要原料的肉猪饲料及其制备方法"（ZL202111581074.5）、"一种高粮变低粮型木薯饲料及其制备方法"（ZL202111608021.8）等发明专利 2 项。还首次创建了云南省木薯综合利用标准体系，发布了《木薯原料粉生产技术规程》《木薯叶饲养蓖麻蚕技术规程》《木薯茎叶青贮技术规程》《食用木薯生产技术规程》《饲用木薯生产技术规程》5 个地方标准，其内容涵盖了对木薯茎叶等副产物的利用，该系列标准的制定实施，不仅能减少木薯废弃物对环境的污染，还能拉动相关产业的发展，促进产业结构调整，创造显著的经济效益，同时对促进木薯产品与国际市场接轨具有重要的现实意义。

　　进一步推动产品多元化利用技术研究与推广；加强符合市场需求和产业发展需要的木薯加工关键技术研发；加大对木薯产业循环经济发展的宣传和推广力度，推广利用木薯淀粉渣、木薯嫩枝茎叶等原料兴办养殖场，促进循环经济发展，增加企业经济效益。国际化方面，在国家"一带一路"倡议稳妥实施过程中，作为云南省乃至国内科技外交的重要作物——木薯，符合云南地区以及国家发展战略的需求，保山站在做足云南市场的同时，将努力以服务地区、国家战略需求为己任，通过加强合作，实现自身及所服务地区的相关企业、部门等与周边国家的互惠互利合作。食品化方面，加强木薯食用化多元开发利用，进一步推动木薯食用化产业的发展。加大对木薯食用品种选育和木薯食品研究开发力度，研究食用木薯高产高效栽培技术，建立食用木薯规模种植技术集成应用与示范基地。研究食用木薯的冷冻贮藏和长途运输技术工艺，确保新鲜木薯周年可供应销售。加强木薯主副食食品、休闲食品等木薯食用化产品的加工、深加工、高附加值产品的研发和生产；推进符合市场需求和产业发展需要的木薯加工关键技术研发，提高关键环节和重点领域的创新能力。市场化方面，一是加强与企业的联系与合作，加快木薯科技成果转化步伐，通过合作研发提高加工企业的加工能力和市场竞争力。二是加快推进标准体系建设。木薯食品等产品的标准体系很不完善，相应的产品标准和操作规范仍然滞后，需要加快制订和完善标准，以服务木薯产品多元化利用的需要。保山站将积极协助当地政府，正确引导木薯产业发展方向，提高木薯及相关产品的社会认知度。特异化方面，保山站需加强适宜云南发展的木薯机械化研究，加强农机农艺融合、完善木薯生产全程机械化装备体系，推动云南木薯生产规模化、机械化、产业化发展。云南木薯种植区以山地为主，在机械化实施具体落实中，要努力加强木薯机械及小型机械研究，提高云南木薯生产机械化、规模化水平。其他方面，保山站将积极协助当地政府构建符合当地特点的集约化、专业化、组织化、社会化的特色产业经营体系，搭建政府、企业、高素质农民合作社、科研部门、农户间的有效沟通桥梁，拓展功能性木薯新品种、新技术、新工艺、新产品针对性研发与销售渠道，建立围绕特色木薯产品推动产前、产中、产后的市场化机制，强化支撑新型木薯产业发展的精品示范基地、培训基地建设与科技普及覆盖率，通过示范辐射带动当地木薯生产模式调整、产业结构优化布局、产品多样化增效，从整个产业链各环节衔接配套保障木薯产业发展升级。保山站将积极协助当地政府引导木薯产业健康持续发展新品种储备、新技术储备与战略储备，加强木薯产业发展与休闲农业、生态农业、旅游业及当地经济发展协调发展，注重家庭木薯农场主、木薯种植农民合作组织负责人、木薯生产小型企业负责人、木薯生产科技示范户、木薯产品电商业主等高素质农民致富带头人培养，强化美丽家园新农村建设，促进当地农村经济社会可持续发展和全面实现小康社会。加强对薯农的技术培训，包括木薯标准化种植、病虫害防控、规范化管理，推广木薯间套作、木薯树下放养鸡鸭、木薯叶养蚕等技术。充分利用当地丰富的木薯粉、木薯淀粉渣、青贮木薯茎叶等饲料资源饲喂牲畜，增加贫困山区种植、养殖经济效益，是精准扶贫短、平、快的最有效措施及方法。研发适于云南木薯各产地环境与当地农民生产能力的优良新品种及其配套生产新技术、机械化与半机械化配套设备设施，积极发展节本增效木薯高效生产模式与特色新产品，稳步提高木薯产量与产品质量，满足市场多样化需求，显著提高木薯产业在促进当地经济发展和保障农业农村稳定中的实际成效。保山站将积极协助地方政府和相关部门着力抓好基地建设，因地制宜，充分利用当地闲置土地，促进土地合理流转，发展木薯产业的适度规模经营，合理规划木薯生产示范基地建立，从良种研发、种苗提供、技术服务等各方面为种植基地提供服务，推动木薯种植的规模化、科学化、良种化发展。此外，建立健全木薯种植加工技术的信息服务体系，提高农业信息覆盖面，整合农业科技信息资源，建立涉农部门和相关产业主体之间的信息互通和共享机制。进一步加强保山站人才队伍建设，提升队伍的整体水平。将进一步加强专业人才培养和引进，加强木薯产业主体之间的合作，进一步形成具有纵横向一体化的木薯产业化人才队伍。

第四节 长沙综合试验站

站长宋勇教授，依托湖南农业大学。由于木薯在湖南种植面积小，属于小众作物，在2011年之前，没有专门的团队从事木薯研究，也没有木薯研究的项目，木薯研究属于空白。"十二五"国家木薯产业技术体系提出木薯北移发展战略，湖南作为木薯北移种植的重点发展区域之一，在国家木薯产业技术体系的支持下，2011年在湖南建设长沙综合试验站，由湖南农业大学园艺学院承担长沙综合试验站的工作，迄今已有十余年。在体系的大力支持与帮助下，按照木薯体系工作任务，围绕木薯的"五化"，十余年来，木薯研究从零开始，湖南农业大学国家木薯产业技术体系长沙综合试验站团队针对木薯北移湖南种植刚刚起步、湖南木薯产业作为一个新兴产业、产业基础极为薄弱的现状，通过走访调研、试验示范、技术指导与培训、宣传发动等多种方式，明确了木薯"食用化"的定位与特色；围绕木薯食用化，结合湖南实际，开展北移栽培、木薯小型化产地加工和特色木薯食品推广示范；重点针对木薯"种"和"用"，在湖南开展木薯相关研究工作，推动湖南木薯产业发展、为湖南木薯产业发展提供技术支撑。

1. 开展木薯新品种引种评价筛选，为解决湖南地区优良适栽品种缺乏问题打下基础

2011年开始，连续多年从中国热作院品资所、广西等地共引进木薯新品种（种质）100多个，在湖南长沙、湘西、江永、郴州、醴陵等地进行了品种的引种试验和适应性观测，筛选适应湖南生态条件、经济性状优良、早熟抗寒木薯品种，改变湖南优良适栽品种缺乏的局面；已经筛选出湖南适栽木薯新品种4个，其中食用品种2个。

2. 开展木薯耐低温高产栽培技术研究与示范推广

作为木薯北移种植的边缘区域，湖南的生态条件与华南地区有很大的不同，木薯适宜生长期较短，仅7～8个月，且前期低温高湿，后期低温霜冻。因此，在开展早熟耐低温品种筛选工作的基础上，长沙综合试验站结合当地气候特点，通过技术引进、消化，开展木薯耐低温高产高效栽培、肥料高效利用、种茎安全贮藏等技术的相关研究和示范工作，为湖南木薯耐低温高产高效栽培提供技术支撑。开展木薯高效利用肥料技术研究，在栽培岗位科学家指导下，进行了木薯新品种对氮和钾肥的响应试验研究。开展了不同播期与育苗方式、不同地膜覆盖栽培方式对湖南木薯生长及产量影响的研究，摸索出湖南地区木薯耐低温高产栽培技术模式为：黑膜覆盖＋直播栽培＋提早播种（3月15日左右）。探索适合湖南地区的木薯种茎越冬安全贮藏技术。连续多年进行了湖南地区木薯种茎安全越冬贮藏试验，以期找到1套种茎安全贮藏技术，为湖南木薯规模种植提供数量充足、成本低廉、品质优良的种茎，目前已取得了初步成效，种茎成活率达到65%以上。

3. 示范推广木薯病虫害综合防控技术

在体系病虫害防控岗位专家的指导下，调查了湖南木薯主要病虫害为害情况，为木薯主要病虫害的监测网络建设和综合防治提供依据；在木薯种植基地示范推广木薯病虫害综合防控技术。

4. 积极开展技术培训和宣传工作、推广木薯食用化

结合湖南的实际情况，每年在木薯生产的关键环节和关键农时，长沙综合试验站与各示范县在湖南长沙、江永县、道县、吉首、龙山、苏仙区、醴陵市等地开展了多种形式的科技服务工作，为湖南木薯产业发展提供技术支撑，科技服务工作形式主要包括：技术培训、技术咨询、实地调研考察、现场指导、发放技术资料等。每年至少主办3～4次技术培训，主要内容包括木薯北移种植关键技术、木薯无公害栽培技术、木薯主要病虫草害综合防控技术、木薯种茎贮藏技术、木薯综合利用与加工技术、木薯间套种栽培技术、木薯食用与产地加工技术等。通过发放木薯科普宣传资料、配合和沟通相关主管部门、举办技术培训、开展技术咨询服务、撰写相关论文等多种形式加强对木薯栽培技术、食用方法、加工利用等的宣传，改变和打破对木薯产业的传统老旧观念，引起了政府相关部门和科研机构的重视和关注；积极引导农民引种、试种木薯，促进木薯产业的发展；宣传木薯和木薯食品，坚定木薯产业发展的信心。

5. 湖南木薯产业发展的出路和发展方向是木薯食用化

因地制宜，突出区域特色，围绕木薯的"五化"，重点推进木薯食用化是湖南木薯产业发展出路关键之所在。湖南木薯要围绕木薯食用化，针对北移木薯的"种"和"用"开展相关研究和示范推广工作。湖南适合木薯生长的时期仅7～8个月，立足湖南实际，因地制宜，今后在做好木薯耐寒早熟新品种筛选、木薯北移高效生产关键技术研究与示范、木薯种茎越冬安全贮藏、木薯病虫草害综合防控等的基础上，突出湖南早熟、食用型的区域特色，在满足木薯加工企业需求的同时，积极引导和鼓励农民发展种植早熟的鲜食甜木薯品种，示范推广木薯小型化产地加工，大力研发和推广具有湖南特色的区域性木薯特色食品，在延伸木薯产业链、提高木薯种植效益的同时，满足市场多样化和优质化的需求。不断提高农技人员和木薯种植户的科技素养和种植水平，推动木薯产业和农村经济的发展。

第五节 北海综合试验站

站长劳赏业，依托单位广西壮族自治区合浦县农业科学研究所。北海综合试验站自成立以来，在国家木薯体系首席科学家及各岗位专家的指导下，全体团队成员深入贯彻落实国家木薯产业技术体系的工作部署，团结协作，开拓进取，完成了体系布置的工作任务；配合体系岗位专家做好木薯种植试验，提高当地木薯种植技术水平，推广优良木薯品种，增加农民种植户经济收益。促进钦北防区域木薯种植、加工业的发展，同时积累了丰富的工作经验，形成了当地木薯文化。

建设示范基地方面，在各个主管部门的帮助配合下，北海站分别在广西北海市、钦州市、防城港市的多个地方建设过示范基地。开展科技培训活动，十年间，北海站团队成员多次联合当地农业农村局、推广站等单位开展木薯种植技术培训，大力推广木薯良种良法。培训内容包括木薯高产栽培技术培训、木薯病虫草害综合防治技术培训、防台风防洪涝培训等。向当地种植户普及木薯种植过程中所需要的科学知识，深受群众欢迎。科技宣传及培训进一步推进木薯良种良法推广，提高良种覆盖率，提高木薯高产适用技术的普及率，提高木薯产量，促进木薯产业在北海及周边地区的健康稳定发展。

当地主管部门每年都会与北海站团队成员根据当地农事安排及木薯种植管理的季节性深入田间，对种植户开展技术指导活动。指导农户充分做好备耕整地工作、按标准化技术进行种植、查苗补缺及病虫草害综合防治、选用配方肥科学合理施肥及培土工作、采取有力措施开展防暴风雨灾害工作及灾后田间管理工作。在确保木薯种植高产高效的同时为合理利用土地资源，充分提高土地产出率，指导种植户应用木薯与花生、玉米、大豆等作物间套种以提高贫困户的经济收入。当地主管部门通过试验、示范、科技下乡、培训、开展技术咨询、发放技术资料等方式，推广了木薯测土配方施肥技术，木薯轮种、间套种栽培技术，木薯病、虫、草防治技术，木薯水土保持、抗旱和抗风栽培技术等一批木薯先进适用技术，有效促进了木薯生产稳定发展。与当地木薯加工企业对接，为促进木薯种植与企业加工生产的紧密衔接，站长带领团队成员多次到桂南地区各主要木薯加工厂如中粮集团、健丰淀粉厂等开展调研工作，通过与厂长、经理、专家的交谈，了解到工厂对木薯的品质要求，并根据要求开展相关试验。通过试验示范推广优良品种，为加工企业提供优质原料，促进了企业效益提高和农民增收。

面临问题 钦北防区域木薯种植面积减少，钦北防木薯种植面积有逐年减少的趋势，主要原因在于由于木薯市场价格不稳定，土地租价、人工等不断提高，使得种植木薯的面积逐年减少，部分木薯种植户转种其他农作物或者出外务工。种植技术有待进一步提高，木薯种植过程中遇到的病虫草害解决方法过于单一，长时间使用相同的农药治理病虫草害使得一些害虫杂草有了抗药性，治理不彻底。木薯副产物综合利用率不高，木薯副产物包括种植和加工副产物，如木薯秆、木薯叶、木薯皮、木薯渣、木薯加工滤泥等，其总产量超过鲜薯的产量，是木薯产业中很重要的一部分资源。近几年，我国木薯副产物的利用率在逐年提高，但不同类型副产物利用率不同，其中木薯渣的利用率最高，基本上是百分之百利用，木薯皮也绝大部分得到利用，木薯叶和木薯秆利用率还不高，尤其是木薯叶，利用率不足 10%。在技术研发方面，目前主要以木薯渣、木薯叶饲料化利用和木薯秆、木薯皮、木薯滤泥还田与固体肥料化利用，以及食用菌培养基质材料的利用为主。虽然体系每年都育出不少新品种，但能作为重点推广的品种还很少，当前主要的还是那几个老品种，'南植 199'
'华南 205''华南 5 号'等；机械化的应用和推广仍是制约木薯大面积种植的一大问题；在自然灾害面前，例如台风侵袭，木薯在品种和抗台风技术方面还不具有抵抗能力。

发展方向 包括食用木薯的种植及加工。食用木薯品种含有丰富的营养成分，符合现代人们"天然、安全、健康"的食品要求。在我国，木薯曾是鲜为人知的作物，木薯产业还是个新鲜的产业。广西木薯研究所与北海站合作，试验培育的'桂热 7 号''桂热 9 号''GR891'等优良食用型木薯品种获得成功，目前在当地已有大片的种植面积。近期，广西木薯研究所专家李军及团队成员到北海站调研时算了一笔账，种植木薯比其他作物投入少、省工、省肥、不用或少用农药，一般不用灌溉，而且可以间作套种，农民种植专用食用木薯品种，回收保护价每吨 2 000 元以上（是普通木薯收购价的 4 倍），按每亩平均产量 2t 算，农民种植专用食用木薯产值达 4 000 元，如管理得好的话，产值可达万元。以木薯羹为例，每斤鲜薯可生产 3.5 碗木薯羹，每碗木薯羹市场销售价 7~8 元，每 500g 鲜薯加工后可卖到 20 多元，薯农和加工企业均有可观的利润，而且发展木薯食品工业几乎不会产生污染。广西种植的食用木薯不仅可以满足当地所需，还可以通过冷库冷藏后长年供应全国各地，市场前景好。广西木薯研究所已经研发出食用木薯的冷冻冷藏工艺，解决了过去阻碍木薯食用化发展中"木薯不耐贮存"的瓶颈问题。这将大大提高当地农民的种植收入。

良种良法推广。北海综合试验站从开展的多项种植试验中筛选出适合当地种植优良木薯品种，总结适合当地木薯种植的经验技术；在开展技术培训、田间技术指导等方式向区域内种植户推广。目前，北海站主要推广的木薯品种是鲜食木薯，鲜食木薯在今年来逐渐受到大家的喜爱，鲜食木薯推广种植会为当地种植户带来更高的经济效益。

　　配合体系专家做好各项试验是北海站应有的责任，包括机械化种植试验已经在北海站开展，取得了不错的成效；北海站准备将机械化种植推广到更多农户中去，减轻农户的劳动成本，提高农户的工作效率。良种良法的推广、病虫草害的防治、抗风防涝等工作都需要各项试验的成果作为依托，北海站将配合体系专家开展更多试验，帮助专家取得更多试验成果。北海站将继续开展技术培训田间指导工作，这项工作可以让更多种植户直接深入地了解掌握各种木薯种植技术，提高自身的种植水平。促进木薯种植的发展。建立木薯高产示范基地的意义在于，让周边木薯种植户可以直观地了解木薯种植方式方法，学习各种种植技术。有利于北海站开展良种良法的推广，促进木薯种植产业的发展。

第六节　南昌综合试验站

　　站长林洪鑫副研究员，依托江西省农业科学院土壤肥料与资源环境研究所。江西红壤土面积占全省总面积的 70.7%，气候和土壤条件均有利于木薯大面积种植和推广。自 2008 年建站以来，南昌综合试验站一直围绕"北移"和"红壤"两个亮点内容，开展了一系列的木薯北移栽培技术和红壤区木薯高产高效种植技术研究和探索，取得了一些阶段性成果，今后将继续努力把南昌站打造成为更具专业特色的综合试验站，为江西红壤区域木薯北移栽培提供理论与技术支撑。

　　江西无霜期 240～307d，年均气温 16.3～19.5℃，能满足木薯生长，适宜在江西全域推广种植。但是，在冬季和初春有霜冻、低温危害发生，木薯在江西不能自然越冬生长，生长时间有限，块根淀粉积累时间有限；生长前期低温出苗慢，出苗后生长慢，物质累积慢；苗期种茎出苗多，弱苗多，缺壮苗；生长中期雨水分布不均，容易出现地上部疯长，而影响地下块根生长；生长后期温度低，物质累积速度慢，品种抗寒性差，落叶早，早衰快，无法延迟木薯收获。另外，江西木薯种茎也依赖从广西、广东、海南的无霜区或偶发轻霜区域购买，从外地调入种茎，在运输过程中，容易造成种茎表皮、芽点损伤，种茎质量降低，发芽率不高，这也增加了种植成本。

　　在江西红壤区的高产品种研究方面。利用江西区域纬度较高，种植期和收获期气温较低的特点，配合育种专家开展耐寒耐低温高产优质新品种、新材料的试验、鉴定、评价与筛选，为木薯体系多出品种、出好品种做好基础性工作。十多年来，在北移江西试种成功的基础上，针对江西省木薯品种单一、老化和产量低的问题，南昌综合试验站从体系育种岗位每年引进了 15～20 个木薯品种（系），筛选出一大批适宜北移江西种植的耐寒、高产木薯品种，如

'华南8号''桂热4号''华南12号''南植199'等，为木薯北移江西种植提供了优良品种。

在江西红壤区的高产栽培技术研究方面。针对江西省木薯栽培技术薄弱不足的问题，南昌综合试验站开展了大量的木薯高产栽培技术研究。根据江西冬季容易出现霜冻、降雪和低温的情况，采用山洞贮藏和地窖贮藏方式进行了木薯种茎越冬贮藏探索，制定了江西省地方标准《木薯种茎越冬贮藏技术规程》，按照技术规程操作流程，木薯种茎可以安全越冬。采用提早种植＋地膜覆盖栽培方式，通过提高土壤温度，保持土壤水分，控制杂草生长，达到木薯出苗早、齐、壮的效果。通过调整红壤区种植制度，实行木薯间作套种，提高种植效益，充分利用光热水资源，提高土地复种指数，同时达到保持水土、培肥地力和节省土地资源的效果。根据江西红壤特点研究了肥料配比、用量及施用方法，制定适宜江西红壤区域的施肥方法和技术。通过多年的肥料定位试验得出了红壤旱地氮磷钾配比及用量，用于指导木薯种植户进行科学施肥。开展了种植时期、种植密度、留苗方式和收获时期试验，得出了江西红壤旱地木薯主产区的适宜种植时期、种植密度和收获时期，有效地指导了农民科学种植木薯。开展了江西木薯主要病虫草害的种类、发生及分布情况调查，进行了绿色防控技术研究，提出了红壤区木薯病虫草害综合防控技术。在开展 BGA 土壤调理剂试验的基础上，得出 BGA 土壤调理对改善土壤结构、增加土壤养分活性、提高鲜薯产量的效果，并提出了木薯适宜施用量。在开展植物生长调节剂多效唑试验的基础上，提出了适宜的喷施时期和浓度，起到了控制地上徒长、促进地下薯块生长的效果。

在红壤区木薯高产高效种植模式与技术方面。木薯植株高大，株行距宽，生长期长达8个月，前期生长缓慢，封行时间迟，土地裸露面积大，单作木薯的地块容易受雨水冲刷而引起水土流失，而且种植经济效益也不高。针对这些问题，南昌综合试验站按照木薯与矮生、早熟、高经济效益、养地、幼龄果树和退耕还林幼林等作物搭配的原则，研究摸索出红壤区一系列木薯间作套种高效种植模式，达到了增产增效、水土保持和提高土地综合生产力等效果。江西省红壤旱地间作套种的主要模式有：木薯间作西瓜、木薯间作冬瓜、木薯间作香瓜、木薯间作大豆、木薯间作花生、木薯间作辣椒、百合套种木薯、幼龄南丰蜜橘园间种木薯和幼龄林地间种木薯等。为此，南昌综合试验站起草、颁布了5项红壤旱地木薯间作套种生产技术规程，即《红壤旱地木薯间作冬瓜生产技术规程》《红壤旱地木薯间作花生生产技术规程》《红壤旱地木薯间作大豆生产技术规程》《红壤旱地木薯间作西瓜生产技术规程》和《红壤旱地百合套种木薯生产技术规程》。

在机械化生产方面，在机械深耕起垄作畦、木薯行株距调整、有机肥改土等方面，开展一系列有利于机械化作业的探索，取得了一些相关参数。在木薯食用化推广方面。针对当前木薯加工以小作坊洗粉为主的情况，主要存在木薯品种单一、出粉率低、洗粉操作不规范、淀粉浪费大和淀粉品质差等问题。南昌综合试验站根据赣南食用木薯产业的发展特点，有针对性地开展了食用木薯品种的引进、筛选与示范推广。在赣南传统木薯食用区域，开展了食用木薯品种（系）的筛选评价，开展了食用品种'华南9号'示范观摩，介绍了食用木薯的食用方法，邀请农业局领导、职工和木薯种植户品尝木薯排骨汤、清蒸木薯和木薯片炒肉等木薯特色菜肴。与此同时，南昌综合试验站积极研究开发了木薯新食品，结合赣南特色客家食品，研发制作了具有客家风味的木薯鱼丝，完善了木薯鱼丝包装，也申请了国家发明专利。

今后将围绕木薯北移栽培，进一步研究北移木薯品种耐寒特征和响应机制差异；研究北移区木薯高产栽培的原理和技术；研究北移区木薯废弃物循环利用和秸秆堆肥还田技术；研究北移区木薯测土配方施肥、养分精准管理技术和有机质提升技术。围绕红壤，进一步研究红壤区木薯轮作、复种、间作、套种等种养结合模式，揭示红壤区不同模式下的作物生长发育规律、养分时空变化规律和作物养分吸收利用规律，提出红壤区木薯生态高值耕作制度模式，提出红壤区培肥地力和保护栽培措施。进一步配合体系机械岗专家，结合江西气候和红壤特点，研究提出江西木薯机械化生产技术，为我国红壤区木薯生产起到了示范引领作用。在今后的示范推广过程中，将加强与农业主管部门的联络，加强与新型农业经营主体的合作，加大木薯特色产品的开发与推广。

第七节　桂林综合试验站

站长周宾高级农艺师，依托广西壮族自治区桂林市农业科学研究中心。桂林站的长期目标是支撑桂林地区木薯产业持续健康的发展，结合桂林旅游城市特色，着重推进木薯"食用化""饲用化"进程，同时继续开展"北移"栽培技术研究，为"食用木薯""饲用木薯"进一步增产、增加引进新品种，提供新技术，打造一张"桂林木薯"国际名片。

通过举办木薯栽培技术培训班，科技下乡调研，学术会议学习等方式，不断加强团队的青年人才的培养；通过不断承担岗位科学家的各项品种、栽培技术、产品研发等试验，以及自行设计木薯相关品种选育、栽培技术等试验，从实践中进行学习，提高团队的专业技术水平。同时积极加强与岗位和其他试验站的项目人才培养和科技项目合作，推动桂林木薯产业的持续发展。

桂林站旨在通过联合种质资源评价与利用、湖南、南昌、三明站等岗站，对我国培育筛选的食用、饲用木薯新品种进行地区适应性评价和筛选，在抗寒性、早熟性、农艺性状（如株叶形态）、病虫害（例如螨害）、采后冷冻保鲜等方面进行数据收集、分析，登记品种特征特性，为桂林地区木薯提质增效提供品种支撑。

在技术研发方面，重点开展木薯套种其他经济作物栽培模式研究，充分发掘木薯套种栽培模式潜力，提高木薯地复种指数，减少水土流失，提高木薯地种植经济效益，从而提高薯农种植积极性，增加木薯产业种植面积，为桂林木薯提供强有力的技术支持；针对食用木薯收获时间集中，鲜薯保存困难，目前只能采用低温冷冻保存的方法，此方法保存成本较高，且保存时间过长会严重影响木薯风味及口感等问题，着重开展桂林地区木薯反季节越冬种植栽培技术研究，探索木薯种植成熟度、淀粉含量积累与积温、光照的联系，精准控制把握木薯收获时期。旨在实现一年多季收获，木薯鲜薯全年周期供应；联合种苗繁育岗位及南昌、三明、湖南等岗站，继续开展木薯种茎越冬保存技术研究，明确木薯种茎保存关键因子，创新更简易、实用、高效的保存方法。联合加工岗位及其他试验站和相关企业共同研发木薯食用新产品，实现木薯食用市场产品多样化，进一步打造木薯产品知名度。

第八节　广州综合试验站

站长李伯松副研究员，依托单位为中国热带农业科学院广州实验站。自2008年启动建设以来，试验站坚持市场导向，立足产业发展需求，在团队建设、示范基地建设、产业服务等方面进行了不懈的探索，逐渐形成了广州站的工作特色和发展理念，努力为广东木薯产业的发展贡献自身力量。

广州站"十二五"期间的重点工作主要围绕木薯机械化生产技术和木薯北移种植技术展开。鉴于当时木薯加工企业在带动辐射木薯种植方面起到的突出作用，广州站在开展技术研发、示范基地建设及科技推广服务方面积极主动的与各地木薯加工企业做好合作，以期共同做大做强广东省木薯产业，提升自己的影响力。广州站分别在粤西、粤北及粤东木薯主产区布局木薯研发及示范推广工作，与国投广东生物能源有限公司（原广东中能酒精有限公司）、化州市今汇发农牧有限公司、翁源县翁江淀粉厂、广东大地之元农业开发有限公司等企业开展了许多卓有成效的合作，在木薯机械化采收、示范基地建设、新品种新技术示范推广、项目联合申报、科技服务（含培训）等方面形成了自己的特色。为加强广东省木薯标准化生产示范建设，广州站联合相关企业分别在化州（粤西）、翁源（粤北）、陆丰（粤东）建设了3个农业部热作标准化生产示范园（木薯）。各示范园示范面积2 000亩以上，核心辐射区1万亩以上，有效地带动了当地木薯产业的发展。借助企业力量推动了木薯产业在广东省的发展，为广大木薯种植户及专业合作社提供了行之有效的科技服务，扩大了体系的影响力。

2015 年以后，受东南亚木薯进口价格的冲击及国内人工、土地、农资等价格的日益高企，我国木薯产业陷入了极为被动的局面。广州站围绕木薯休闲利用的定位不断探索实践。在工作目标方面，确定了围绕"休闲体验"定位，以"粮饲化"为抓手，以"效益化"为目标，以"市场化"为导向，加强示范点（基地）建设，以点带面，推动产业供给侧结构性改革，带动产业健康发展，提高广东省木薯从业者的综合收益，提升木薯体系在粤的影响力的工作目标，以期为广东省木薯产业发展和体系做出应有贡献，逐渐凸显广州站的特色和优势。在重点工作方面，主要包括木薯在休闲体验农业上的应用探索，包括木薯烘焙加工体验馆建设、木薯科普文化基地建设、木薯采挖体验、鲜薯及木薯粉制品销售模式探索，食用木薯高效栽培及病虫草害绿色防控技术试验示范基地建设，食用木薯品种及加工利用技术推广，食用木薯栽培技术指导，示范县间套作技术试验示范等。

为了推动木薯食用化工作，广州站团队成员努力转变工作思路，利用各种资源，尽可能地多走出去，多与农业企业交流对接，从小面积试种开始，力争让更多的人、更多的企业认识木薯、了解木薯、喜欢木薯，从而参与到木薯的食用化工作中来，借助企业力量和平台达到事半功倍的目的，逐步形成食用木薯种植、贮藏、运输、加工、销售的全产业链。广州综合试验站团队成员在体系种质资源收集与评价岗位、栽培生理岗位、产业经济岗位、病害防控岗位、木薯产品加工岗位、秸秆与副产物综合利用等多位科学家支持下，在依托单位领导带领下，在珠三角及粤东北地区与 9 家农业企业合作建设了 10 个食用木薯栽培及休闲应用示范基地（点），在江门开平、广州花都自建了 2 个木薯（食用木薯）品种收集评价、高效栽培、绿色生产、病虫草害监测、间套种养、科普教育、销售模式探索试验示范基地，示范基地（点）面积共计 100 余亩。通过多年的努力，团队成员逐渐形成了比较成熟的食用木薯推广和科技服务模式。广州站还系统地整理和制作了系列木薯科普宣传材料，包括参观解说词、科普海报《木薯的故事》，木薯鲜薯包装箱、木薯食品推介海报等，还根据广州花都、惠州博罗、河源和平、河源东源、梅州梅县等地食用木薯基地的情况，协助企业利用自身平台优势和人脉资源开展食用木薯推介、销售策划，以期培养潜在的消费群体，建立成熟、稳定的销售平台，推动木薯食用化的可持续发展。团队成员还利用一切机会，精心准备、积极参加每一次的食用木薯科普推介活动，开展木薯食品品尝、试销，扩大体系在广东省的影响力，培养潜在的消费群体。广东省木薯食用化工作从无到有，木薯食品逐渐走进了人民群众的视野。其中，广州站技术支持的佛山三水的小农街自然王国食用木薯科普教育示范基地取得了较好的示范效果，其近五十亩的食用木薯种植基地每年接待近万名中小学生，使学生们体验到挖木薯、制作木薯美食的快乐。

为了扩大食用木薯的影响力，推动广东省木薯食用化进程，团队成员精心设计、制作了系列木薯科普宣传材料，包括木薯解说词，针对中小学生科普用的海报（《一棵木薯的故事》），甜品店木薯糖水推介海报，生鲜门店或展会推介销售用木薯美食海报，食用木薯包装箱及食用木薯介绍单页等。为合作企业食用木薯采挖、食品制作体验，鲜薯销售，木薯糖水销售，科普接待提供支持。团队成员还根据广州花都、惠州博罗、河源和平、河源东源、梅州梅县等地食用木薯基地的情况，协助企业利用自身平台优势和人脉资源开展食用木薯推介、销售策划，以期培养潜在的消费群体，建立成熟、稳定的销售平台，推动木薯食用化的可持续发展。团队成员还利用一切机会，精心准备、积极参加每一次的食用木薯科普推介活动，开展木薯食品尝、试销，扩大体系在广东省的影响力，培养潜在的消费群体。经过多年的努力，广东省木薯食用化工作从无到有，木薯食品逐渐走进了人民群众的视野。广州市区已有 2 家木薯糖水专门店在运营；粤东茂名 2 家企业已经逐渐打通了食用木薯种植、加工、储藏、销售环节，建立了稳定的消费群体；广州站已与捷信牛奶甜品世家位于天津、广州的 5 家甜品店建立了食用木薯供应关系，惠州博罗一品绿农场食用木薯已进入社区生鲜店销售，食用木薯销售渠道正在逐步健全，初步完成了广州综合试验站的发展转型。

2020 年后，李伯松站长带领团队积极开展工作，将新冠疫情对木薯产业特别是木薯休闲化模式的影响尽量降到最低。新冠疫情初发时，正值木薯播种种植的关键时期，为尽可能地减少疫情对各基地特别是省内新建基地的种植工作的影响，广州站积极探索"线上技术服务"模式，迅速组织编写拍摄相关资料，借助微信群，在"广东食用木薯栽培加工销售交流群"和多个示范基地微信指导群中发布《食用木薯栽培技术简介（2020）》《食用木薯单行种植播种注意事项》等文字图片资料并拍摄《木薯种茎砍切播种方法》视频。同时，积极组织各基地种茎提供和调运工作，提供种茎，保障了省内各基地种植工作的顺利开展。针对疫情对木薯休闲企业的影响，以电话和实地走访的方式专项开展调查研究，协助企业复工复产。

自 2021 年起，为推动"木薯是粮饲供给的有效补充，'一带一路'发挥作用"的木薯产业转型升级战略，落实国家木薯产业技术体系"十四五"发展规划和任务，真正实现乡村振兴和中国农业的"引进来"和"走出去"，广州站结合广东省木薯产业现状，面对新冠疫情和国际新变局对农业运营的冲击，落实党的二十大会议精神和国家对乡村振兴、保障粮食生产新的要求，转变思路和服务产业方式方法，继续采用"线上＋线下"方式示范推广食用和饲用木薯品种、配套栽培及加工利用技术，加强木薯及其副产物饲料化加工技术、间套作技术等研发储备，在节本增效方面开展工作。

广州站结合多年来的发展经验，系统总结并形成了"一、二、三产融合的都市休闲木薯产业新模式"，该模式围绕"都市休闲木薯"，集成食用木薯绿色种植技术、错季栽培技术、食品加工技术、储运保鲜技术，以及劳动教育、科普研学应用。在一产方面，在广东 15 个地市建立连片示范基地 5 000 余亩，辐射带动面积 10 万亩以上，其中，在粤港澳大湾区，与企业共建都市休闲食用木薯基地 10 余个；在二产方面，以岭南传统美食木薯糖水为突破口，助力企业研发木薯食品，技术支撑东莞华壹食品、广东益膳食品等企业推出木薯糖水预制菜和碗装产品，并于 2023 年推向市场；在三产方面，以"木薯的故事"为主题，编制研学与劳动教育课程，科技支撑与服务都市休闲农业企业，开展劳动教育与科普研学工作，提升木薯综合效益，每年近万名的中小学生在活动中认识木薯、收获木薯、爱上木薯。

广州站木薯事业的不断发展和取得的成绩，背后是团队成员的共同努力。广州站高度重视团队建设，把加强团队建设，优化团队分工，提高团队成员的科技服务能力和水平摆在了首要位置。具体措施包括"制定并落实团队管理方案，强化内部治理，全面杜绝慵懒散思想，提高团队的执行力。不唯身份看能力、不唯资历看贡献，建立科学的团队成员评价、激励体制，充分调动团队成员的积极性"。确立了"实事求是，求真务实；善始善终，善作善成；勇于担当，主动作为；凝心聚力，合作共享"的价值观。团队成员都能够不忘初心，以真诚之心开展科技服务工作，及时总结工作经验，努力提高业务能力；对自己的职业心存敬意，热爱自己的工作，发挥自身专业优势，努力解决农民和农业企业在产业方面遇到的问题；求真务实，力争做到慎言笃行，不说大话、空话、套话，坚决不做"南郭先生""山间竹笋"；迎头而上，身体力行，把全部热情、精力倾注到木薯这一作物中去。

未来，广州站将继续围绕"木薯休闲利用"定位，以"粮饲化"为抓手、"效益化"为目标、"市场化"为导向，强化科普教育，挖掘培育潜在消费群体，加强合作企业示范基地建设，提升科技服务质量，力争以点带面，推动产业结构性改革，带动产业健康发展，实践乡村振兴战略。

第九节　武鸣综合试验站

站长李兆贵高级农艺师，依托广西壮族自治区南宁市武鸣区农业农村综合服务中心。本站加强理论与技术研究，在耐低温栽培、耐旱涝栽培、地膜覆盖栽培、间套种、机械化方面配合岗位科学家研发。强化示范和推广。充分发挥国家木薯产业技术体系的技术力量和优势，利用现有的栽培技术成果，加大示范和推广，促进木薯新技术的高产高效作用的体现，支撑和壮大木薯产业的发展。在合理施肥、土壤改良、木薯茎秆粉碎还田技术、科学间套种和轮种等方面开展工作。认真开展木薯病虫害监测和综合治理，重点是选用抗病虫品种、严防危险性病虫入侵、注重农业防治、推广应用绿色防控、合理使用化学农药等。武鸣综合试验站从2009年加入以来，一直围绕发展和壮大本地木薯产业，提升产业技术水平，促进产业做大做强。

向政府部门提出的意见和建议有以下几点：一是加强木薯优良品种的示范推广力度，当地木薯种植品种以'华南205'为主，积极推广'南植199''华南5号''华南8号'等高产高淀粉木薯良种，坚决淘汰其他含粉率低的品种。二是加强木薯原料收购管理工作，引导各木薯加工企业加强木薯含粉率的检测工作，逐步做到按质论价，优质优价。三是加强木薯栽培技术推广工作，指导县（区）、镇农业技术推广部门，大力宣传、推广木薯优良品种和先进适用的配套栽培技术，提高农民木薯种植技术水平和经济效益。四是提高木薯种植投入水平，积极引导广大木薯种植户采用高产高淀粉的木薯良种，科学种植，配方施肥，特别是要增施钾肥，达到提高种植经济效益目的。五是针对木薯加工企业废水处理问题，提出废水处理到一定程度后，排放到周边的木薯地及其他旱地，这样，既可解决废水存放问题，又可为耕地土壤增加有机质、养分及水分。六是针对甘蔗与木薯争地问题，提出甘蔗与木薯轮作，促进木薯甘蔗双丰收；推广木薯间套种技术，挖掘木薯生产潜力，提高木薯种植经济效益；示范推广起畦地膜覆盖等轻简栽培技术、机械深耕整地、机械化收获技术。这些意见和建议得到了政府部门的重视和采纳。

在木薯新品种引进示范和推广工作上，先后引进推广了'南植199''华南5号''华南8号''华南9号''华南12号''华南15号''ZM8229''GR891''GR911''桂热4号''桂热13号'等。目前在本地，'南植199'已占种植面积的80%以上，并推广到广西区内外木薯产区，其他如'华南9号''华南12号''华南15号''ZM8229''GR891''桂热13号'还在因地制宜推广种植中。在栽培技术方面，重点示范推广了具有本地特色的木薯种茎贮存技术（盖土＋盖膜）、起畦地膜覆盖种茎平插栽培技术、木薯间套种栽培技术、木薯秆粉碎还田技术等，这些技术的推广，进一步提高了木薯种植经济效益。通过多年的示范和推广，木薯地膜覆盖栽培技术已在武鸣全面推广，应用面积达60%以上；木薯间套种技术也在武鸣县得到迅速推广和普及，这几年的木薯间套种面积已占武鸣县木薯种植面积的 60％ 以上，一些乡镇占全镇木薯种植面积的 90％ 以上。木薯地膜覆盖和间套种技术已在国内木薯主产区推广。在机械化方面，参与研制应用木薯秆粉碎机、起畦施肥盖膜一体机、木薯收获机，有力推进木薯机械化进程。木薯秆粉碎机得到大面积应用并向外推广。在木薯食用化方面，广泛普及木薯食用知识，示范和推广蒸木薯、糖水木薯、油炸木薯、木薯汁、木薯糕等木薯食品及加工制作方法，带动全社会把木薯吃起来。

下一步持续开展木薯优良品种的引进筛选和储备，研究创新先进栽培技术，研究配套木薯生产机械化技术，示范推广木薯优良新品种及配套栽培技术。推进木薯食用化进程。广泛宣传推广木薯食用的知识、理念和加工技术，使全社会对木薯是"天然、安全、营养、健康"食品形成共识，让大家爱吃木薯，带动食用木薯品种的种植和推广、木薯食品的加工和消费。

第十节　贵港综合试验站

站长卢赛清正高级农艺师，依托广西壮族自治区亚热带作物研究所。贵港综合试验站位于广西东南部，一直是广西重要的木薯产区，面积和产量能够占到全区的三分之一。不仅如此，贵港地区的木薯加工业也比较发达，目前有 5 家木薯淀粉和酒精加工企业，不完全统计年产木薯淀粉 4 万 t，木薯酒精 20 万 t，不仅为当地薯农创造了市场，也为地方政府带来了一定的财政收入。在体系建立、贵港综合试验站进驻以前，贵港地区的木薯种植无论是品种还是模式都比较单一，品种只有'华南 201'和所谓的面包木薯（供偏远山区种植的食用型品种），模式就是纯种或者小范围的与花生间种。品种单一导致的结果有两点：一是产量始终无法提高，二是模式始终无法更新。'华南 201'是加工型品种，但是耐瘠不耐肥，有条件的施展不开手脚，即不能下太多肥料，否则会导致枝叶过度繁茂而影响产量。而模式单一导致的最明显结果就是效益低。要改变这种现状，必须在品种和栽培模式的应用方面有所创新。

如何才能做到创新？贵港综合试验站为此做了比较细致的调研，先后访问了 4 家企业和 6 个合作社，了解当地的生产情况，听取当地对品种和栽培技术和模式的意见和建议，并向他们介绍体系在这方面的技术力量和成果。最后，征得他们的同意，在当地开展新品种和栽培管理模式的示范试验。与此同时，贵港综合试验站（简称贵港站）还结合各个地方的栽培习惯等实际情况，迎合市场需要，与地方农业部门以及农业合作社联合探索开发适用的间套种模式。到目前为止，效果非常明显。品种方面，贵港站已经引进的有'华南 5 号'

'南植 199''华南 9 号'以及'桂热 11''桂热 13 号'等系列品种。这些品种不仅具有很好的产量潜力，还有很强的适应能力，而且块根中的淀粉含量很高，不仅农民喜欢，加工企业也普遍欢迎。栽培模式方面则创新无数，间套种方面有木薯＋多种中草药；木薯＋瓜果；木薯＋花生、豆类等，养殖方面则有木薯＋禽类共养，木薯鲜薯喂生猪，木薯叶及嫩茎养鱼等，充分地利用了非常有限的土地和人力资源，效果都很好，自建站以来，贵港站每两年都做一次地区木薯产业发展情况调研，包括种植的品种、面积、产量、收购价格，工厂加工的原料来源，产品及其价格，生产效益等。根据需要及时配合农户调整种植品种和模式，配合企业推广高效品种和技术。全面细致地掌握地区木薯产业发展动态，了解问题所在，做好技术服务工作。先后 5 次为地方政府和企业的产业发展规划提供建设性意见和建议，包括品种选用、种植模式等。及时向有关部门提供最新动态等信息。推广一批高产品种及其高效栽培技术，包括'华南 5 号''华南 8 号''南植 199''桂热 11''桂热 13'等。贵港站团队成员多次赴海南、广东、云南等地区组织为各岗、站、种植户以及企业提供调运木薯良种种茎，累计 2 300 多 t，在示范县累计推广种植 9.52 万亩。在不增加任何投入的前提下，这些新品种的推广累计为当地农民增加 1.9 万 t 的产量和 1 330万元的收益，同时促进企业增加增收。栽培技术推广木薯秆粉碎还田技术和病虫害防控技术。大力发展间套作模式、有效的施肥技术及木薯茎秆的贮存技术。

目前我国城乡统筹发展的步伐正在加快，大量农村青年都外出务工，导致很多乡村劳动力严重不足。而木薯因为效益比较低而不受重视，表现在管理粗放，少投入等方面。木薯集约化栽培表现在适时种植、合理的施肥、合理的种植密度（因品种而异）和间套种模式及机械化应用。贵港站的五个示范县（区），目前已经有 90％以上的木薯种植面积能够做到不同程度的集约化栽培管理。

绿色发展理念体现在减少化学肥料和除草剂的利用，转而利用有机肥料和生物防控病虫害。措施包括木薯的茎秆粉碎＋发酵＋还田；加强木薯前期管理，促使木薯早期的健康生长，采取适当的间套种模式，意义都在抑制杂草的生长，从而减少除草剂的使用；木薯加工废弃物的发酵再利用等。绿色发展理念的普及还需要一定的时间，但是有很多农户已经理解这一理念的大致含义并表示可以接受这种发展模式。

普及一些能够增加效益的简易食品制作技巧，包括木薯糕点制作、木薯鲜食的方法、木薯鲜薯的保存、木薯做菜肴的烹饪方法等。品种五花八门，比如鲜榨木薯汁、木薯蒸糕、木薯蛋糕、木薯烤饼、木薯薯片、木薯糍粑、炒木薯粉虫、木薯叶鸡蛋饼等，深受当地农户的欢迎。推广木薯产品用于动物饲养的技术，比如木薯茎、叶、秆制作青贮饲料技术与方法。木薯渣发酵喂食家畜的技术。

举办各式各样的技术培训班，先后举办了 17 期包括了栽培与管理技术、标准生产规程、病虫害防控、食品制作、间套作模式及关键技术、机械化应用等方面旨在提高木薯种植效益的培训班，受益农技人员、合作社、种植大户、农户等累计 2 200 多人，发放技术手册等资料 2 000 多份，受益贫困户 56 人。

第九章　体系技术成果展示

第一节　科技奖励

一、木薯杂交育种关键技术研发与双高新品种选育及应用

2022 年获广西农牧渔业丰收奖农业技术推广成果二等奖。

奖项简介：项目针对广西等亚热带地区木薯存在花期偏迟及开花性别比例严重失衡而无法开展杂交选育、双高木薯品种缺乏、生产效益低等突出问题进行持续攻关。首创发明了木薯开花花期及开花性别调控技术，开创性育成了广西首个通过国家审定、广适性、高产、高淀粉的鲜食加工兼用型双高杂交木薯新品种'桂热 11 号'，并研发配套快繁、高产高效栽培技术和应用推广。成立项目实施工作领导小组，制定实施方案，按计划进行攻关，超额完成技术指标。创新建立了"品种＋技术＋政府＋企业＋基地＋大耕户"产业化推广的双高木薯应用模式，在广西 7 个主产市县建立 14 个双高示范点。项目获授权国家发明专利 3 件、国审农作物新品种 1 个、发表论文 13 篇、培养高级技术人才 6 名。集成的木薯杂交育种关键技术被区内外多家单位应用和借鉴，育种效率提高 90％～150％。'桂热 11 号'累计推广 53.74 万亩，总产量 153.24 万 t，总经济效益 11.96 亿元，新增纯收益 3.48 亿元，助力 2 487 户贫困户、8 390 名贫困人口脱贫摘帽，为脱贫攻坚战的胜利和乡村振兴做出了突出贡献。本成果的经济、社会和生态效益显著，总体技术处于国际领先水平。

二、木薯开花调控技术研究及新品种选育

2022 年广西农业科学院科技进步三等奖。

奖项简介：针对广西自然条件下木薯不开花或开花偏迟，无法开展杂交育种以及木薯生产品种单一，产量、淀粉含量无法提高，生产经济效益偏低的问题，项目组开展了木薯诱导开花及杂交育种技术研发，攻克了广西不能进行木薯杂交育种的技术瓶颈，开发了一套基于人工诱导开花、两性花诱导及应用为基础的木薯杂交育种新技术。利用该技术选育出综合性状优良的杂交新品种 1 个及特异新材料一批，有效促进了木薯杂交育种技术的进步，缓解木薯良种单一的科技问题，为我区木薯产业发展提供了可靠的技术支撑。

（1）本项目采用外源激素处理＋不同营养成分调节相结合，首创发明了"一种木薯开花调控技术"，成功调控木薯在 5～9 月开花，开花率高达 100％，花期提前 3～5 个月，攻克了广西乃至我国亚热带地区木薯不开花或开花迟、受冷气候影响难以结籽的难题，为扩大木薯育种区域奠定了可靠基础；项目首次筛选出 47 个木薯花芽分化和 113 个性别决定关键相关基因，为广西乃至全国木薯育种提供丰富优异种质资源打下良好基础；获得发明专利一件。

（2）利用栽培植株种植调控，结合栽培管理营养调节及外源激素处理方法，首创木薯两性花及其诱导技术，雄花株和只雌可育花株诱导技术，成功获得无需经过任何特殊技术处理就能自然发芽成苗的杂交种和自交种，建立长效木薯杂交育种基地，解决了广西木薯杂交育种长期存在的技术难道，获得发明专利 1 件。

（3）在广西本土首个育成通过国审的木薯杂交新品种'桂热 11 号'，也是广西首个选育成的既适合淀粉加工，又适合鲜食的多用途木薯杂交新品种，且产量和淀粉含量超越主推加工品种'SC205'，产量超越主推食用品种'SC9'，解决了木薯生产品种过于单一、产量及品质无法提高，生产经济效益低的难题，为木薯产业发展提供了良种支撑。项目成果"木薯开花调控及育种利用技术"在广西、云南、海南、福建和国际热带农业中心（CIAT，哥伦比亚卡利地区）得到广泛应用。项目成果'桂热 11 号'木薯新品种已在 12 家单位推广应用，累计应用推广面积 22.47 万亩、累计产量 58.38 万 t、累计总产值 4.96 亿元、累计新增利润 1.37 亿元，其中近 3 年应用推广面积 22.15 亩、总产量 57.58 万 t、总产值 4.78 亿元、新增利润 1.34 亿元。项目发表科研论文 7 篇，获得发明专利 2 件，培养高级人才 9 名、业务骨干 3 名，取得显著社会效益和经济效益。

三、木薯粮饲化产业关键技术研发与集成应用

获奖情况： 2021 年获海南省科学技术奖特等奖。

奖项简介： 该项目针对国内木薯粮饲料化瓶颈，系统开展木薯品种选育、加工关键技术、全株饲料化利用和国际合作交流等工作。集成创新木薯粮饲化利用加工关键技术，开拓特色木薯食品新领域，拓宽木薯全株饲料化和茎叶副产物利用途径。引进特异种质资源 300 份、共享资源 3 025 份次，利用共享资源培育出国审品种 5 个。'华南 13 号'以及高抗斯里兰卡花叶病品系'ZMI93'，于 2017—2019 年，在柬埔寨累计推广面积超过 14 万 hm^2；集成加工技术转移到乌干达、尼日利亚和刚果（布）等国家，服务"一带一路"共建国家，使我国从资源输入国向品种和技术输出国转变，立足海南，助力我国涉

农企业"走出去"（图 9 - 1）。

图 9 - 1　2021 年获海南省科学技术奖特等奖

四、木薯开花调控和杂交育种关键技术创新及应用

获奖情况： 2021 年获广西技术发明二等奖

奖项简介： 本项目围绕木薯开花调控技术、性别调控技术、杂交新品种选育及应用等方面持续攻关，并取得系列原创性技术结果。本成果总体处于国内领先水平。发明了木薯开花花期调控技术，攻克了亚热带地区木薯花期迟而不结籽的难题。采用"营养调节＋抹叶芽"相结合的方法，获得了木薯花芽分化关键调控基因 47 个，首创发明了"一种木薯开花调控技术"，成功诱导广西等亚热带地区木薯在 5—9 月开花，花期提前 3～4 个月，开花率达 100％且能授粉结籽，为扩大木薯杂交育种区域奠定了基础。发明了木薯开花性别调控技术，解决了木薯雌雄开花性别比例失衡的突出问题。在木薯花期调控的基础上，采用"宽窄行种植＋营养＋外源激素＋抹叶芽"相结合方法，创建发明了"木薯两性花诱导及育种利用技术"，使单穗可授粉母花从 0～8 朵增加至上百朵，结籽数量增加 2～100 颗，为亚热带地区木薯杂交育种提供了新的方法。开创性育成了广西首个通过国审的木薯杂交新品种，实现了亚热带地区木薯杂交种零的突破。依托本项目发明技术，在广西首个育成通过国家审定的鲜食加工兼用型高产优质杂交新品种'桂热 11 号'，破解了广西木薯杂交育种依靠国外引进的种业"卡脖子"难题。'桂热 11 号'鲜薯产量 39.70t/hm²，比加工对照'SC205'增产 28.5％，比食用对照'SC5'增产 52.1％；淀粉含量 30.0％，比'SC205'提高 3.4％，大大提高了广西木薯种

植效益。

项目获授权国家发明专利 2 件、国审农作物 1 个、发表论文 22 篇、培养广西特聘专家等高层次人才 12 名。'桂热 11 号'成为脱贫攻坚战场主要农作物品种，在我国主产省（区）广西、云南、福建、江西，国外如柬埔寨推广应用，近三年累计推广 62.86 万亩，总产量 181.11 万 t，总产值 16.07 亿元，新增销售额 7.55 亿元，新增利润 7.55 亿元，为脱贫攻坚战的胜利和农村农业经济振兴做出了突出贡献。

项目发明的木薯开花花期调控技术和开花性别调控技术，被我国广西、海南、云南，国外的哥伦比亚国际热带农业中心应用等国内外多家科研单位借鉴，创新的育种材料、育成的木薯品种被国内外同行应用，显著地提升了广西、全国乃至全世界的木薯杂交育种水平；育成的木薯新品种，在生产中起到了节本增效的作用，保障了广西木薯产业在全国的竞争力，促进了木薯产业的科技进步。

五、热带经济作物主要危险性刺吸式害虫绿色防控技术研发与应用

获奖情况：2021 年获中国热带农业科学院科学技术奖一等奖。

奖项简介：该项目针对木薯、橡胶、辣椒、豇豆等热带经济作物主要危险性害螨、蚜虫、蚧壳虫、蓟马、斑潜蝇灾变规律不清、绿色防控技术体系不全、防控时效性严重滞后所致成灾频繁、损失严重、产品安全问题突出等问题，创建基于 DNA 条形码的西花蓟马、木瓜秀粉蚧、二斑叶螨等外来危险性刺吸式害虫快速检测技术及能反映传入途径、繁殖能力、传播方式、生态风险等因子的安全性评价技术体系，建立其适生程度评判标准与适生性模型，确定其适生区、为害特性与发生规律，初步阐明其种间竞争机制、寄主选择性、生态适应性与灾变规律，提高热带经济作物外来危险性刺吸式害虫的预警防范能力及绿色防控技术研发的针对性、前瞻性、有效性与时效性；创建基于生命力与虫害指数相结合的橡胶、木薯抗螨及基于离中率的辣椒抗蓟马和豇豆抗蚜虫鉴定技术，获得优异抗虫种质，首次从分子水平直接证明 6 类抗虫基因功能，初步阐明橡胶、木薯、辣椒、豇豆抗虫性生理生化与分子机制，夯实热带经济作物抗虫新种质创制与利用的理论、技术与材料基础；突破免疫诱抗、微生态调控等关键技术，集成研发适于不同环境与栽培模式的热带经济作物危险性刺吸式害虫绿色防控技术，提升保障热带经济作物安全规模化生产的虫害绿色防控能力；发表论文 62 篇，获授权专利 4 件，制定标准 3 项，出版专著 1 部，开发商品化绿色药剂 4 个、中试绿色药剂 5 个，累计示范推广 63.6 万亩，培养研究生 9 名，为热带经济作物产业发展做出重要贡献，社会、经济、生态效益显著。

六、辣木产业关键技术创新与应用

获奖情况：2020 年获云南省人民政府科学技术进步一等奖。

奖项简介：辣木是一种具有较高经济价值的多功能药食同源植物，云南是适于辣木种植的最佳地区之一。针对辣木产业存在的良种匮乏，栽培技术不足，精深加工技术落后，健康功效科学依据缺乏等关键问题，云南农业大学与多家合作，在辣木良种选育和基因组研究、辣木规范化栽培技术、辣木功能活性因子及健康功效机理、辣木精深加工关键技术方面取得重大突破。

获国家专利授权 25 件（发明专利 6 件），认定良种 1 个，制定行标 3 项、地标 2 项、企标 4 项；出版专著 3 部，发表论文 66 篇（其中 SCI 6 篇）。建设国家辣木加工技术研发专业中心等平台 2 个，国家"十三五"农业现代化辣木岗位专家 3 人。累计推广种植面积 12 万亩，并在古巴、缅甸、柬埔寨等国推广种植面积 13.8 万亩，新增辣木产值 21 亿元。项目成果对云南辣木产业提质增效、大健康产业发展及精准扶贫实施具有重要意义。通过与古巴、柬埔寨、缅甸等国家建立辣木科研合作，提高辣木国际影响力，为国家"一带一路"建设做出重要贡献。

七、食用糯性木薯品种桂热 9 号的选育和产业化应用

获奖情况：2018 年获广西科技进步三等奖。

奖项简介：项目针对我国食用木薯品种稀少，后续加工技术缺乏，导致种植效益低，木薯食用化技术研究开发及产业化应用薄弱等问题开展研究。在食用糯性品种选育、鲜木薯冷冻贮藏技术、木薯风味食品开发及产业化应用等方面取得重大突破和创新。

主要技术内容：选育出国内第一个食用糯性木薯品种'桂热 9 号'，食用品质佳，是制作木薯羹等食品的优质原料。首创食用木薯冷冻贮藏工艺和标准技术，在国内首建大型食用木薯专用冷库，实现周年可供新鲜食用木薯，解决鲜木薯难贮藏保鲜这一阻碍木薯食用产业化发展的技术瓶颈问题。自主研发系列鲜食木薯食品、系列木薯全粉及相关木薯食品，填补了木薯开发系列食品的空白；已申请发明专利 51 项，获授权发明专利 7 项。产学研结合，广西亚热带作物研究所、广西大学、张飞餐饮有限公司合作实现科研成果产业化，首创专用食用木薯种植、冷冻贮藏、加工、销售一条龙产业化商业生产模式，在木薯食用产业化方面取得重大突破。创立"张飞木薯羹"木薯食品品牌，建立国内首家木薯食品连锁企业，开创了中国木薯食用产业化的先例。研发的木薯羹等风味食品成网红食品，风靡广西。

项目成果使木薯变身美食，产值倍增，改变了木薯产值低效的现状，促进

了我区优势特色农业创新，为中国木薯食用化的发展做出了重大贡献。'桂热9号'种植及食用化开发，已在广西、湖南、福建、江西、山东等地推广应用，同时还推广到非洲乌干达、安哥拉、赤道几内亚等国家种植与应用。其中柳州张飞餐饮有限公司、北海糯佳佳木薯羹店、钦州妈嘟嘟木薯羹店、湖南木薯常春藤店等15家企业已经进行商业运营，布及国内柳州、南宁、桂林、钦州、北海、来宾、长沙等地。'桂热9号'在国内外种植推广面积合计22.53万亩，平均亩增收2 680元，亩增利润2 150元，新增木薯销售额60 380万元，新增利润48 349万元。以'桂热9号'为原料的运营企业15家，新增木薯食品销售收入12 780万元，新增利润4 310万元。项目合计新增销售额73 160万元，新增利润52 659万元，经济效益显著。

第二节　主推品种

一、华南5号

（1）选育单位：中国热带农业科学院热带作物品种资源研究所。

（2）品种来源：从'ZM8625'与'华南8013'的杂交后代选育而成。

（3）审定（认定或登记）编号：品种登记号219。

（4）审定情况：国审/省审。

（5）特征特性：顶端分叉较早，株形呈伞状，薯块粗壮，薯外皮浅黄色，内皮粉红色，耐旱抗病，中早熟，是一个高产优质的饲用和工业应用型木薯品种。

（6）技术要点（包括注意事项）：

适应性：华南5号适应性广，耐旱抗病，无流行性病虫害。这使得它在多种土壤类型和气候条件下都能生长良好。

种植时间：可在年均气温在18℃以上，无霜期8个月以上的地区栽培，种植适期为每年的2—4月。

种植密度：通常种植密度为666～833株/亩，株行距为0.8～1m×1m。具体种植密度应根据土壤肥力和品种特性进行调整。

施肥与管理：种植时施用基肥，一般亩施尿素10kg、复合肥40kg。在生长过程中，应根据地力和长势适时追肥，并注意防治病虫害。

（7）推广情况：①2014年大力抓示范基地建设，在海南省儋州市王五镇、昌江县叉河镇、白沙县邦溪镇和临高县金牌镇等示范县都建立了木薯试示范基地，面积共1 360亩。2014年间在基地里试验示范和推广'华南5号''华南8号''华南9号'等新木薯品种10个以上。②2015年在海南省儋州市王五镇、昌江县叉河镇、白沙县邦溪镇、白沙县七坊镇、琼中县乌石农场等示范县都建立了木薯试验示范基地，面积共 600 亩。2015 年各基地试验和示范木薯新品种超过 10 个，如'华南 5 号''华南 8 号''华南 9 号'等。③2016 年在海南省昌江县叉河镇、白沙县邦溪镇、白沙县七坊镇、琼中县新进农场、屯昌县南坤镇等示范县都建立了木薯高产示范基地，面积共 380 亩，试验和示范木薯品种（系）有'华南 5 号''华南 8 号''华南 9 号'等。④2018 年，白沙站在白沙县推广'华南 5 号''华南 8 号''华南 9 号''华南 13 号'等高产高淀粉木薯新品种面积 5 000 余亩，新增产值 100 余万元。

二、华南 8 号

（1）选育单位：中国热带农业科学院热带作物品种资源研究所。

（2）品种来源：中国热带农业科学院热带作物品种资源研究所。

（3）审定（认定或登记）编号：无。

（4）审定情况：无。

（5）审定证书图片：无。

（6）特征特性：

顶端分枝部位高，分枝短，株型紧凑，叶片裂片披针形，暗绿色，叶柄绿色，叶节密，成熟茎外皮灰绿色，内皮深绿色，结薯集中，薯块大小均匀，大薯率高，圆锥形，薯外皮光滑，黄白色，薯内色为白色。

（7）技术要点（包括注意事项）：

深耕整地、黑膜覆盖栽培。按株行距 1.0m×0.8m，每亩种植密度 830株。一般每亩施农家肥 500～1 000kg 和复合肥约 50kg。种茎要充分成熟，茎粗节密，新鲜坚实，芽点完整，不损皮、不枯烂、无病虫。播种前将种茎砍成 15～20cm 的小段，每段保留 3～4 个完整的有效芽，随砍随种。3 月中下旬种植，11 月中下旬收获。打霜前，及时砍种入窖贮藏。

（8）推广情况：

在江西省木薯种植区广泛种植，鲜薯产量可达 2 000kg/亩以上。

三、华南 9 号

（1）选育单位：中国热带农业科学院热带作物品种资源研究所。

（2）品种来源：利用海南地方收集的优良单株，经无性系多代评选而育成。

（3）审定（认定或登记）编号：320。

（4）审定情况：国审。

（5）审定证书（图 9-2）：

（6）特征特性：早熟、高淀粉，耐肥、耐寒、抗风、抗旱和抗病虫害，可

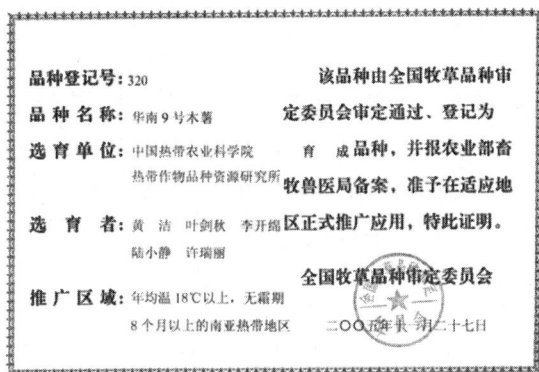

图 9-2　'华南 9 号'审定证书

在我国亚热带北缘地区种植，在海南全岛、广东、广西的南部地区，可一年四季种植和收获。顶端分枝较高，顶端嫩茎绿色，成熟老茎外皮黄褐色，内皮浅绿色，在靠近薯柄的茎内皮为浅黄色。顶端未展开嫩叶为紫红色，裂片披针形，暗绿色，叶柄紫红色。结薯圆锥形，外皮褐色粗糙，内皮乳黄色，薯肉黄色，故名蛋黄木薯或黄金木薯。一般鲜薯产量 20～35t/hm²，淀粉含量 30％～33％；氢氰酸含量 30.5mg/kg，低于 50mg/kg 的安全食用标准，蒸煮食用，口感细嫩松粉，清香可口，可用鲜薯打出淀粉浆，制作各种美味菜肴和糕点等，制作食品时，不需调色加料，即可烹制出亮丽的金黄色天然绿色食品，是我国目前主推的食用型木薯品种。

（7）技术要点（包括注意事项）：提质关键在于合理疏植、增施有机肥、减氮增钾，根据温湿度条件适时收获。

（8）推广情况：十余年来，我国食用木薯在华南 8 省区呈现良好发展态势，掀起食用木薯的热潮和新兴产业雏形，各地涌现了百亩甚至千亩的食用木薯种植示范推广基地，并通过休闲、研学、初加工、电商营销、产业园等配套方式，大力开拓食用木薯产业链。各地针对不同地理气候条件和食用木薯品种生长特性，分别发布海南、广西、江西的《食用木薯生产技术规程》，为生产外观优、品质佳的优质食用商品薯，提供技术支撑和安全保障，满足人民群众对食用木薯的个性化需求，最终促进我国食用木薯产业蓬勃发展，为"乡村振兴"做出重要贡献。

食用木薯新品种及配套提质增效栽培技术，已在华南 8 省区及北移到浙江、湖北等地试验示范推广，各地面积虽较小，但也有几十亩、数百亩甚至上千亩的种植规模，且扩散范围广，传播速度快，效果好。目前，许多敏锐的餐饮、加工老板及种植户，已表现出极大兴趣，纷纷扩种，并要求提供高产优质绿色高效的栽培技术支持。同时，通过举办全国性的"休闲木薯研讨会""食用木薯发展研讨会"等活动，积极拓展食用木薯及其休闲利用产业链，推进食用木薯新业态。

目前，在广西防城港、玉林、桂林、灵山、合浦、柳州等市县，江西省赣州、吉安、抚州、宜春等市，海南省、广东省和福建省的各市县，均种植有较大面积食用木薯。据估算，食用木薯种植面积约占全国木薯种植总面积的8%，即约种植有37万亩食用木薯，'华南9号'约占20万亩。

四、华南12号

（1）选育单位：中国热带农业科学院热带作物品种资源研究所。

（2）品种来源：中国热带农业科学院热带作物品种资源研究所。

（3）审定（认定或登记）编号：热品审2014001。

（4）审定情况：国审。

（5）审定证书（图9-3）：

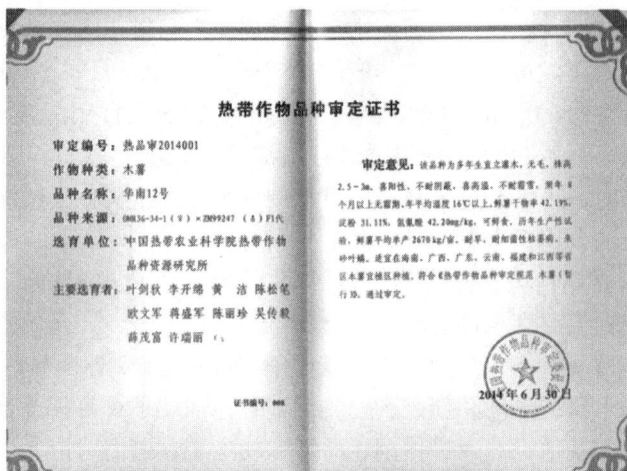

图9-3 '华南12号'审定证书

（6）特征特性：株高2.0～2.5m，块根圆锥形，肉质。叶纸质，掌状分裂至近基部，长10～20cm；裂片5～9片，披针形至狭椭圆形，长8～18cm，宽1.5～4cm，顶端渐尖，全缘，侧脉7～15条；叶柄稍盾状着生，长8～22cm，紫红色，具不明显细棱。

（7）技术要点（包括注意事项）：深耕整地、黑膜覆盖栽培。株行距1.0m×0.8m，每亩种植密度830株。一般每亩施农家肥500～1 000kg和复合肥约50kg。种茎要充分成熟，茎粗节密，新鲜坚实，芽点完整，不损皮、不枯烂、无病虫。播种前将种茎砍成15～20cm的小段，每段保留3～4个完整的有效芽，随砍随种。3月中下旬种植，11月中下旬收获。打霜前，及时砍种入窖贮藏。

（8）推广情况：在江西省木薯种植区广泛种植，鲜薯产量可达2 000kg/亩以上。

五、华南15号

（1）选育单位：中国热带农业科学院热带作物品种资源研究所。

（2）品种来源：CMR36-63-4（♀）× CM3970-8（♂）杂交 F1 代，CMR36-63-4 源自泰国罗勇大田作物研究中心，CM3970-8 源自哥伦比亚国际热带农业中心。

（3）审定编号：热品审 2021004。

（4）审定情况：国审。

（5）审定证书（图9-4）：

热带作物品种审定证书

审定编号：热品审2021004
作物种类：木薯
品种名称：华南15号
品种来源：CMR36-63-4（♀）*CM3970-8（♂）F1代
选育单位：中国热带农业科学院热带作物品种资源研究所
主要选育者：叶剑秋 张 洁 肖鑫辉 李开绵
陈 青 薛茂富 万仲卿 李兆贵
王 明 符乃方 潘 峰 吴传毅
陈松笔 黄 洁 韦卓文

审定意见：该品种为多年生直立灌木，无毛，株高2.5~3m，高位分杈，分枝角度30~45°，块根水平分布，结薯集中，块根圆锥形，薯表皮粗糙红褐色，内皮粉红色，肉质白色。历年生产性试验结果表明，鲜薯平均产量43.65t/hm²，淀粉含量28.47%，氢氰酸含量75mg/kg。耐厚出，抗螨出。适宜在海南、广西、江西等木薯产区种植，符合《热带作物品种审定规范 木薯》(NY/T2669—2014)，通过审定。

2021年12月24日

证书编号：052

图9-4 '华南15号'审定证书

（6）特征特性：多年生直立灌木，无毛，株高 2.5~3m，高位分杈，分枝角度 30°~45°，成熟主茎外皮褐红色，内皮浅绿色；块根水平分布，结薯集中，块根圆锥形，薯表皮粗糙红褐色，内皮粉红色，肉质白色。顶端嫩叶紫绿色，叶纸质，长 12~18cm；裂叶 7~9 片，披针形，宽 3~4.5cm，全缘，侧脉 7~15 条；蒴果椭圆状，具棱；种皮硬壳质，具黑色花纹点。品种适应性强，抗螨虫，生育期 8~10 个月。平均鲜薯淀粉含量为 28.47%，氢氰酸含量 75mg/kg。历年生产性试验结果表明，鲜薯平均产量 43.65t/hm²，比对照主栽品种'华南205'增产 18.29%。该品种符合《热带作物品种审定规范 木薯》（NY/T2669—2014），适宜在广西、海南、江西等木薯产区种植。

（7）栽培技术要点：整地时需一犁一耙清除杂物，犁耙做到深、松、细、碎、平。选择新鲜、粗壮密节、芽点完整、不损皮芽、无病虫害的主茎做种苗。一般2—4月种植，采用平放种植方式。株行距为1m×0.8m或0.8m×0.8m，亩植800～1 000株为宜，最密不宜超过1 600株。施足基肥，合理追肥，全年追施2～3次肥，有机肥和化肥结合施用。植后7个月以上可以收获，最佳收获期为12月中下旬。

（8）推广情况：目前在广西武鸣年种植面积1 000亩左右。

六、华南16号

（1）选育单位：中国热带农业科学院热带生物技术研究所。

（2）品种来源：SC8（♀）×Q10（I93/0665）（♂）F1代。

（3）审定（认定或登记）编号：热品审2018001-033。

（4）审定情况：国审。

（5）审定证书（图9-5）：

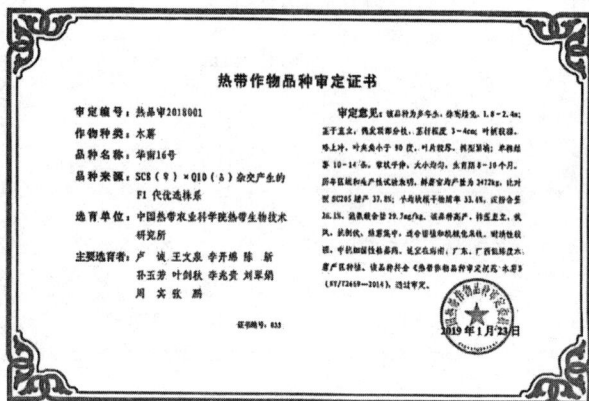

图9-5 '华南16号'审定证书

（6）特征特性：'华南16号'木薯品种来源于SC8（♀）×Q10（I93/0665）（♂）F1代实生苗，2013—2014年进行海南澄迈、白沙株系试验和品比试验，2015—2016年在海南白沙和澄迈，广西合浦、龙州和武鸣进行2年10个点次区域试验，2016—2017年，在海南白沙、澄迈，广西龙州、合浦和武鸣，以及广东湛江进行了生产试验和示范。'华南16号'鲜薯产量高，历年区域性试验平均产量45.59t/hm²，比对照SC205增加45.94%，历年生产性试验平均产量为47.29t/hm²，比对照SC205增加33.60%。块根干物质率：'SC16'在海南澄迈与白沙较高，广西武鸣偏低，平均为33.53%，多点平均值较'SC205'低约0.8%。块根淀粉率：'SC16'在海南澄迈与白沙与对照持平，但是在武鸣较低，三个点平均为26.06%，略低于对照'SC205'平均值26.62%。氰苷含量29.74ppm，属于低氰苷品种。

（7）技术要点（包括注意事项）：一般2—4月份种植，采用斜插或平放种植方式。株行距为1m×0.6m～0.7m或0.8m×0.6m～0.8m，亩密度1 000～1 200株为宜，最密不宜超过1 600株。推荐采用双茎栽培。机械整地起垄，适度施复合肥或者有机肥基肥。植后采用除草剂乙草胺封闭，苗高15～20cm时，间定苗，建议每株留2个茎秆，植后60～70d进行一次中耕除草。并根据土地肥力水平确定是否追肥。后期监测病虫害发生，减少管理，8～10个月可采收。注意防控细菌性枯萎病和朱砂叶螨。

（8）推广情况：暂无详情数据

七、华南22号

（1）选育单位：中国热带农业科学院热带生物技术研究所。

（2）品种来源：SC5（♀）×泰国种（♂）F1代。

（3）审定编号：热品审2022001-062。

（4）审定情况：国审。

（5）审定证书（图9-6）：

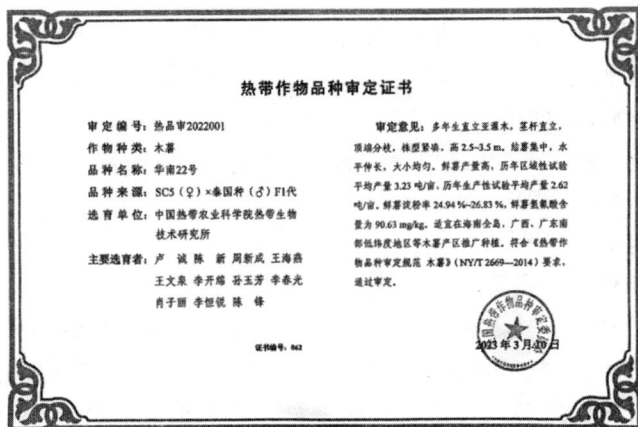

图9-6　'华南22号'审定证书

（6）特征特性：'华南22号'木薯品种来源于'SC5'（♀）×泰国种（♂）F1代实生苗，2015—2016年进行海南澄迈、白沙株系试验和品比试验，2017—2018年在海南白沙和澄迈，广西合浦、龙州和武鸣进行2年10个点次区域试验，2018—2021年，在海南白沙、澄迈，广西龙州、合浦和武鸣，以及广东湛江进行了生产试验和示范。根据申报材料、现场鉴评报告和初审意见得出如下结论：该品种来源清楚，育种程序规范。多年试验结果表明：区域试验平均产量 48.4t/hm²，比对照'SC205'增加 31.56%；生产性试验平均产量为 39.3t/hm²，比对照 SC205 增加 22.20%。生产性试验平均块根干物质率 38.51%，块根淀粉率 26.33%，块根生氰糖苷含量 90.63mg/kg。该品种生长势强，直立或顶端分枝，株型紧凑，抗风，抗倒伏，结薯集中，适合机械采收，块根产量高，并具有高干物质率和较高淀粉率。适合于海南、广西、广东沿海地区、云南及毗邻东南亚的低纬度地区种植，用于工业淀粉和乙醇加工。

（7）技术要点（包括注意事项）：一般 2—4 月份种植，采用斜插或平放种植方式。株行距为 1m×0.6m～0.7m 或 0.8×0.6m～0.8m，亩密度 1 000～1 200 株为宜，最密不宜超过 1 600 株。推荐采用双茎栽培。机械整地起垄，适度施复合肥或者有机肥基肥。植后采用除草剂乙草胺封闭，苗高 15～20cm 时，间定苗，建议每株留 2 个茎秆，植后 60～70d 进行一次中耕除草。并根据土地肥力水平确定是否追肥。后期监测病虫害发生，减少管理，8～10 个月可采收。注意防控细菌性枯萎病和朱砂叶螨。

八、桂热 10 号

（1）选育单位：广西壮族自治区亚热带作物研究所。

（2）品种来源：源自广西壮族自治区亚热带作物研究所 2009 年从广西防城港市防城区平旺乡横过村采集的地方糯米木薯种质，原名糯米糍。经多年田间观测及评价后培育而成。

（3）审定（认定或登记）编号：热品审 2020001。

（4）审定情况：国审。

（5）审定证书（图 9 - 7）：

（6）特征特性：多年生直立灌木，株型紧凑型，株高 2.5～3m，顶端分枝部位高，分枝短，成熟种茎外皮灰绿色，内皮绿色；块根水平伸长，结薯集中，块根圆锥-圆柱形，薯外皮浅褐色，内皮白色，肉质白色。嫩叶紫绿色，成熟叶绿色，叶脉浅绿色。叶柄绿色，叶纸质，裂叶 5～9 片，裂叶披针形，叶柄绿色。品种适应性强，耐旱性强，生育期 8～10 个月。平均鲜薯淀粉含量为 29.8%，支链淀粉含量为 90.06%，氢氰酸含量 16.2mg/kg。品种低毒属可食用品种，食用品质优良，用于制作木薯糖水，产品糯性强，Q弹，食味佳。

（7）技术要点（包括注意事项）：土地一犁一耙，犁耙做到深、松、细、碎、平。选择充分成熟、新鲜坚实、芽点完整、无病虫害的主茎作种苗。种茎

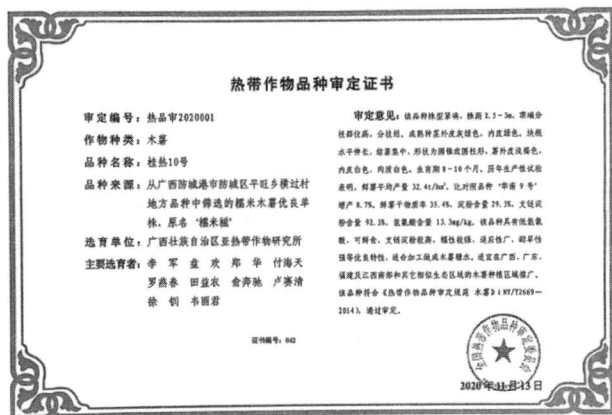

图 9-7　'桂热 10 号'审定证书

的长度以 12～18cm，具有 4～5 个芽点为宜。一般 2—4 月份种植，采用平放种植方式。株行距为 1m×0.8m，亩植 800～1 000 株为宜。提倡轻简化施肥，全程只施一次或两次，施肥的原则是施足基肥，合理追肥，氮、磷、钾配合施用。有机肥和化肥结合施用。夏季注意防控细菌性枯萎病和朱砂叶螨。植后 8 个月可以收获，最佳收获期为 11 月中旬至 12 月下旬。

（8）推广情况：已在国内主要木薯产区推广应用，累计推广种植面积 11.6 万亩。

九、桂热 11 号

（1）选育单位：广西壮族自治区亚热带作物研究所。

（2）品种来源：新选 048（♀）×GR891（♂）杂交产生的 F1 代。

（3）审定（认定或登记）编号：热品审 2020002。

（4）审定情况：国审。

（5）审定证书（图 9-8）：

（6）特征特性：'桂热 11 号'为多年生直立灌木，株高 1.80～2.50m，株型直立，偶有分枝或不分枝，茎秆粗度 2.4～3.6cm；叶柄较短，略上冲，夹角小于 90°，株型紧凑；成熟主茎外表皮灰白色，内表皮绿色；叶色浓绿，叶片较厚，叶裂较深，掌状裂叶至基部，裂片 7～9 枚，裂叶披针形，长 8～25cm、宽 3～6cm，叶脉浅绿色，叶柄红带绿；叶痕中度突起，叶痕两侧有锯齿状突起明显。结薯集中、块根水平分布，薯块圆柱形、表面光滑无缢痕，薯外皮浅褐色、内皮白色、薯肉浅乳白色；圆锥花序、雌雄同株，雌雄花的花萼均为白色，萼片 5 枚，阔卵形。雌花柱头白色，子房绿色、子房座暗红色。平均淀粉含量 29.9%，比对照'SC205'提高 2.4～6.1 个百分点。经测定鲜薯

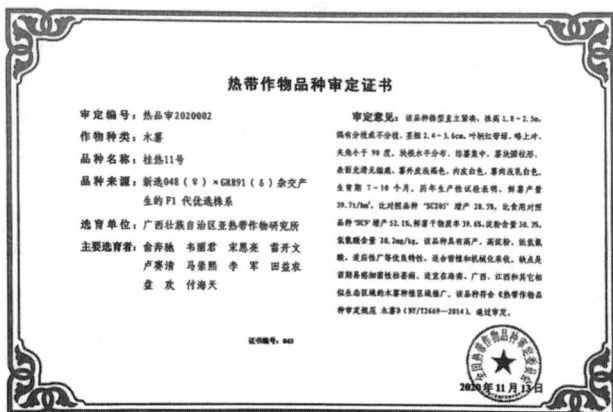

图9-8 '桂热11号'审定证书

氢氰细菌性枯萎病酸平均含量为 23.28mg/kg，是可鲜食品种。该品种高产、株型直立，抗风，抗倒伏，结薯集中，适合密植和机械化采收。缺点是苗期易感细菌性枯萎病。种植区域应远离台风区，离沿海 250 公里以上，可效降低台风过后引起的细菌性枯萎病。

（7）技术要点（包括注意事项）：选用新鲜、粗壮密节、芽点完整、无损伤、无病虫害的主茎作种苗。2—4 月种植，采用斜插或平放种植方式。建议种植密度为 0.8~1.0m×1.0m，亩植 800 株。机械整地起垄，施足基肥。植后 7d 内，出苗前喷 1 次苗前除草剂乙草胺，预防苗前杂草。苗高 15~20cm 时，定苗，每株留双苗为佳。植后 60~70d 进行一次中耕除草，并适时追肥。8~10 个月可采收。注意苗期防控细菌性枯萎病。

（8）推广情况：在广西、海南、广东、江西、云南、福建等省区木薯适宜地区推广。

十、桂热 891

（1）选育单位：系广西热带作物研究所 1989 年选育而成。

（2）特征特性：植株长势一般，株高 1.5~2.5m，茎粗 2~4.5cm，茎秆灰黄色、节间密，叶片较大、厚而浓绿，裂叶长棱形，叶柄红色。结薯呈掌状平伸，易收获。薯形圆柱形，大小均匀，外表皮浅黄色，内表皮和肉质均为白色。品种主要特征是高粉、高产、早熟和低毒，适宜肥地栽培。鲜薯干物质含量 40% 以上，鲜薯淀粉含量 30%~33%，氢氰酸含量 0.442mg/100g。

（3）技术要点：属早熟，植后 7 个月可收获。低位分枝，适合纯种，亩种 600 株左右，一般亩产鲜薯 2 000~3 000kg。

（4）推广情况：作为食用品种来推广，在武鸣每年种植面积 100 亩左右。

十一、桂木薯 1 号

（1）选育单位：广西壮族自治区农业科学院经济作物研究所。

（2）品种来源：优良品系'E497'在广西自然杂交获得种子系选而得。

（3）审定编号：桂审薯 2016008 号。

（4）审定情况：省审。

（5）审定证书（图 9-9）：

图 9-9　'桂木薯 1 号'审定证书

（6）特征特性：植株生长旺盛，茎秆粗壮，肥水充足时茎秆基部有些会自然弯曲；株高 2.6～3.5m，直立不分枝或顶部 1 级分枝，成熟茎秆外皮灰绿色、内皮绿色，种茎耐贮藏；叶片 9 裂，叶型椭圆形，叶色深绿，叶柄淡绿色；结薯性能好，结薯集中，薯条多、长圆锥形、大薯率高；薯外皮黄褐色，内皮白色，肉质白色。鲜薯亩产一般为 2.6～3.5t。

（7）技术要点：①土壤选择：对土壤要求不高，可在能耕作 25～35cm 的黄红壤土、沙壤土或壤土，不易积水的耕地或荒坡种植。②植期：桂南的适植为 2 月下旬至 3 月下旬，桂中为 3 月上旬至 4 月中旬，桂北为 3 月中旬至 4 月下旬。一般在植后 8～9 个月收获。③种茎选择：宜选择充分成熟、髓部充实、粗壮、芽点完整、无病虫害的健壮主茎的中、下段为种茎，种植时种茎切成长 15～20cm，含 5～6 个芽点为宜。④种植规格：种植株行距一般为 100cm×

100cm 或 90cm×90cm，亩植株数为 700～800 株。

（8）推广情况：在广西、湖南、江西等地推广种植。

十二、桂木薯 2 号

（1）选育单位：广西壮族自治区农业科学院经济作物研究所。

（2）品种来源：优良品系 E497 在广西自然杂交获得种子系选而得。

（3）审定编号：桂审薯 2016009 号。

（4）审定情况：省审。

（5）审定证书（图 9 - 10）：

图 9 - 10 '桂木薯 2 号'审定证书

（6）特征特性：植株生长旺盛，株高 2.2～3.0m，直立不分枝，成熟茎秆外皮黄褐色、内皮淡绿色，耐贮藏；叶片 9 裂，叶型椭圆形，叶色深绿，叶柄红带乳黄色；结薯集中，易采收，薯条多、大薯率高，长圆锥形；薯外皮棕褐色，内皮白色，肉质白色。鲜薯亩产一般为 2.5～3.2t。

（7）技术要点：①土壤选择：对土壤要求不高，可在能耕作 25～35cm 的黄红壤土、沙壤土或壤土，不易积水的耕地或荒坡种植。②植期：桂南的适植为 2 月下旬至 3 月下旬，桂中为 3 月上旬至 4 月中旬，桂北为 3 月中旬至 4 月下旬。一般在植后 8～9 个月收获。③种茎选择：宜选择充分成熟、髓部充实、粗壮、芽点完整、无病虫害的健壮主茎的中、下段为种茎，种植时种茎切成长15～20cm，含5～6个芽点为宜。④种植规格：种植株行距一般为80cm×100cm或90cm×90cm，亩植株数为800～1 000株。

（8）推广情况：在广西、湖南、江西等地推广种植。

十三、桂木薯3号

（1）选育单位：广西壮族自治区农业科学院经济作物研究所。

（2）品种来源：优良品系E497在广西自然杂交获得种子系选而得。

（3）审定编号：桂审薯20160010号。

（4）审定情况：省审。

（5）审定证书（图9-11）：

图9-11　'桂木薯3号'审定证书

（6）特征特性：植株生长旺盛，株高2.5～3.2m，直立不分枝或少分枝，成熟茎秆外皮黄褐色、内皮淡绿色，种茎耐贮藏；叶片9裂，叶型椭圆形，叶色深绿，叶柄红带乳黄色；结薯集中，薯条多、大薯率高，长圆锥形。薯外皮黄褐色，内皮白色，肉质白色。亩产鲜薯2.5～3.5t。

（7）技术要点：①土壤选择：对土壤要求不高，可在能耕作25～35cm的黄红壤土、沙壤土或壤土，不易积水的耕地或荒坡种植。②植期：桂南的适植为 2 月下旬至 3 月下旬，桂中为 3 月上旬至 4 月中旬，桂北为 3 月中旬至 4 月下旬。一般在植后 8～9 个月收获。③种茎选择：宜选择充分成熟、髓部充实、粗壮、芽点完整、无病虫害的健壮主茎的中、下段为种茎，种植时种茎切成长 15～20cm，含 5～6 个芽点为宜。④种植规格：种植株行距一般为 80cm×100cm 或 90cm×90cm，亩植株数为 800～1 000 株。

（8）推广情况：在广西、湖南、江西等地推广种植。

十四、桂木薯 4 号

（1）选育单位：广西壮族自治区农业科学院经济作物研究所。

（2）品种来源：优良品系 E497 在广西自然杂交获得种子系选而得。

（3）审定编号：桂审薯 20160011 号。

（4）审定情况：省审。

（5）审定证书（图 9-12）：

图 9-12 '桂木薯 4 号'审定证书

（6）特征特性：株型直立，不分枝或顶部 1 级分枝，株高 2.5～2.8m，成熟茎秆外皮灰黄色、内皮淡绿色，耐贮藏；叶片 9 裂，叶型椭圆形，叶色深绿，叶柄紫绿色；结薯集中，薯条多，长圆锥形。薯外皮黄褐色，内皮白色，肉质白色。鲜薯亩产 2.5～3.2t。

（7）技术要点：①土壤选择：对土壤要求不高，可在能耕作 25～35cm 的黄红壤土、沙壤土或壤土，不易积水的耕地或荒坡种植。②植期：桂南的适植为2月下旬至3月下旬，桂中为3月上旬至4月中旬，桂北为3月中旬至4月下旬。一般在植后8～9个月收获。③种茎选择：宜选择充分成熟、髓部充实、粗壮、芽点完整、无病虫害的健壮主茎的中、下段为种茎，种植时种茎切成长15～20cm，含5～6个芽点为宜。④种植规格：种植株行距一般为80cm×100cm或90cm×90cm，亩植株数为800～1 000株。

（8）推广情况：在广西、湖南、江西等地推广种植。

十五、桂木薯5号

（1）选育单位：广西壮族自治区农业科学院经济作物研究所。

（2）品种来源：华南205在广西自然杂交获得种子系选而得。

（3）审定编号：桂审薯20160012号。

（4）审定情况：省审。

（5）审定证书（图9-13）：

图9-13　'桂木薯5号'审定证书

（6）特征特性：株型紧凑，中上部1～2级分枝，分枝数较多，株高2.5～3.1m，成熟茎秆外皮红褐色、内皮浅绿色，耐贮藏；叶片9～11裂，叶型倒卵披针形，叶色深绿，叶柄绿带紫色；结薯集中，薯条多、大薯率高，长圆锥形。薯外皮褐色，内皮白色间粉红色条纹，肉质白色。鲜薯亩产2.5～3.5t。

（7）技术要点：①土壤选择：对土壤要求不高，可在能耕作 25～35cm 的黄红壤土、沙壤土或壤土，不易积水的耕地或荒坡种植。②植期：桂南的适植为 2 月下旬至 3 月下旬，桂中为 3 月上旬至 4 月中旬，桂北为 3 月中旬至 4 月下旬。一般在植后 8～9 个月收获。③种茎选择：宜选择充分成熟、髓部充实、粗壮、芽点完整、无病虫害的健壮主茎的中、下段为种茎，种植时种茎切成长 15～20cm，含 5～6 个芽点为宜。④种植规格：种植株行距一般为 100cm×100cm 或 90cm×90cm，亩植株数为 700～800 株。

（8）推广情况：在广西、湖南、江西等地推广种植。

十六、热科 70 号

（1）选育单位：中国热带农业科学院热带作物品种资源研究所。

（2）品种来源：SC11（♀）×C1115（♂）的杂交 F1 代。SC11 源自中国热带农业科学院热带作物品种资源研究所的高产品种，C1115 源自哥伦比亚的高抗虫品种。

（3）审定（认定或登记）编号：热品审 2023005。

（4）审定情况：国审。

（5）特征特性：该品种生长势强，株型伞状，三级分叉，分枝角度小，株高 2.6～4.2m。块根圆锥形、水平伸长、多层分布，外皮红褐色，内皮粉红色，肉质白色。具有抗螨、高产稳产、高淀粉等特征，鲜薯平均亩产 3.5t，淀粉含量 36.0%，螨害指数 17.6%。适宜在海南、云南、广西、江西等宜植区推广。

（6）技术要点（包括注意事项）：①整地。一犁一耙清除杂物。②种茎选择。选用充分成熟，粗壮密节，芽点完整，不损皮芽，无病虫害的主茎，种茎长度以 20cm 为宜。③种植方法。一般 3—4 月种植，采用斜插或平放种植方式，株行距为 0.8m×1.0m。④田间管理。提倡轻简化施肥，建议全生育期施 1～2 次肥，施肥原则：施足基肥，合理追肥，合理配施氮磷钾肥。植后 30～40d，苗高 15～20cm 时，间苗定苗，每株留 1～2 个苗，并进行第一次中耕除草；植后 60～70d 进行第二次中耕除草。⑤收获。一般在 12 月至翌年 2 月收获。

（7）推广情况：目前在海南、云南、广西、江西等国家木薯产业技术体系示范县局部推广应用推广。

（8）推广情况：暂无详细数据。

十七、闽树薯 1 号

（1）选育单位：大田县农业科学研究所、中国热带农业科学院热带作物品种资源研究所。

（2）品种来源：以华南 5 号为母本，华南 205 为父本杂交选育而成。

（3）审定（认定或登记）编号：闽认杂 2022001。

（4）审定情况：省审。

（5）审定证书（图 9-14）：

图 9-14　'闽树薯 1 号'审定证书

（6）特征特性：该品种株型紧凑、整齐，茎秆直立，高位分枝，密节；株高 2.5~3.3m，主茎高 1.6~2.2m，茎粗 3.0~4.0cm；成熟种茎外皮灰绿色，内皮深绿色；顶叶紫绿色、有茸毛，成叶深绿色，掌状分裂至近基部，裂片叶 7 片或 9 片，提琴形，叶柄红绿色。块根水平分布，呈圆柱或圆锥形，薯径 4.5~6.0cm、薯块较短，结薯相对集中；单株结薯数 8~12 个，单株薯重 2.8~4.0kg；薯块大小较均匀、表皮光滑、外皮浅褐色、内皮浅红色、肉质白色。经广西益谱检测技术有限公司检测：鲜薯淀粉含量 30.0%，比对照华南 205 高 2.0%；氰化物含量 111mg/kg，比对照低 38.7%。经中国热带农业科学院环境与植物保护研究所调查，未发现木薯细菌性萎蔫病等影响木薯产量的病害。产量表现：2018—2020 年在福建省多点试验，平均鲜薯亩产量 2 877.1kg，比对照华南 205 增产 32.6%；平均淀粉亩产量 863.1kg，比对照增产 33.6%。

（7）技术要点（包括注意事项）：于 3 月下旬至 4 月上旬种植，采用斜插种植，株行距 0.8m×1.0m，亩植 800 株左右。亩施农家肥 800kg 或 45％复合肥 20kg 做基肥。植后 20d 左右，及时查苗、补苗；植后 45d 左右，进行第一次中耕除草、间苗，每株留 1 壮苗，亩追施高氮复合肥 40kg；植后 70d 左右，进行第二次中耕除草，亩追施高钾复合肥 40kg。霜冻前及时留种、收获。注意防止倒伏。

（8）推广情况：闽树薯 1 号在福建大田、明溪、上杭、永春、永定等地开展多点鉴定及示范，十余年来表现出适应性好、产量高、淀粉含量高、易收获等优点，在福建累计推广种植面积 4 万亩以上。

十八、云热薯 1 号

（1）选育单位：云南省农业科学院热带亚热带经济作物研究所、中国热带农业科学院热带作物品种资源研究所。

（2）品种来源：'SC11'（♀）×'GR891'（♂）杂交 F_1 代优良单株的无性系后代。'SC11'源自中国热带农业科学院热带作物品种资源研究所，'GR891'源自广西壮族自治区亚热带作物研究所。

（3）审定（认定或登记）编号：热品审 2023004。

（4）审定情况：国审。

（5）审定证书（图 9-15）：

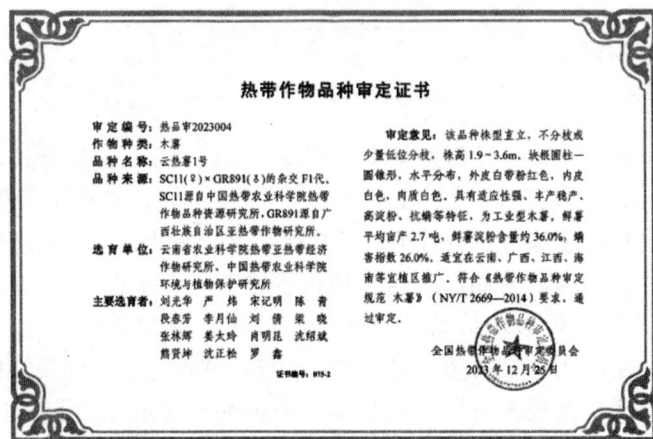

图 9-15　'云热薯 1 号'审定证书

（6）特征特性：多年生灌木，株型直立，株高 1.9～3.6m，不分枝或少量低位分枝。叶片绿色，掌状深裂，裂片 5～7 片，叶柄红带乳黄色。成熟主茎中下部外皮褐色，内皮绿色。圆锥花序，花萼白色，子房紫绿色。蒴果椭圆形，果皮绿色。种子扁圆形，种皮硬壳质，具黑色斑点。块根水平分布，圆锥或圆柱形，外皮白带粉红色，内皮白色，肉质白色。该品种为工业型木薯，适应性强、丰产稳产、高淀粉、抗螨，平均鲜薯淀粉含量 36.0%，螨害指数 26.0%。

（7）技术要点（包括注意事项）：土地一犁一耙，做到深、松、细、碎、平。选用充分成熟、粗壮密节、芽点完整、不损皮芽、无病虫害的主茎，种茎长度以 20~25cm 为宜。一般 3~4 月种植，采用斜插或平放种植方式，株行距为 0.8m×1.0m。轻简化施肥，全生育期施肥 1~2 次，施足基肥、合理追肥、合理配施氮磷钾。植后 30~40d、苗高 15~20cm 间苗定苗，每株留 1~2 个苗，并进行第一次中耕除草；植后 60~70d 进行第二次中耕除草。一般在 12 月至翌年 2 月收获。

（8）推广情况：'云热薯 1 号'木薯在云南省保山市隆阳区、云南省西双版纳州勐海县、云南省文山州麻栗坡县、江西省抚州市东乡区、广西南宁市武鸣区、海南省文昌市、海南省儋州市进行了生产性试验，在生产性试验木薯种植区具有良好的适应性、丰产性和稳产性，目前累计推广种植面积已达 20 000 多亩。

第三节　主推技术

一、木薯地下害虫综合防治技术（"十二五"期间第一批热带南亚热带作物主导品种和主推技术）

简介：①技术概况：该项目针对我国热区木薯地下害虫种类多、分布广、危害重、防治难度大、绿色防控技术与支撑理论严重缺乏、农产品质量安全和产地生态环境安全问题突出等问题，在明确蛴螬和蔗根锯天牛等木薯重要地下害虫为害特性、成灾关键因子和发生规律的基础上，将害虫防控与栽培管理相结合（图 9-16、图 9-17）。根据田间工作流程，通过技术集成与熟化，研发出以创新利用抗虫高产优质品种、种茎无害化药剂处理、土壤无害化药剂处理、土坑诱杀及合理轮作与间套作调控为核心的木薯地下害虫绿色综合防控技术，并通过在地下害虫发生与为害最严重的广西合浦和武鸣木薯生产区技术示范。经过防治，综合防控示范区平均虫害率下降约 10.67 倍，平均每亩增产约 0.6t，平均每亩劳务费减少约 100 元，防控和增产效果十分显著。该项轻简化实用技术不仅有效解决我国木薯地下害虫的有效防控技术瓶颈问题，而且易于被农民接受和应用，可为农产品安全、产地生态环境安全和木薯产业的可持续发展提供了强有力的技术支撑。②技术要点：种植前铲除种植地杂草、消灭虫源；种植时种茎无害化药剂处理防灾减灾及种植沟施或穴施无害化药剂防灾减灾；种植后土坑诱杀防灾减灾；合理轮作及与生姜、玉米、甜瓜间套作调控减灾（图 9 – 18）。

图 9 – 16　铜绿丽金龟及其为害症状

图 9 – 17　蔗根锯天牛及其为害症状

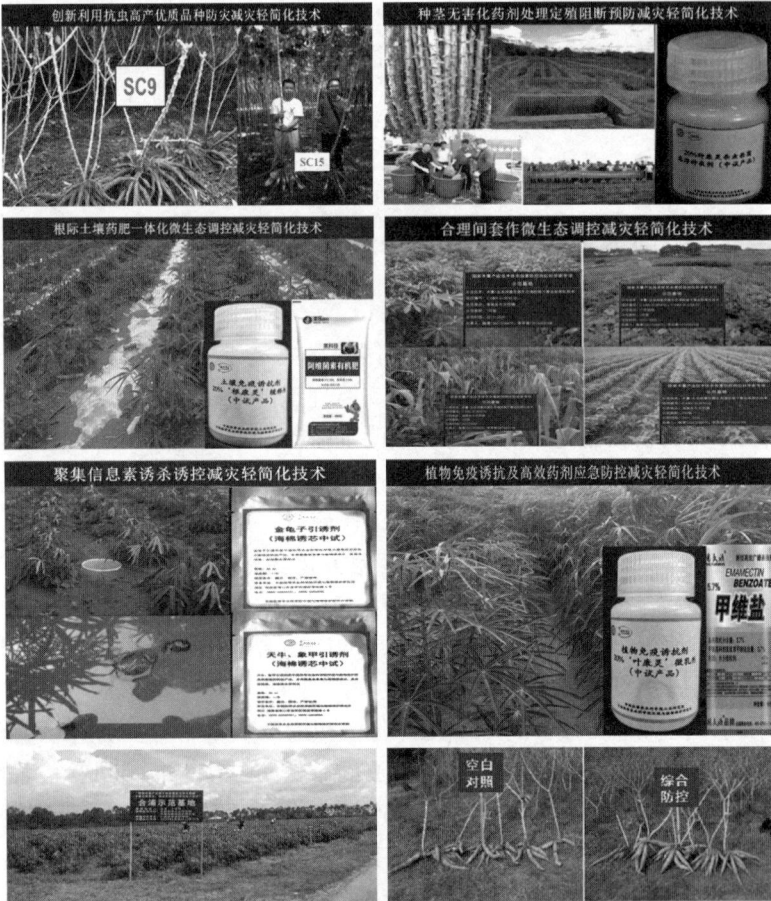

图 9 – 18　木薯地下害虫综合防治关键技术及示范

二、木薯地苗期化学除草及安全防护技术

简介：草害是影响木薯优质高产的主要因素之一，对木薯生长前期影响更大，化学防治是最有效防除方法之一。经过盆栽、田间试验和推广确定推广药剂种类及浓度，针对有效药剂对木薯安全性差，配套实用新型专利产品喷雾组件用于防护和压草，共同集成该技术。木薯田苗期化学防治需根据主要杂草种类或优势杂草种群选择除草剂，若以禾本科杂草如牛筋草、马唐等为主，优先选择15％精吡氟禾草灵乳油每亩50～70mL或10％精喹禾灵乳油每亩30～40mL或12.5％烯禾啶乳油每亩100～120mL或108g/L高效高效氟吡甲禾灵每亩30～40mL二次稀释配制药剂进行喷雾防除，在推荐剂量下对常见木薯品种比较安全；对于阔叶杂草发生严重的田块，可在杂草3～5叶期用250g/L氟磺胺草醚水剂每亩100～120mL或200g/L氯氟吡氧乙酸异辛酯乳油每亩35～45mL或20％乙羧氟草醚乳油每亩20～30mL或50g/L双氟磺草胺悬浮剂每亩5～6mL结合扇形喷头和喷雾组件压草进行喷施，尽量避开木薯新叶；对莎草科如香附子为主的地块，可在杂草2～4叶期使用75％氯吡嘧磺隆水分散粒剂每亩5～6g或480g/L灭草松水剂每亩150～200mL，结合扇形喷头和喷雾组件压草进行喷施，尽量避开木薯新叶；多种杂草混发可以选择用灭生性除草剂41％草甘膦异丙胺盐水剂每亩360～400mL或200g/L草铵膦水剂每亩250～350mL结合扇形喷头和喷雾组件压草进行行间喷雾，不要碰到木薯幼苗，以免产生药害（图9-19）。

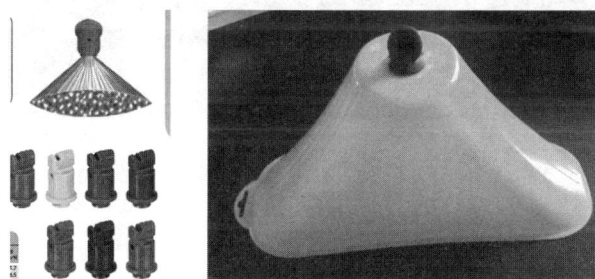

图9-19　扇形喷头加扇形防护罩喷雾组件组合

三、快速促进木薯种子萌发的方法

简介：以自然成熟木薯种子为材料（图9-20），用10％的NaClO溶液浸泡1min，蒸馏水冲洗3～4次，室温置于滤纸上晾干备用。经机械处理、化学处理、冷热循环处理、湿热处理、液氮处理及层积处理等一系列方法筛选，结果表明砂纸打磨发芽口（将种子发芽口部位在砂纸上来回打磨，观察

到白色内种皮露出时停止）和低温层积（4℃贮藏 9 个月）均显著（$P <$ 0.05）提高木薯种子萌发率。相比对照组，萌发率由 2％分别提高至 88％和 84％（图 9 - 21）。

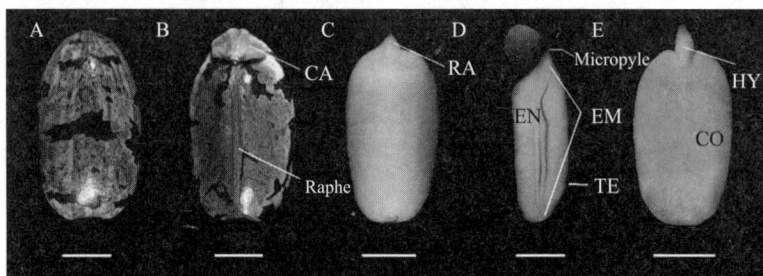

图 9 - 20　木薯种子形态特征

注：CA：种阜　Raphe：种脊　RA：胚根　Micropyle：发芽口

EM：胚　TE：种皮　CO：子叶　HY：胚轴

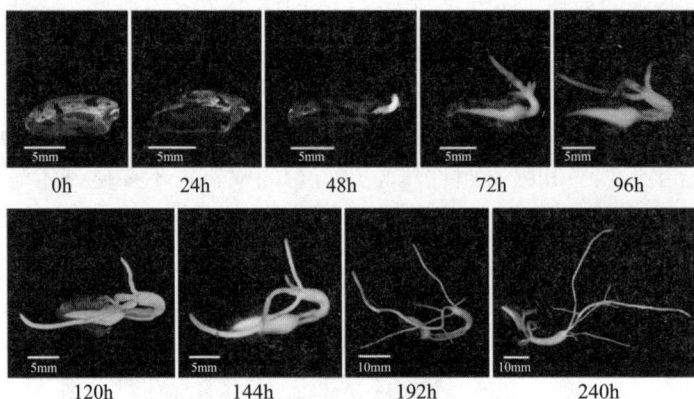

图 9 - 21　砂纸打磨发芽口后木薯种子萌发进程

四、"以草治草"、间作套种模式

简介：综合研究基础，明确了"以草治草"、间作套种模式对木薯园杂草防控的积极作用，筛选了抑草效果良好的豆科绿肥作物——崖州硬皮豆。间作崖州硬皮豆可有效控制木薯园杂草发生，并在不同主栽区海南儋州、江西南昌和广西桂林进行示范验证。

五、木薯宽窄双行起垄种植及配套全程机械化技术

简介：针对木薯传统等行距种植拖拉机无法跨行和对行作业，机械收获断

薯多、损失大、生产成本高，且土壤板结严重影响木薯产量等问题，根据农艺宜机化、全程机械化要求研究形成的技术体系，填补了国内空白。通过该技术，实现了以 90～120 马力拖拉机为动力的木薯生产全程机械化，解决了机械化施肥起垄、联合种植、封闭除草、秸秆粉碎还田和挖掘收获等机械作业时拖拉机轮距与木薯行距的有效匹配及对行作业问题；通过起垄种植，较传统非起垄种植显著提高土壤疏松度，避免坚实板结土壤在收获时对木薯造成的挤压而非正常断薯损失，并且有利于大幅降低收获机的挖掘阻力；起垄种植创造了一个特定的梯形土壤空间而使木薯块根更加聚集，可显著提高收获的明薯率；同时起垄种植获得的疏松土壤环境，也有利于木薯根系膨大而高产稳产。实现了木薯生产机械化农机农艺融合、耕种收各环节设备作业衔接配套、全程高效高质量低成本生产。目前该技术正在我国华南木薯主产区，以及东南亚、非洲产区推广应用。

　　主要技术特点：①宽窄双行起垄种植模式。起梯形大垄，垄面宽 90～110cm，垄底宽 180cm，垄高 25～30cm；每个大垄种植 2 行木薯，垄内行距 60cm，邻垄行距 120～130cm，株距 50～110cm（根据品种株形大小特性调整种植密度），每公顷种植木薯株数约 10 000～16 000 株。②木薯机械化种植技术。采用专用施肥起垄机按前述标准起垄并垄上施肥，针对开杈品种和直杆品种，分别使用预切式木薯联合种植机、实时切种式木薯联合种植机进行种植，并在植后 10 天左右木薯苗萌芽出土前使用大容量喷杆式喷药机封闭除草。③木薯秸秆高效还田技术：木薯挖掘采收前，使用仿垄形木薯秸秆粉碎还田机全部干净处理木薯秸秆，注意常规秸秆粉碎还田机对垄沟内木薯秸秆无法有效粉碎残留多将严重影响木薯机收效果。④木薯机械化收获技术：采用振动链式木薯挖掘收获机或侧输出式木薯联合收获机（需配备木薯收集转运车）挖掘收获木薯，收获机作业幅宽 130cm、对行挖掘深度 30cm、一次作业收获 1 垄 2 行木薯。

　　"木薯宽窄双行起垄种植及配套全程机械化技术"2021 年被遴选为农业农村部主推技术。2016 年以来在广西、广东、海南、云南等省市多地进行示范、推广，获得良好效果。采用该技术小面积实收亩产均在 2 500kg 以上，最高达到 3 200kg，连续 5 年亩产超过 2 700kg。2017—2020 年，在广西北海市进行大面积生产示范，平均亩产为 2 550kg。2018 年在广东雷州市、海南省白沙县、云南省保山市大面积测产，亩产分别为 2 660kg、2 530kg、2 420kg。

　　采用机械化技术和传统种植相比，可减少木薯收获损失 10% 以上，木薯增产率在 5% 以上，全程管理减少人工成本 60% 以上，1 套设备可替代 80～100 名工人的劳动能力（图 9-22）。另外，木薯秸秆全量粉碎还田可避免土壤板结、提高土壤蓄水保墒能力，不断培肥土壤；对丘陵坡地采用起垄种植可利用垄沟分散排水防止雨季雨水过度汇集到地势低洼造成局部大水而水土严重流失，有利于水土保持。

图 9-22　采用宽窄双行机械化种植的木薯地（'南植 199'品种）

六、'华南 9 号'食用木薯高产优质栽培技术

1. 适宜地区

适宜海南、广西等华南 9 省区的南亚热带地区推广应用。

2. 园地选择

宜选用有机质丰富、肥力中等以上园地。远离公路、工矿企业等有污水、重金属和粉尘的污染源。

3. 整地起垄

犁地深度≥25cm，犁地后宜晒地≥15d。推荐高肥力土壤每亩撒施有机肥 1~2t 和复合肥（15-15-15）10~15kg，中肥力土壤每亩撒施有机肥 2~3t 和复合肥（15-15-15）15~30kg，禁用重金属超标的有机肥。耙地后起垄，等行距种植起小垄，垄距 90~110cm、垄高 25~35cm。宽窄行种植起大垄，垄面宽 100~110cm、垄底宽 130~140cm、垄沟底宽 40~50cm、垄高 25~35cm。

4. 种茎准备

选择充分成熟木质化主茎和一级分枝作为种茎，要求芽眼和表皮无伤痕、密节、无病虫害、无暴晒、无除草剂伤害、无旱涝伤害和风害倒伏等症状。锯断或用利刀斩断种茎，切口平整，无撕裂。发现种茎挟带虫螨时，推荐使用 4.7％甲氨基阿维菌素苯甲酸盐乳油 5 000 倍液浸泡茎段 5～10min。遇土壤气候干旱、种茎水分含量低，宜用清水或 1％～2％石灰水溶液浸泡种茎 6～12h。

5. 种植

当日平均气温稳定≥15℃，开始种植。起小垄：茎段与垄顶呈 30°～45°，沿垄向斜插于垄中，芽眼朝外，露出茎段≤5cm；起大垄：茎段与垄面呈 30°～45°，在垄侧朝向垄心，交错斜插，芽眼朝向垄外，露出茎段≤5cm。遇高温干旱，宜插入全部茎段。种植规格：合理稀植（见表 9-1），推荐木薯种植前后一周内间作花生、玉米等短期作物。

表 9-1　种植规格　　　　　　　　　　　　单位：cm

种植模式	等行距	宽窄行		株距
		宽行距	窄行距	
单作	90～110	100～120	70～90	70～90
间作	90～110	100～120	60～90	60～90

6. 木薯田间管理

除草：植后 7～15d，确保木薯露土出苗前，喷施芽前除草剂如乙草胺等。木薯生长期间宜人工除草以提高薯块质量。间苗：木薯苗高 20cm，去弱留壮，每株留 2 条壮苗。

水分管理：木薯生长前中期，遇旱应及时灌淋水。木薯收获前 1 个月，不宜灌淋水。

施肥管理：测土配方施肥，应减氮增钾，施肥宜早，施足有机肥，推荐长效复合肥和缓释肥；推荐 N：P_2O_5：K_2O 在高肥力土壤为 1：1：1，中肥力土壤为（2～3）：1：（2～3）；中肥力土壤推荐在植后 3 个月内，每亩追施复合肥（15-15-15）10～15kg、尿素 3～7kg 和氯化钾 3～7kg。

病虫害防治：推荐利用害虫的天敌、灯光和黄板等诱杀害虫，通过间套作增加生物多样性防控病虫害。

7. 收获

植后 6～12 个月，霜冻前收获食用木薯，宜在 10 月中旬至翌年 3 月收获（图 9-23）。食用木薯越新鲜越美味，一般应在收获后 3d 内食用鲜薯。

8. 生产档案

为达到可追溯性及安全管理目的，应建立食用木薯生产档案，记录生产概况，保存不少于两年。

图 9-23 收获利用高产优质栽培技术种植的'华南9号'薯块

七、辣木林下养殖技术

林下养殖是一种生态养殖模式，利用林下土地资源和林荫优势，通过科学管理和技术操作，实现鸡群与自然环境的和谐共生。

辣木林下养殖技术：

在辣木林下建设多个轮牧区，每个轮牧区均用铁丝网围成封闭的区域，以不破坏植被为前提，每亩养鸡60～80只为宜，每隔10～15d进行轮牧一次，充分利用辣木林间隙地实施放养，在林下根据当地气候种植不同牧草供鸡群采食，家禽幼时用全价料，60d龄以上的雏鸡进入轮牧区，除自已通过觅食牧草、昆虫等外，辅以每天补饲一次自行研发的辣木饲料。林下放养的鸡可在空气清新的林地中自由走动，日照足，保持足够运动，抗病力明显提高，大大提高了成活率。鸡粪含有丰富的氮、磷、钾和其他植物必需养分，是优质的有机肥料，可增肥地力和改良土壤。辣木林下养殖模式可充分利用辣木林间隙地实施放养，对林地实施种养业立体开发，以减少林地害虫、抑制杂草丛生、培肥土壤，提高林地单位面积收入

林下养殖技术的关键要点有下面12条：

（1）场地选择：养殖场区应选择在地势高燥、背风向阳、环境安静、水源充足卫生、排水和供电方便的地方，选择适宜放养的林地或果园，最好有青草。

（2）场区规划布局：确定场地后，要围网筑栏，选用铁丝网或尼龙网。养殖场可分成鸡舍、补饲区、放牧区，养殖规模较大的鸡场可设管理区。鸡舍要求防暑保温、背风向阳、光照充足、布列均匀，便于卫生防疫，面积按每平方米养8只鸡修建，内设栖息架，鸡舍周围放置足够的喂料和饮水设备

（3）品种选择：根据市场消费热点和当地的气候条件，选择符合消费者需求的当地优势品种或杂交鸡品种。

（4）饲养管理：根据林地、果园、草场、农田等不同饲养环境条件，选择适宜规模和密度进行放养。饲料添加比例随日龄增加而调整、严格免疫程序等（图 9 - 24）。

图 9 - 24　辣木林下养鸡模式

八、辣木高空压条结合扦插的无性繁殖技术

（1）选择木质化程度较高的枝条，截除顶部枝叶，根据枝条的柔韧度及枝型长势情况，保留 30～70cm 枝桩，对枝条进行环剥。

（2）在环剥伤口处喷施 IBA 与 NAA 混合溶液。

（3）用自来水椰糠 6～12h，浸泡好的椰糠填充植物高压盒高空压枝生根器，将夯实的生根器完全贴合在环剥口，要确保枝条伤口与填充的椰糠完全接触，扎带勒紧；定期淋水，3～5d 一次，补充水分，保持椰糠湿润。

（4）2 周后，待伤口长出新根或完全形成愈伤组织，即可离体移栽、练苗，待新根老化，苗真正成活即可移栽至大田（图 9 - 25）。

图 9 - 25　繁殖效果

九、木薯地膜覆盖栽培技术

木薯种植一般有习惯栽培和起畦地膜覆盖栽培两种方式。

习惯栽培的优点：整地简单，利于机械化。缺点：出苗慢；一般可达20~30d，长的可达45~60d；出苗率低，易缺苗；出苗不整齐，出苗时间长。

起畦地膜覆盖栽培优点：①具有保温、保水、保肥的作用。②提早种植、升温快、早出苗且出苗整齐。③减少土壤水分蒸发，保持土壤湿润和疏松，促进木薯生长和薯块膨大，减少水土流失，抑制杂草生长，易收获。④可以提早整地，利于抢上季节。⑤利于木薯间套种，如西瓜、南瓜、毛节瓜、香瓜、花生等间套种。⑥肥料在基肥一次放完，减少前中期中耕除草及追肥等管理。⑦利于机械化收获。⑧地膜覆盖比露地栽培鲜薯产量增加20%~30%，是一项投资少、省工、省力，深受广大农民欢迎的木薯高产栽培方式。

木薯地膜覆盖栽培技术具有保温、保水、保肥作用，能使木薯早种、早出苗且出苗整齐、降低土壤水分蒸发、保持土壤湿润和疏松、利于木薯生长和薯块膨大、减少水土流失、抑制杂草生长等，鲜薯单产可提高20%~30%，是一项投资少、省工、省力的轻简技术，深受广大农民欢迎。栽培方法是在犁耙好的地块上，按行距起畦，畦间覆盖地膜，地膜四周用泥土压实，然后按株距将木薯种茎平插入畦两边，种茎露出地面3~5cm。木薯地膜栽培可采用纯种方法，也可采用一膜两用方法，即在地膜西瓜、地膜玉米、地膜花生等间套种木薯（图9-26）。

通过多年的示范和推广，木薯地膜覆盖栽培技术已在广西武鸣全面推广，应用面积达60%以上。木薯地膜覆盖已在国内木薯主产区推广。

图9-26 木薯起畦地膜覆盖栽培

木薯地膜覆盖栽培技术于 2015 年 7 月获得 1 项发明专利，名称为：一种缓坡地木薯平畦黑色地膜覆盖斜插种茎栽培技术，专利号为 ZL201210430381.8。

十、木薯间套种栽培技术

木薯生长期长，达 8～10 个月，前期生长缓慢，株行距宽，有利于与其他作物间套种。木薯间套种后，既不太影响间套种作物的生长发育，又利于木薯生长、增加复种指数、提高光能和土地利用率、增加单位面积产量和经济效益，增加农民收益，对稳定发展木薯产业起到了具有十分重要意义。间套种以生育期短、矮秆的作物为主，目前，采用较多的间套种方式有：与瓜类间套种，如西瓜、南瓜、毛节瓜、香瓜等；豆类间套种，如花生、大豆；幼龄果树间套种；玉米间套种等。在木薯间套种栽培中，农民加强了水肥管理，除收获较高的间套作物产量外，还能较好地提高鲜薯产量，其中，西瓜、南瓜、香瓜、毛节瓜套种木薯的鲜薯单产比纯种木薯提高 7.8%～25.2%，纯收入是纯种木薯的 3.0～4.2 倍；木薯间作花生、大豆的鲜薯单产比纯种木薯提高 6.1%～17.4%，纯收入是纯种木薯的 1.6 倍。与纯种木薯比较，木薯间套种模式获得了较高的作物产量、总收入和净收入，毫无疑问是高产高效的栽培模式，深受当地农民喜爱。

通过多年的示范和推广，木薯间套种技术也在武鸣县得到迅速推广和普及，据初步统计，这几年的木薯间套种面积已占武鸣县木薯种植面积的 60%以上，一些乡镇占全镇木薯种植面积的 90%以上，具备较好水肥条件的地方，基本采用瓜类套种木薯模式，约占全部间套种模式的 40%，这显示了木薯间套种模式的良好发展前景，值得在各地大力推广（图 9-27）。

图 9-27　木薯与花生间种

十一、名称：木薯种茎越冬贮藏技术

简介：与华南地区相比，高纬度区域木薯生长时间有限，种茎成熟度较低，贮藏时间较长，种茎越冬贮藏难度加大。能否就地安全留种成为木薯北移种植的瓶颈问题。南昌综合试验站总结提出了多种适宜于江西种植区域的种茎越冬贮藏方法，如木薯种茎地窖贮藏方法和山洞贮藏方法。建议农户因地制宜，采取适宜自己的木薯种茎贮藏方法，采取轻简化留种方式，贮藏期间无须管理的贮藏方法，贮藏适宜当地的高产品种，节省种茎成本 100 元/亩以上。2023 年制定颁布江西省地方标准《木薯种茎越冬贮藏技术规程》。具体操作步骤如下：

（一）种茎准备

南部宜于 11 月下旬开始留种，中北部宜 11 月中旬开始留种。霜冻天气来临之前，必须完成留种。选择适宜当地种植的耐寒耐贮藏高产木薯品种。选取中、下部叶片自然脱落、健壮成熟、未倒伏的木薯主茎作为种茎。砍种茎时，用刀砍除木薯基部的老苑，砍除茎秆上部尚未完全成熟的部分，种茎长度以 1.3～1.5m 为宜。每 1 捆收集木薯种茎 25～30 根，用不易腐烂的细绳捆绑，不同品种分别成捆，标记品种名称和砍留种日期。木薯种茎收集成捆后，置于避雨处晾放 2～3d。

（二）场所准备

（1）棚窖建造

平原区，适宜采用棚窖贮藏方法进行木薯种茎越冬贮藏。在 10 月上中旬，选择地势较高、背风向阳、不易渗水、易排水、质地较硬、有梯壁的平地或缓坡地挖掘地窖。挖掘成长 3～4m、宽 1.5～2.0m、深 0.7～1.0m 的地窖。地窖深度小于或浅于梯壁高度。用长 7～8m 的不锈钢管 6～8 根和长 4～5m 的不锈钢管 7～8 根搭建弧形防雨棚支架。将不锈钢管两端插入地窖外沿的地面，拱成弧形，横向用不锈钢管连接固定，不锈钢管之间用钢丝相互连接固定。弧形防雨棚支架外盖一层长 7～8m、宽 4～5m 的白色农膜，四周压实。地窖四周开设宽 25～30cm、深 30～40cm 的排水沟。

（2）山洞建造

山区、丘陵地带，采用山洞贮藏方法进行木薯种茎越冬贮藏。在 10 月上中旬，选择地势高、背风向阳、不易积水、质地较硬、有断面的山坡挖掘山洞。山洞的高度 1.5～1.8m，宽度 1.2～1.3m，顶部成拱形。根据种茎贮藏量确定山洞进深。山洞顶壁安置 2 根长 0.8～1.0m、直径 5～8cm 的塑料透气管，连接山洞外。透气管口朝下，防止雨水侵入。根据山洞实际，洞内挖掘 1 条宽 5～10cm、深 10～15cm 的排水沟。在山洞外面顶部铺设一层农膜防雨水，四周开设宽 20～25cm，深 20～25cm 的排水沟。在山洞口进深 20～30cm 处，安装一扇不锈钢门。

（3）场所消毒

留种地窖和山洞，可以周年使用，使用前必须进行清理消毒、通风。种茎入窖前 3～4d，去除表面旧土，可选择喷洒消毒液、撒生石灰和燃烧等灭菌消毒方法。

（三）种茎入驻

（1）放入地窖

在窖底部铺设 4～5 根 15cm 直径木头，木薯种茎逐捆放入窖，整齐横放在地窖中。种茎入窖后，地窖内铺设 3～4 根透气管，露出至地窖外。种茎排满后形成凸形，在木薯种茎上部依次盖茅草、遮阳网，铺 3～5cm 厚干细土，再撒 0.5～1.0kg 石灰，覆薄膜。

（2）放入山洞

木薯种茎逐捆放入洞中，由里而外，整齐竖立在山洞中。种茎竖放整齐后，将准备好的沙袋逐层堆放在山洞口，然后关好洞门。

（四）贮期管理

（1）棚窖管理

每隔 10～15d，定期检查棚膜有无破损、棚窖四周排水沟是否堵塞，观察茅草和种茎表面是否水分过重，有无发霉。水分过重时，应在晴天将茅草全部掀开晒干，再原位盖回。遇寒潮天气（夜间气温低于 4℃），应加强棚窖保温，切勿打开棚膜。遇高温天气（中午气温高于 25℃），应打开棚膜通风。遇强风强降雨天气，应及时进行保温、排水设施检查，及时加固棚膜，及时清沟。

（2）山洞管理

每隔 20～30d，定期清理山洞顶部和联通山洞的排水沟，确保排水通畅，检查塑料防雨膜是否破损，透气管是否正常透气。在晴天的中午，打开洞门，拿下顶部 1～2 包沙袋，检查洞内的种茎质量情况和温湿度情况。遇强风强降雨或强寒潮天气，应及时检查保温、排水设施。

（五）出窖

根据区域种植时间、种植方式和近期天气情况安排种茎出窖（洞）。常规露地栽培，应于 3 月下旬出窖（洞）。地膜栽培方式，宜提前到 3 月中旬出窖（洞）。木薯种茎不宜出窖（洞）过早，不宜露地堆放，以避免春季低温受寒害。种茎出窖（洞）后不宜久放，应在 2～3d 内完成种植。出窖后不能及时种植的种茎，应堆放好后用塑料布盖严实，塑料布上再盖稻草，做好保温、防雨和防止种茎失水干枯等措施（图 9-28）。

图 9 - 28　木薯种茎山洞越冬贮藏

十二、木薯秆栽培食用菌技术

简介：木薯秆渣能作为基质代替部分杂木屑栽培食用菌，采用大功率粉碎机进行木薯秆粉碎，功率 90 千瓦，每小时可粉碎木薯秆 6t。①木薯秆渣栽培赤松茸，木薯秆 37.5％＋毛竹屑 37.5％配方，产出的子实体朵形工整，菇体较大，商品性状表现较好；②木薯秆渣栽培榆黄蘑，木薯秆渣在培养基中占比 50％～60％，具有出菇快，产量高，品质好等优点；③木薯秆渣栽培海鲜菇，木薯秆渣添加比例 10％，单袋产量最高 579.7g/袋，较对照增产 76.1g/袋，比增 15.11％，具有明显增产效果。采用木薯秆渣栽培食用菌可以减少林木资源消耗，保护生态环境，生态效益、经济效益明显（图 9 - 29）。我县采用木

图 9 - 29　木薯秆栽培食用菌

薯秆渣栽培食用菌技术以《福建大田：探索秸秆利用产业模式，实现绿富双赢》标题在《农业农村科教动态》2023 年第 43 期（总第 268 期）中宣传报道。

十三、木薯整株发酵饲料化利用技术

简介：针对我国饲用蛋白资源匮乏以及大宗非粮蛋白资源利用率极低的问题，通过对整株木薯（木薯茎叶和块根）进行切碎、高温膨化、喷洒发酵液、密封发酵等处理，集成木薯整株饲料化利用技术，研发健康无抗生物发酵饲料集成木薯茎叶和全株饲料化利用技术，研发健康无抗生物发酵饲料，产值提升257.1%，降低生产成本20%。目前已在海南黑猪、肉牛、肉鸡和山羊养殖中获得理想效果（图 9-30）。

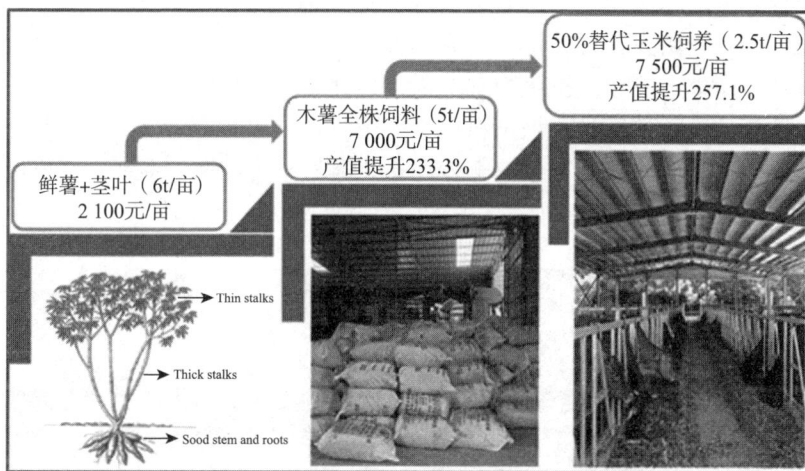

图 9-30　木薯整株发酵饲料化利用技术

十四、木薯保鲜技术

简介：研发木薯保鲜剂，可将木薯常温保鲜期 2～3d 延长至 15d 以上，显著提升了木薯的综合开发价值，降低在木薯生产中因木薯块根采后生理性变质（PPD）所造成的经济损失，获批国家发明专利 1 项。研发木薯涂蜡保鲜技术，形成一套低温条件下保鲜时间大于 30d、常温条件下保鲜时间大于 15d 的鲜木薯保鲜技术，该技术在较长时间能较好地保持木薯的贮藏品质，因此有利于鲜木薯贮运，这将极大打开木薯的鲜食市场，从而提升木薯产值（图 9-31）。

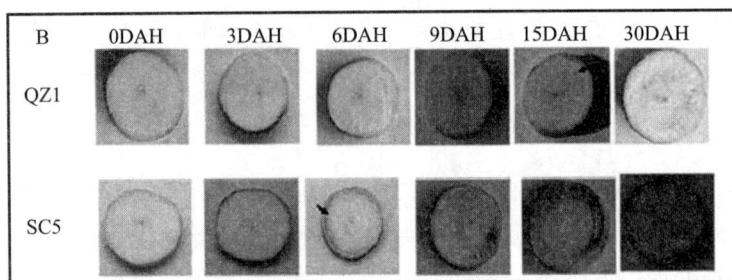

图 9 - 31　木薯保鲜技术延长鲜薯保鲜期至 15d 以上

十五、木薯木豆混合发酵饲料养殖技术

简介：利用木薯与木豆两者的互补优势，通过对木薯、木豆等进行切碎、喷洒发酵液、密封发酵等处理，集成木薯木豆混合饲料化利用技术，获批发明专利 2 项，研发的健康无抗生物发酵饲料具有可长时间保存、适口性好、易于消化吸收且成本低的特性；该饲料用于养殖生产，可提高 4.92%～12.59% 的经济效益，且具有改善育肥猪的胴体性状、肉品质的效果，得到应用单位的高度认可（图 9 - 32）。

图 9 - 32　木薯木豆混合发酵饲料及养殖

十六、种苗繁育技术

简介：

1. 外植体培养

选择无病无虫无损伤，老熟完好的种茎，切成 15cm 左右种茎段，用 40% 啶虫脒可溶性粉剂 1 500 倍液和 5.7% 甲氨基阿维菌素苯甲酸盐水分散粒剂 2 000 倍液混合液浸泡种茎 5～10min 后，种植于大棚内。

2. 外植体采集和处理

当外植体长至 50cm 高之后则可采集外植体，用消毒过的刀片切取 2～3cm 的顶端嫩芽作为外植体，剪去较大的嫩叶，冲洗干净后，用吸水纸擦干外植体表面水分；将外植体置于 50℃ 恒温箱中处理约 1h，完成外植体脱毒预处理。

3. 外植体表面消毒和茎尖剥取

将预处理后的外植体置于超净工作台，用 75％酒精浸泡 10s，无菌水冲洗 1 次，再用 0.1％升汞溶液消毒 3min，无菌水冲洗 4 次，用灭菌纸吸净表面水分；将经表面消毒的外植体在立体显微镜下由外向内逐层剥去嫩芽上覆盖的幼叶，直至露出半圆球形的顶端分生组织，切取分生组织区域长度 0.3～0.6mm，带 1～2 个叶原基的茎尖。

4. 茎尖诱导培养

将剥离好的茎尖接种到茎尖诱导培养基中，培养基组分为：MS＋NAA 0.02～0.05mg/L＋6—BA 0.01～0.03mg/L＋GA_3 0.5～2.5mg/L＋利巴韦林 5～10 mg/L＋蔗糖 25～35g/L＋pH 5.8～6.0，培养温度为（25±1）℃，光照强度 1 500～1 800lx，光周期 8～10h/24h，培养 25～30d 后可获得无菌小苗。

5. 病毒检测

将茎尖诱导获得小苗，切下叶片和茎段提取总 RNA 进行病毒检测，以健康植株、感病植株叶片总 RNA 作为对照，反转录为 cDNA，设计木薯 ACMV 特异引物，半定量 RT-PCR 进行检测；将脱毒不完全的剔除，无毒的继续继代扩繁（图 9-33）。

图 9-33 种苗繁育

6. 继代增殖生根培养

将经检测无毒苗，进行继代培养增殖，切取带芽茎段和顶芽接种在继代培养基中，培养基组分为：MS＋NAA 0.01～0.05mg/L＋6－BA 0～0.05mg/L＋GA₃ 0～0.05mg/L＋白糖 20～30g/L＋卡拉胶 6.5～7.5g/L＋pH 5.8～6.0，温度为（27±1）℃，光照强度 2 000～3 000Lx，光周期 10～12h/24h，培养周期为 35～45d。

7. 炼苗

将完成生根的小苗置于培养室，温度为 26±1℃，光周期 12h/24h，炼苗 10～15d，然后带瓶转移至温室大棚继续炼苗，大棚内温度控制在 25～30℃，炼苗 15d 左右，将小苗取出用清水洗净根系，转移至营养杯，营养杯基质为消毒后的有机质与珍珠岩 1∶1 混合，当小苗长至 8～10cm 时即可移栽至大田。

十七、木薯手工粉条加工技术

简介：工艺流程（图 9-34）

（1）收获木薯块根。

（2）清洗木薯块根。

（3）机械粉碎（一般重复 2 次）。

（4）加水过滤粉碎木薯（一般重复 4 次、每次水与碎薯比为 3∶1）。

（5）沉淀淀粉（一般静置 12h，水澄清后，舀出清水再过滤木薯，重复数次，直至容器存有一定的淀粉为止）。

（6）将 5 步骤的淀粉拌乱过滤一次，水澄清，取出淀粉晒干。

（7）加水搅拌揉和淀粉，首先用少量开水拌少许淀粉后，迅速加淀粉搅拌

图 9-34　体系专家在木薯手工粉条加工现场技术指导

（一般加水20％，分数次慢加，揉粉程度揉和至淀粉不粘手为宜，每缸一般约30kg、揉和时间约30min）。

（8）烧水（与揉粉同时进行）。

（9）出粉（根据粉丝粗细定）。

（10）捞粉（粉丝浮出水面即捞）。

（11）晾晒（每1kg左右扎成1小把晾晒）。

（12）晾晒2h后拆粉。

（13）粉丝水分挥发60％～70％后扎把。

（14）晾干（粉丝变脆易断即可）。

十八、木薯种茎处理防治危险性检疫害虫（螨）技术

简介：技术要点

（1）收获时不留种，应则将所有茎秆叶子集中烧毁。

（2）收获时留种，则用40％啶虫脒可溶性粉剂1 500倍液（具体浓度按照购买的商品说明使用）和5.7％甲氨基阿维菌素苯甲酸盐水分散粒剂2 000倍液（简称甲维盐，具体浓度按照购买的商品说明使用）混合液喷杀所有需要留种的茎秆后储存留种，其他所有不用的茎秆叶子集中烧毁。

（3）第二年种植时，用40％啶虫脒可溶性粉剂1 500倍液（具体浓度按照购买的商品说明使用）和5.7％甲氨基阿维菌素苯甲酸盐水分散粒剂2 000倍液（具体浓度按照购买的商品说明使用）混合液浸泡种茎5～10min后种植（图9-35）。

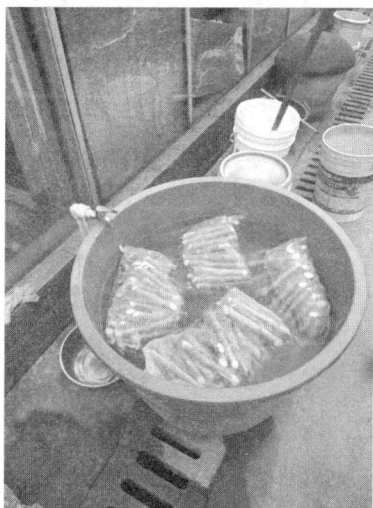

图9-35 木薯种茎药剂浸种处理

（4）第二年种植时，按每亩 1kg 40％啶虫脒可溶性粉剂（具体剂量按照购买的商品说明使用）和 1kg 5.7％甲氨基阿维菌素苯甲酸盐颗粒剂（具体剂量按照购买的商品说明使用）和基肥一同施于种植沟中后在种植。

（5）注意事项：因国家"菜篮子"工程和"果盘子"工程安全要求，原来推荐的高效中毒低残留药剂毒死蜱（乐斯本）在许多省市禁止使用或限量使用，建议各木薯种植区不再使用该药剂。

十九、木薯地化学除草技术

技术要点：

（1）芽前化学除草技术　木薯地平整好后，将木薯秆茎种下地，在杂草和木薯尚未萌芽前，使用除草剂 45％乙草胺乳剂 50～75mL 兑水 15kg，进行喷洒。可有效地控制杂草期达 65d 以上。

（2）芽后免耕化学除草技术　待旱地的杂草 50～70cm 高时，才开始种植木薯，种植后在木薯出苗前（约 5～7d 内），用 10％草甘膦 200～300mL 加 45％乙草胺 75mL，再兑水 15Kg 搅拌均匀，进行喷施，至叶面湿润为止。喷药过后 7d 左右杂草开始枯死。杂草枯亡后，覆盖在木薯地上，有利于保护水土，防止土壤养分流失，而且能有效地控制杂草 60d 以上，同时还可疏松耕作层，有利于木薯生长盛旺。

（3）适宜区域　本技术适宜于所有木薯种植区域。

（4）注意事项　①芽前化学除草要抓紧，在种植地准备好后，地面干前或下雨过后土壤湿润时喷药效果最好。②不管芽前或芽后化学除草，喷施药后不要松土、翻土，否则杂草很快长出。③芽后化学除草不必砍草后再喷药，否则效果差。

二十、木薯全株饲料化发酵技术

技术要点：

（1）整株收集与粉碎　木薯块根和地上部分收集后破碎到粒径不大于 1cm 的规格。

（2）菌种和载体的混合　按每吨破碎后木薯添加 1kg 的量添加菌种，首先把定量好的菌种按 1kg 菌种加 10kg 载体的量添加载体（麸皮、玉米粉或者木薯粉），之后把载体和菌种混匀。

（3）菌种载体混匀物和破碎整株木薯的混合　把第 2 步获得的菌种载体混匀物和第一步获得的破碎整株木薯的混合均匀（图 9-36）。

（4）包装　把第 3 步混合完的物料装入发酵桶、发酵池和发酵袋中，密封严实。

（5）发酵　第4步包装好的物料发酵7～15d，发酵结束，pH为4.0～4.5比较适宜，具体根据天气温度确定发酵时间，气温越高发酵时间越短，反之，发酵时间越长。

（6）添加辅料饲喂　发酵结束后，按1t发酵饲料添加0.5t饲草的量添加饲草（按干重计算），混合后，用于反刍动物饲喂。

图9-36　木薯青储发酵粉碎加工现场

二十一、木薯食品加工技术

简介：

（1）面皮材料：木薯全粉165g、转化糖浆116g、花生油50g、枧水4g、吉士粉4g。

（2）面皮重量：约339g。

（3）面皮制作步骤：枧水（2g纯碱溶于4g水）＋转化糖浆＋花生油＋吉士粉调成半透明黏稠状，倒入木薯全粉搅拌至无流动状态，用手揉成面团，置于保鲜袋中密封静置30min，取出即可使用。

（4）40g月饼需要20g面皮与20g馅料。80g月饼需要40g面皮与40g馅料。面皮∶馅料为1∶1

（5）月饼制作步骤：面皮裹住馅料，揉成球状，裹一层薄薄的淀粉，放入模具中，压成相应花样的月饼，至于烤盘中按一定间距整齐排列，喷洒少量水分，放入烤箱（上下层均为180℃）烤5min，取出冷却至不烫手，在月饼表面均匀涂抹上蛋液（蛋黄：蛋清为4：1，搅拌均匀，过滤），再次放入烤箱（上下层温度均为180℃），烤15min左右，取出冷却，回油2d左右即可食用。

（6）注意：

①烤箱温度可根据实际情况上下层调节到最适温度。

②月饼大小可根据个人需求调整。

③月饼制作过程中不要让馅料外露。

④蛋液搅拌后用细筛过滤，避免产生泡沫，影响月饼美感（图9-37）。

图9-37　制作的木薯全粉月饼

二十二、木薯块根低压贮藏处理技术

简介：木薯块根采后贮藏保鲜技术是目前木薯食用化发展亟待突破的瓶颈。针对常规的低温冷冻贮藏或预煮后真空包装贮藏，块根失水严重，且解冻后木薯风味丧失等问题，本团队在木薯块根贮藏技术方面进行了一系列的研究：

（1）用98℃、10g/L的NaC_l热水和抗氧化剂Na2S2O5处理木薯块根，然后在10℃和85％相对湿度条件下贮藏。采后7d是块根迅速失水期，各种处理方式前期可以提高SOD和APX酶活性，抑制POD和CAT酶活性，各种处理方式除对SOD酶活性的影响不显著，但到了贮藏后期（30~60d）各种处理方式基本一致，可见处理在短期内可延缓褐变发生。

（2）低温储藏处理：4℃低温贮藏第3周，对照薯块开始出现发青变软；

贮藏至第 4 周处理方式 1 薯块少数出现发青变软，其处理效果优于对照组；而处理方式 2 储藏至 2 月并未发现变质，至少可在低温条件下延长贮藏时间 30d 以上，其贮藏效果极显著优于处理方式 1 和对照组。

（3）以不同木薯品种块根为研究对象，测定其冻结点差异，发现不同品种的冻结点有一定差异，且与贮藏环境有关。木薯块根贮藏温度在临近冻结点为宜。贮藏时应根据其冻结点的温度进行贮藏，贮藏时要进行包装，防止表面失水过快而出来"中空"现象，影响品质；贮藏前的水浸泡预处理也对贮藏效果有一定的影响。

（4）开展采前处理对采后保鲜效果的研究，结果发现，采前处理后木薯外表皮微生物菌群极显著增加。各样品中前十的物种分布水平丰度，对照（CK）样品中以变形菌门（Proteobacteria）和酸杆菌门（Acidobacteria）为主，占 70% 左右；而木薯肉质和皮层部分以硬壁菌门（Firmicutes）和变形菌门（Proteobacteria）为主，占 70%～90%。（2019 年）

（5）负压条件下木薯块根贮藏 15d 未发生褐变，而对照组 5 天已变软腐烂；从营养成分上看，贮藏过程中，对照组失重率呈下降趋势，至贮藏 15d 时失重率为 9.87%，负压处理后含水量下降幅度低于对照组，贮藏至 15d 时，淀粉含量仍维持于较高水平，分别为 36.02%，32.94%。

（6）完成不同生长期在低压贮藏下褐变发生以及品质变化情况分析，集成鲜木薯保鲜技术 1 项，建成低压储藏保鲜库 1 个。常压室温的对照 3 天出现褐变，而贮藏于低压室温 30 天未出现褐变现象。品质方面，低压贮藏失重率仅为 2.1%，含水量约为 60%，而常压贮藏，失重率 9.78%，含水量下降 14%。对比国内外现有技术，减压贮藏更为绿色、高效，使木薯采后保鲜技术实现关键突破（2021 年）。

（7）研究低温处理对食用木薯块根的贮藏特性，发现冰温处理后块根的主要差异代谢途径有 3 条，分别是苯丙氨酸代谢通路、脂肪酸生物合成和光合固碳作用，其中苯丙氨酸代谢通路的气泡最大，说明经低温处理后块根苯丙氨酸通路中差异代谢物数目最多。根据减压贮藏木薯块根效果，研发出容量为 $1m^3$ 的初代贮藏箱。

（8）以苯丙烷代谢对采后脱水的响应机制为切入点，分析了低压贮藏期内木薯块根水分代谢与苯丙烷关键限速酶基因表达情况、ROS 代谢水平，阐述了低压条件在 ROS 稳态维持、限制苯丙烷代谢关键限速酶基因表达等有效抑制块根褐变和腐烂的生理基础；研制并改进智能数控低压贮藏装备，并应用于不同品种木薯鲜薯贮藏，鲜薯贮藏时间由 3d 延迟到 30d，获得良好效果（图 9 - 38）。

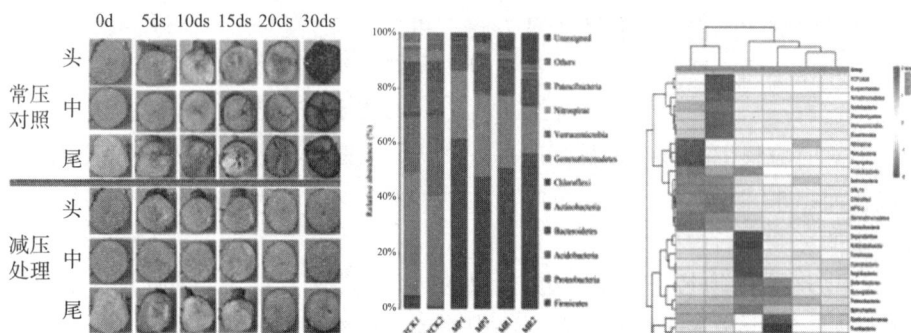

图 9-38　木薯减压贮藏实验效果图、微生物物种分布和丰度聚类图

二十三、小型木薯（全）粉中试生产线

简介：建设小型木薯（全）粉中试生产线 1 条，日产高品质食用木薯 200kg，该中试生产线具有以下几个特点：

（1）小型化生产：该中试生产线设备投资 12.0 万元，日产高品质食用木薯 200kg，适合在偏远山区投资使用，可推动当地返乡农民工创新、创业发展特色食品。

（2）清洁生产：本生产线没有废水、废气排放，排放的水是薯块清洗水，每天产生的清洁用水约 50L，不会对环境产生不良影响。此外，各工艺过程使用不锈钢材质的设备，进一步保证产品的品质。

（3）模块化生产：该生产线是半自动化，包括清洁、切条、干燥和粉碎等工艺，各工艺环节均需要人工辅助，并相对独立，可以更为高效地提高用工效率，也可以实时监控各工艺生产情况，及时解决存在问题，也方便更新设备，提高生产率。

（4）一体化流程：该生产线除了加工车间，还建设有 40m³ 的块根贮藏冷库 1 个，高产食用木薯种植基地 1 个（200 亩），可以实现从种植到加工环节的一体化，保证产品质量安全和产品质量稳定。

总体而言，此中试生产实现轻简化目标，是木薯食品产业化的基础，通过本中试生产线，可以为体系相关食品标准体系建设、初加工配套设备研发和产地初加工技术示范提供平台和技术保障，也是我国木薯食用化发展过程迈出的重要的、关键性步伐（图 9-39）。

图 9-39　领导为木薯粉中试生产线揭牌和与会专家代表合影

二十四、食用木薯粉贮藏技术

简介：木薯粉是木薯食品的主要原料，在食用木薯粉的干法加工基础上，本团队对木薯粉贮藏过程中品质变化进行了一系列的研究，对木薯粉贮藏过程酸败机理进一步解析，研究了常温和高温贮藏过程中，木薯粉的脂质组学特征及贮藏过程中脂质的变化，形成食用木薯粉贮藏技术。

（1）对'SC9''SC12''SC6068''1301'四个食用木薯品种的 5 个不同生长期块根的品质进行分析，发现 SC9 块根在 8 个月生长期含水量最高，其余 3 个品种含量在 7 个月生长期时含水量最高；各品种干基淀粉含量 83.92%～92.33%。

（2）淀粉含量每个品种达到最高的时间不一样，'SC1301' 7 个月，'SC9' 9 个月，'SC12' 和 'SC6068' 8 个月；'SC9' 在生长 10 个月时粗纤维含量最高 1.53%，而其余 3 个品种在生长 8 个月后就达到最高值；从粗蛋白、粗脂肪看，其变化情况无明显趋势，其中粗脂肪在各生长期品种间的差异不明显。

（3）通过不同生长期木薯粉热分解特性、热糊化特性的加工特点分析，结果发现不同生长期、不同品种的木薯粉其热分解起始温度均有显著差异，但糊化温度基本一致。

（4）脂肪酸在贮藏过程因脂肪酸氧化而影响品质。通过分析木薯粉贮藏 0～4 个月后含水量、脂肪酸含量、酸价、过氧化值、氰化物、淀粉、纤维和粗蛋白等变化情况发现：淀粉含量、粗纤维含量、粗蛋白和过氧化值的变化不大；氰化物含量在整个贮藏期内均呈逐步下降的趋势。进一步利用 HPLC 分析贮藏过程木薯粉中的脂肪酸主要有亚油酸、棕榈酸和油酸以及极少量肉豆蔻酸等，其中亚油酸的含量极显著高于其他两种，是主要的脂肪酸。脂肪酸会随着贮藏时间的变化出现先下降后升高的趋势，其中浸泡 12h 的不同贮藏时间的亚油酸和油酸极显著低于其他处理，在贮藏 3 个月后，浸泡 12h 的三种脂肪酸含量均极显著地高于其他贮藏时间。

（5）含水量和淀粉含量是食用木薯粉重要品质指标。从相关性系数看，食用木薯粉的含水量与纤维、粗脂肪含量呈极显著负相关，而与酸价和过氧化值呈显著正相关，与脂肪酸含量呈极显著正相关，说明在贮藏过程中，食用木薯粉的含水量将较大影响其品质。从淀粉含量相关系数看，淀粉含量与粗脂肪含量呈显著正相关，而与酸价、过氧化值和脂肪酸呈显著负相关，可见木薯块根淀粉含量越高越有利于加工后的贮藏。

（6）利用 HPLC/MS 技术分析木薯粉可溶性糖、风味脂肪酸、氨基酸和生氰糖苷的定性和定量分析，结果发现木薯粉中含有果糖，葡萄糖和蔗糖，其中蔗糖含量最高，葡萄糖和蔗糖随着贮藏时间的增加缓慢升高。采用甲酯化方法在食用木薯粉中检测到 6 种脂肪酸，分别是棕榈酸、硬脂酸、油酸、亚油酸、亚麻酸和花生酸，其中油酸的含量最高。

（7）利用 HPLC 技术发现不同品种的食用木薯粉的生氰糖苷主要有两种，分别是亚麻苦苷和百脉根苷；贮藏过程氨基酸含量、含水量、酸值和真菌毒素含量的变化，提出食用木薯粉的贮藏条件：含量水 7%、常温避光密封贮藏，贮藏期可达 24 个月左右。

（8）在木薯粉中鉴定出 4 大类、27 个亚类共 545 种脂质。明确了贮藏过程中差异脂质涉及 19 条代谢途径，新鲜的木薯粉在常温（25℃）和高温（45℃）条件下分别贮藏 60d、180d，脂质含量变化存在显著差异，其中高温贮藏脂质变化更明显；根据 KEGG 通路分析，主要来自脂肪酸、甘油酯、甘油磷脂、鞘脂、磷脂酰肌醇、神经酰胺等代谢途径，其中甘油酯、甘油磷脂、磷酸肌醇以及次生代谢合成途径最为相关。高温贮藏游离脂肪酸含量增加更多、证明脂质在贮藏过程中发生了脂质氧化或水解，脂肪酸含量提高主要是由于 TG、DG、PA、PG、PI 等的降解。明确了木薯粉中主要脂肪酸有 5 种，高温贮藏可加速不饱和脂肪酸和部分营养物质的降解；研究结果为木薯储存期间脂质组学特征和贮藏品质提供了基础数据。同时，验证了加工过程和贮藏过程对木薯粉营养品质的影响因素，形成食用木薯粉贮藏技术规程 1 项。

二十五、木薯茎秆基质化利用技术

简介：以木薯茎秆基质化利用为目标，与吉林农业大学开展木薯茎秆综合利用培养食用菌研究，参与黑木耳品种的选育与品种示范与试验，先成功筛选出适宜热带地区栽培的黑木耳品种和栽培配方，并培育了榆黄蘑、黑木耳和平菇等食用菌；同时利用高效液相色谱法（HPLC-ELSD），成功建立了 1 套食用菌海藻糖分离检测技术，比较分析了不同基质配方对黑木耳品质的影响。2020 年 4 至 7 月，与儋州国家热带农业科技园区合作，利用木薯茎秆作为黑木耳栽培基料，在橡胶林下建立示范立体栽培黑木耳 2 亩地。示范可以取得良好的经济效益和社会效益，每人可以在 20d 左右获得利润近 4 940.0 元经济效益，该技术可以培育一个产业链，即"副产物综合—黑木耳栽培—黑木耳利用"的产业链，技术操作简单，是乡村振兴的产业振兴良好抓手和切入点（图 9 - 40）。

图 9 - 40　利用木薯茎秆培育的 3 种食用菌及林下立体栽培示范

二十六、木薯嫩梢食品化利用技术

简介：以木薯梢为主要原料，通过对不同处理方式的木薯嫩梢腌制品进行外观和营养品质的测定，考察木薯嫩梢食品化利用价值。

（1）木薯梢在腌制制作成木薯翘后，大量微量元素都有流失，加入花椒和辣椒后可以减少微量元素的流失，腌制木薯翘单宁和氰化物都远低于国家标准。

（2）分析了不同处理方式的木薯翘中黄酮含量变化，发现木薯翘中主要含有的黄酮有芦丁、烟花苷、杨梅苷、水仙苷、槲皮素、山奈酚和穗花杉双黄酮，但在制作的过程中，黄酮类物质都不同程度地降解，炒制是影响黄酮含量的主要因素。

（3）建立了木薯叶黄酮指纹图谱。根据不同主栽品种、不同资源叶片形态等筛选，确定含量较高的黄酮醇种类，以此确定了标准方法构建必须要分析的目标物质：不同品种木薯鲜叶和叶粉中黄酮含量变化差异较大，芦丁和烟花苷占 7 种黄酮总和的 80%～90%；对 7 个品种幼叶、嫩叶和老叶中 7 种黄酮类物质含量差异进行分析，发现杨梅苷、芦丁、烟花苷都是幼叶期含量较高，而水仙苷和穗花杉双黄酮是老叶期含量较高，含量差异都达到显著水平；但因芦丁和烟花苷含量占 80% 以上，不同品种中总黄酮以幼叶期最高；考察不同生长月份（9 月份和 12 月份）木薯成熟叶片中 7 种黄酮含量的变化，发现品种间含量差异较大；多数品种中黄酮含量 12 月份较高；不同品种中穗花杉双黄酮在 12 月份采集时含量都高于 9 月份，这可能是 12 月低温启动了穗花杉双黄酮抗逆特性的原因。

二十七、木薯叶高值化利用技术

简介：叶片含有丰富的蛋白质、脂肪酸和黄酮类化合物，是健康食品和饲料的重要原料之一。本团队开展木薯叶食用化利用技术研究，

（1）采摘方式：刈割的方式其粗蛋白含量和总花青素含量与手工摘叶的方式相比差异不大，从减少成本的角度考虑可采用刈割的方式收获；处理方式：水浴预处理后其氰化物含量极显著低于直接烘干，是木薯叶食用化利用关键处理控制工艺，也是食品安全的保障措施。利用刈割的木薯叶经水浴脱氰处理后烘干，并研发了木薯叶粉食品，木薯叶粉含量15%左右，木薯粉含量15%左右，风味独特，营养价值较高，老少皆宜，是休闲食品开发利用关注点。

（2）为深入了解木薯叶提取液对细胞保护功能，本实验利用 H_2O_2 诱导建立了 SH-SY5Y 细胞氧化损伤模型，采用 CCK-8 法测定细胞存活率，观察木薯叶提取液对 H_2O_2 诱导 SH-SY5Y 细胞氧化损伤的保护作用，结果表明木薯叶提取液对 H_2O_2 造成的氧化损伤有一定的保护作用，但同样具有一定的毒副作用；木薯叶提取液对正常细胞凋亡率没有影响，但能够显著延缓 H_2O_2 诱导的 SH-SY5Y 细胞凋亡。

（3）利用代谢组学和细胞生物学等方法技术，构建了木薯叶多肽提取、酶解工艺，初步验证木薯叶多肽具有抗氧化、降血糖和降血压的功能；成功定位了中性蛋白酶水解多肽和 GO 分析。完成木薯叶黄酮类物质靶向代谢组学分析，首次在木薯叶片中检测到 5 个双黄酮化合物，明确了木薯叶不同生育期黄酮醇的组成和合成规律。

（4）在木薯叶副产物深加工利用方面，利用宏基因组测序技术，明确了发酵木薯叶蛋白质的降解与微生物群落和功能组成密切相关；获得 33 个物种与蛋白质浓度变化相关，前 4 个物种与蛋白质浓度变化呈负相关，但与多肽浓度变化成正相关，表明这几个物种是木薯叶蛋白质降解为多肽的优势物种。随后对 5 个菌种的基因功能注释，表明各菌种间酶基因水平分布不均。主要由羧肽酶、氨肽酶、内切酶等酶组成；总酶基因由高到低分别是肠杆菌属、乳球菌属和葡萄球菌属。MAGs 揭示了物种在蛋白质降解过程的代谢合作关系，主要以乳球菌属为主。研究结果为进一步利用木薯叶蛋白提出新的技术和思路。

二十八、发酵食用木薯粉加工技术

简介：以鲜食木薯为研究对象，通过添加双菌型乳酸菌、酵母菌及二者复配发酵，进行感官评价，集成发酵食用木薯加工技术 1 项。感官评价如表 4 所示，不同菌种发酵后气味不同，说明发酵可以改变木薯粉风味，微生物的品种和添加量对蛋白质含量影响明显（图 9 - 41），2.5g 双菌型乳酸菌＋2.5g 酵母

菌蛋白质含量最高，说明复合菌发酵在某些指标上更有优势。研究表明，发酵可以明显提高木薯粉多糖含量，改善营养品质，降低氰化物含量，改变了其外观形状，有利于食品加工。未检出真菌毒素残留。

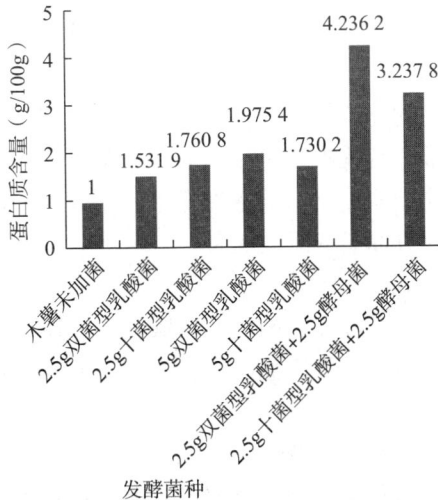

图 9-41　不同菌种发酵对木薯粉蛋白质含量的影响和不同发酵工艺木薯淀粉差异

二十九、饲用辣木栽培技术

简介：辣木（Moringa oleifera L.）拥有速生、高产特性，粗蛋白含量丰富（16%～27%），且富含天然叶酸、氨基丁酸、黄酮等多种抗菌消炎活性成分，其作为天然新兴植物蛋白饲料源，不仅能减少饲养成本，还能增强动物免疫、消化、内分泌和心血管等系统功能，而且对肉、蛋、奶的产量和品质提升有明显改善作用。2018 年农业农村部第 22 号公告已将辣木茎叶纳入《饲料原料目录》，隶属饲草、粗饲料及其加工产品部分。以营养丰富、种养循环、无抗养殖、食品安全为特征的饲用辣木种养殖产业为辣木产业的健康发展拓宽路径，同时响应国家"多渠道拓展食物来源、确保粮食安全"和云南省"绿色食品牌"的发展战略。

云南省热带作物科学研究所辣木研究团队自"十三五"期间就依托国家产业技术体系辣木栽培模式岗位科学家项目，在西双版纳综合实验站、元江示范县开展了系统的饲用辣木栽培技术探索和验证，提出一套科学、合理的饲用辣木栽培、采收生产技术，实现种养高效衔接，满足大量生产的需求。

（一）技术概述
1. 技术基本情况
优质、高产、高蛋白且拥有天然抗菌成效的饲料替代源是种养殖业健康发展的重要前提保障。由其喂养的畜禽、水产品的平直明显优于其他同类产品。饲用辣木栽培技术从提高贫瘠土地的使用率，单位面积土地产出，生态种植，为家畜提供优质安全饲草供给等方面综合考虑，从木本蔬菜、叶片全营养素片等菜用、叶用、果用、茶用种植模式，增加辣木饲用种植模式，从而获得较高的经济收益和较大的生态效益。提出一套饲用辣木栽培技术，包括种子直播技术、种植密度、采收方式、刈割留茬高度、收获长度、水肥管理等，结合产量、品质、经济效益，优化农艺措施，筛选出高产优质栽培方案。该技术的应用对木本新型饲料的推广与规模化种植提供参考依据，于保护生态、减少水土流失、推进农业供给侧结构调整、促进农业增产增效、降低生产成本、确保粮食安全、促进农民增收方面具有重要意义。

2. 技术示范推广情况

该饲用辣木栽培技术已经在云南的西双版纳、元谋、元江、红河等地区范围内推广应用，得到当地农业推广部门、种养殖企业和农户的认可。

3. 提质增效情况

2019—2021 年在干热河谷、湿热地区开展评比论证，建立试验示范基地。干热河谷年亩产饲用辣木鲜茎叶达 7.8t/亩，即每年可产 1.3t/亩饲料辣木原料干粉；湿热地区由于雨季集中，刈割后回枯严重，年亩产饲用辣木鲜茎叶达 5.9t/亩，即每年可产约 1.0t/亩饲料辣木原料干粉。论证后，决定将当地传统的"一年一熟"种植模式转变为"一年八采"的种植模式，通过多次刈割利于辣木灌木化和饲用价值的提升，更利于辣木作为木本饲料的使用和生产，在条件适宜地区，可实现五年以上长期可持续采收。这一提质增效举措对辣木作为木本新型饲料的推广与规模化种植具有重要意义。

（二）技术要点

1. 种植时间

湿热区春季雨季来临之前为最佳种植季节（3—4 月），干热区如有灌溉条件避开冬季均可种植，种子播种量每亩 2.5～3kg，种植密度以每亩 4 000～8 000 株为宜（图 9 - 42、图 9 - 43）。

图 9 - 42　覆膜饲用辣木栽培

图 9-43 未覆膜、种子直播饲用辣木栽培

2. 种植方式

灌溉条件良好，采用完全成熟、籽粒饱满、无病虫害的辣木种子直播法，根据株行距确定播种位置，挖穴播种，每穴 3 粒。灌溉条件差的地方选择苗木移栽，苗高 20cm 左右、1 月龄的健康粗壮营养袋苗进行移植，撕去营养袋后将带土苗放入穴中。种植密度干热区株行距为 20cm×40cm，湿热区株行距 40cm×40cm 为宜。

3. 田间管理

施入每亩 1 500kg 有机肥作为基肥，嫩梢抽出 5cm 后喷施浓度为 0.5% 的磷酸二氢钾等叶面肥。在刈割收获后 7～15d 追肥，每亩施用 25kg 尿素，适时观察病虫害为害情况并及时防控，可选用 3% 的联苯肼酯悬浮剂 2 000 倍＋34% 的螺螨酯悬浮剂 4 000 倍防治辣木叶螨，用 1.8% 阿维菌素乳油 2 000～3 000 倍液或 4.5% 高效氯氰菊酯乳油 2 000 倍液防治辣木瑙螟；适时做好中耕除草管理。

4. 适时采收

饲用辣木地径达 3cm 时，采用人工进行第 1 次刈割采收枝叶，留茬高度为 60～80cm，机械采收适宜的留茬高度为 30～40cm，2 次刈割采收时间间隔春夏季为 30～45d，秋冬季为 45～75d，苗高 1～1.2m 开始下次收割，1 年内可刈割 7～9 茬，每年 10—12 月对主干进行 5～8cm 短截，促新枝抽生，收获的叶枝长度为 80cm 饲用价值较高。采后处理顺序宜为饲用辣木刈割、机械切短、干燥（55～60℃，36h）、粉碎成粉，可与豆粕、玉米粉等混匀制成粉状或颗粒饲料（图 9-44、图 9-45、图 9-46）。

（三）适应区域

全国亚热带和热带适栽辣木区域均可推广应用。

图 9-44　采收　　　　　　图 9-45　烘烤　　　　　　图 9-46　打粉

（四）注意事项

做好饲用辣木的苗期病害（嫩梢萎蔫、茎基腐病）、虫害（叶螨、瑙蟓、蚜虫和斜纹夜蛾）防控和杂草防除。秋播的播种时间不应迟于 10 月底。避开阴雨天采收，减少枝条回枯病的发生（图 9-42）。

第四节　新　工　艺

一、木薯糖水生产加工技术工艺

简介：为解决食用木薯及食用木薯保存与产品深加工技术难题，提升木薯下游产品附加值，推进木薯粮饲化工作，紧密围绕体系重点任务"木薯粮饲化全产业链利用关键技术研发与示范推广"，我站在体系多年来形成的鲜薯保存与加工的成果经验的基础上，与食品流通与加工企业联合研发，初步形成了可常温保存的食用木薯糖水料理包产品及生产加工全套技术工艺。该工艺有如下特点：第一，就食用木薯产地化初加工技术进行了集成，采用机械化收获—集中清洗—人工去皮—真空密封包装—冷冻保鲜—冷冻运输等工艺流程，研究并确定各流程关键参数，实现了食用木薯产地集中初加工、集中冷冻贮藏、分批次出库运输的技术方案，为后续食品加工的周年性原料需求提供了技术保障。第二，针对木薯糖水等食用木薯加工的分散性生产现状和产品品质不均、保质期短等技术难题，与食品生产企业共同提出高温高压灭菌集中化加工工艺，配套铝箔包装工艺，优化了木薯糖水配方，最终总结出冷冻薯块集中化加工的新方案，该方案避免了食品添加剂的使用，试产出可常温保存的食用木薯糖水料理包产品（木薯糖水预制菜），该产品品质均衡，口感和市场反响度良好，产品的市场应用面更加广泛。目前该产品已在企业试产成功，并推向市场，在推进食用木薯产业发展过程中发挥着积极作用（图9-47）。

图9-47 食用木薯糖水产品

二、木薯种茎储藏系统

简介：用于木薯种茎储藏的传统土洞依山而建，挖掘人工成本高；挖掘位置选址较严格，否则容易出现塌方，造成安全隐患；面积较小，储种量有限。通过人工仿土洞建造储藏系统，大小依储种量而建，降低安全隐患，节约成本；安装温湿仪器，检测洞内内部环境变化，可人为调控温湿度，提高种茎储藏效果及成活率（图9-48）。

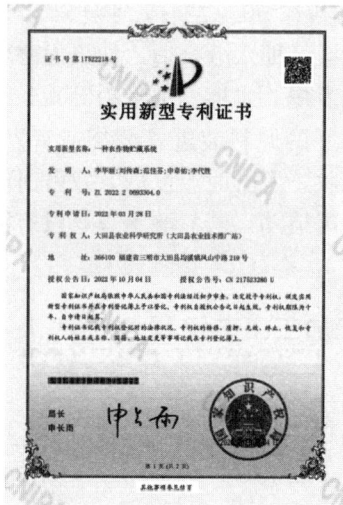

图9-48 实用新型专利木薯种茎储藏系统

三、木薯混合发酵料制作

（一）技术原理

以木薯为主，配以辅料混合厌氧发酵。通过混合发酵，消除毒素，改良薯渣的营养缺陷，提高消化率，改良环境，延长保质期，节能环保。

（二）发酵方法

1. 发酵材料

主料：木薯块根破碎的薯粉。辅料：豆渣、玉米粉、麦皮、米糠、地瓜皮等；发酵菌：木薯发酵菌剂。

2. 发酵配比

木薯粉 50％、辅料 50％（玉米粉 20％＋豆粕 10％＋麦皮、地瓜皮等 20％）。

3. 发酵过程（按 1t 发酵料计）

①活化发酵液：先将发酵菌加 1kg 红糖，适量（10kg 左右）温水（35℃）浸泡，时间可长可短（数小时至 3～5h 皆可），激活成菌液。也可不活化，直接将发酵菌和辅料混合均匀备用。

②准备原料：破碎木薯块根，准备要发酵的原料和辅料。

③发酵料制作：有搅拌机时，将拌好的辅料和要发酵的原料搅拌一起，边搅拌边喷洒菌液。无搅拌机时，将拌有发酵菌的辅料撒进薯粉中，铺一层撒一层，混合均匀；或者一层薯粉一层辅料，逐级混合逐级喷洒菌液。注意为了充分发酵，不能有大团块。

④湿度控制：湿度控制在 50％左右，半干半湿状态，手抓发酵料成坨，用力握不出水，松开后能撒开即水分合适。如果发酵料过干，适量补充水；如果过湿，适量补充干料（麦皮、米糠、玉米粉等）。

⑤压实发酵：将混合好的原料装进发酵袋或者发酵桶，压实密封发酵 15 天以上，福建木薯冬季采收，发酵时温度低，发酵时间延长。散发出略带酸甜的浓郁酒曲香味，表明发酵成功。若只酸不香，没有酒曲香味；或是密封不完全变白色，表明发酵失败。

四、木薯粉丝手工加工工艺流程

工艺流程：

（1）收获木薯块根。

（2）清洗木薯块根。

（3）机械粉碎（一般重复 2 次）。

（4）加水过滤粉碎木薯（一般重复 4 次、每次水与碎薯为 3：1）。

（5）沉淀淀粉（一般静置 12h，水澄清为止，舀出清水再过滤木薯，重复数次，直至容器存有一定的淀粉为止）。

（6）将第 5 步骤的淀粉拌乱过滤一次，水澄清，取出淀粉晒干。

（7）加水搅拌揉和淀粉，首先用少量开水拌少许淀粉后，迅速加淀粉搅拌

（一般加水20％，分数次慢加，揉粉程度揉和至淀粉不粘手为宜，每缸一般约30kg、揉和时间约30min）。

（8）烧水（与揉粉同时进行）。

（9）出粉（根据粉丝粗细定）。

（10）捞粉（粉丝浮出水面即捞）。

（11）晾晒（每1kg左右束成1小把晾晒）。

（12）晾晒2h后拆粉。

（13）粉丝水分挥发60％～70％后扎把。

（14）晾干（粉丝变脆易断即可）（图9-49）。

图9-49 木薯手工粉条加工、晾晒

五、木薯全粉加工技术

工艺流程：

（1）预处理。包括清洗、剥皮。干净的原料是产品品质的重要保证。

（2）切片。切厚度均匀一致，不宜太厚太薄，太厚易造成预煮与蒸煮不均匀，太薄会增加木薯细胞的破损。

（3）预煮温度、预煮时间、蒸煮温度、蒸煮时间是影响木薯细胞完整性的主要因素，需要进行严格的控制。

（4）粉碎。一次粉碎时避免木薯直接受到锐利器械的破坏，粉碎粒度也不宜太细，过60目筛即可。

（5）干燥。

（6）检验。

（7）包装。

（8）适宜区域。

鲜木薯不耐储存，而且不便长途运输，为此，木薯全粉加工应接近原料产地，使收获后的鲜木薯得到及时的加工处理，同时降低运输成本。

（9）注意事项。

①原料选择时，选择木薯淀粉含量高，而纤维含量比较低的生长期收获的木薯进行加工，同时要求还原糖含量不能太高。

②通过加工过程中预煮、蒸煮、粉碎、干燥等可降低氢氰酸含量的工序，确保最终产品的氢氰酸含量降到人们食用的安全水平或彻底消除（图 9 - 50、图 9 - 51）。

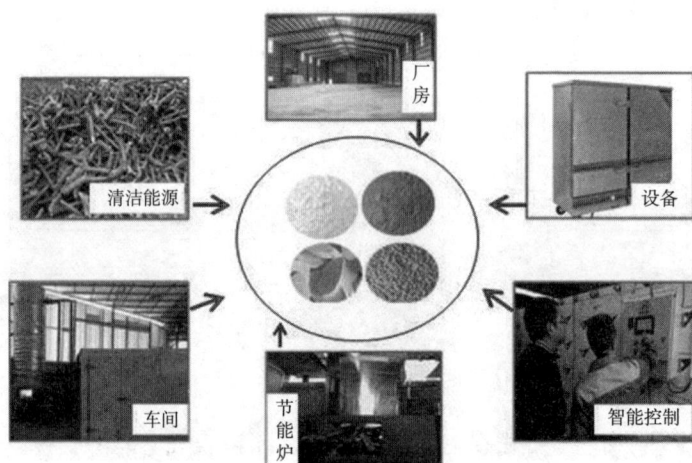

图 9 - 50　木薯全粉加工流程

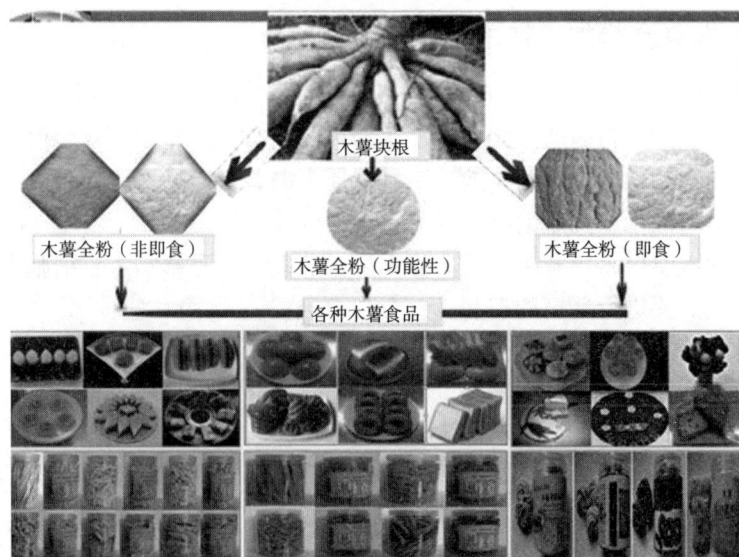

图 9 - 51　长沙综合试验站小型化木薯全粉生产线顺利投产

六、木薯全粉蛋糕制作工艺

简介：工艺流程。

原料：鸡蛋 300g、木薯全粉 200g、细砂糖 150g、植物油 50g。

工艺流程：

（1）鸡蛋里加入细砂糖，打发（至提起打蛋器时滴落的蛋糊不会马上消失，可以在盆里的蛋糊表面画出清晰纹路时为止，整个打发过程约需要 15min）。

（2）分 3～4 次倒入木薯全粉，用橡皮刮刀小心地同一方向往上翻拌，使蛋糊和木薯全粉混合均匀。（注：不要打圈搅拌，以免鸡蛋消泡）

（3）在搅拌好的蛋糕糊里倒入植物油，继续翻拌均匀。

（4）在烤盘里铺上油纸，或用黄油来擦容器，防粘。把拌好的蛋糕糊全部倒入烤盘（不要太厚）

（5）把蛋糕糊抹平，端起来用力震几下，可以让鸡蛋糊表面变得平整，并把内部的大气泡震出来。

把烤盘放入预热好的 180℃的烤箱中，烤 40～50min，用牙签插入蛋糕内部，拔出后牙签上没有粘上蛋糕即可（图 9-52）。

图 9-52　木薯全粉蛋糕

七、木薯全粉薯条制作方法

简介：以木薯全粉为原料，研发一种木薯全粉薯条制作方法，有效降低薯条制作过程中的吸油率，减少对油脂的过氧化。申请国家发明专利 1 项：一种木薯全粉薯条的制作方法（申请号：201510389060.1）（图 9-53）。

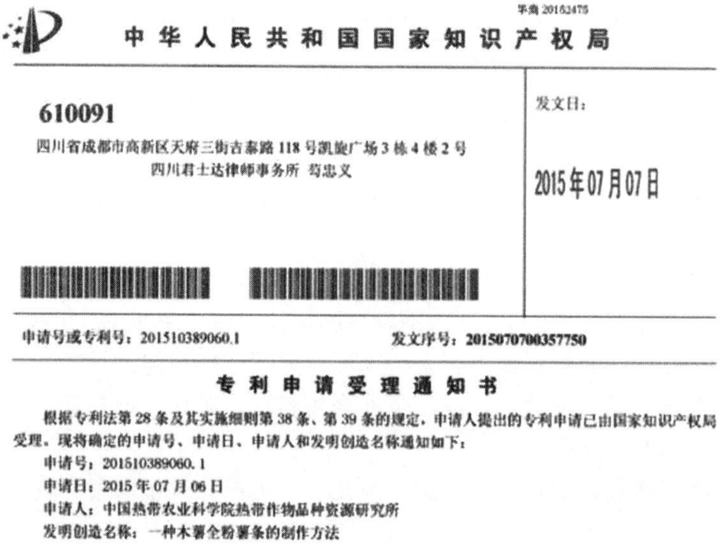
中华人民共和国国家知识产权局

610091
四川省成都市高新区天府三街吉泰路 118 号凯旋广场 3 栋 4 楼 2 号
四川君士达律师事务所 苟忠义

发文日：
2015年07月07日

申请号或专利号：201510389060.1　　发文序号：2015070700357750

专利申请受理通知书

根据专利法第 28 条及其实施细则第 38 条、第 39 条的规定，申请人提出的专利申请已由国家知识产权局受理。现将确定的申请号、申请日、申请人和发明创造名称通知如下：

申请号：201510389060.1
申请日：2015 年 07 月 06 日
申请人：中国热带农业科学院热带作物品种资源研究所
发明创造名称：一种木薯全粉薯条的制作方法

图 9-53　专利受理通知书

八、特色木薯食品加工工艺和加工技术

简介：以木薯粉为主要原料，研发了杏仁巧克力西饼、焦糖香蕉蛋糕、虎皮蛋糕卷、木薯锅巴、蜜糖木薯片、中空木薯片等食品。以木薯粉、木薯淀粉为研究对象，研发两种木薯食品加工工艺：木薯酸奶、木薯泥冰激凌（图 9-54）。

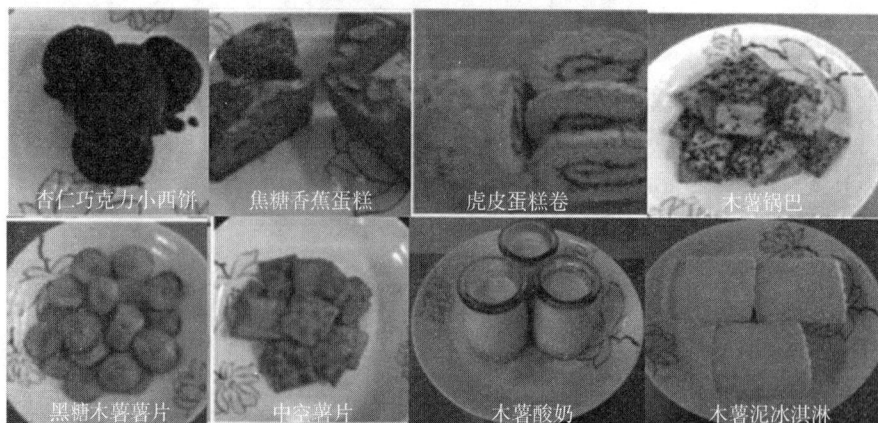

图 9-54　系列木薯食品

九、木薯嫩梢食品化利用工艺

简介：以木薯梢为主要原料，开展了木薯梢-橄榄酱复合腌菜制作工艺优化和木薯梢不同菜品的加工适应性研究。通过工艺优化、风味评价、营养差异和抗营养因子检测等，确定了木薯梢-橄榄酱复合腌菜的最佳工艺，且抗营养因子都在国家标准安全范围内。（2022）优化不同腌制工艺（泡菜、芽菜、酱菜、橄榄菜、烫泡菜和盐菜）对木薯嫩梢加工品质和发酵条件（原料配比、发酵时间）对木薯腌制菜营养品质和风味的影响研究。综合感官评价、INQ 评价和 PCA 分析评价结果显示，脂肪、粗纤维和 Mn 对各 CTS 腌制菜的 INQ 影响较大，而 SAP、KIM 和 HK 的营养价值较高；各木薯嫩梢腌制菜综合评分由高到低分别为 KIM、SP、SPP、SAP、OP 和 HK，证明木薯嫩梢适合制作泡菜、盐菜。发酵腌制 10～15d 可有效降低木薯嫩梢的抗营养因子，保障食用安全，提高乳酸含量和富集挥发性风味物质。研究结果建立木薯嫩梢腌制菜营养评价方法 1 套，集成木薯嫩梢发酵腌制菜工艺 1 项。发表论文 2 篇，授权专利 1 项。

十、辣木饲料加工工艺

本工艺是一种辣木叶粉添加饲料的制备方法。饲料组成包括辣木叶粉 5%～13%、玉米 50.64%～55.9%、豆粕 25%～28.14%、鱼粉 4.1%～4.8%、豆油 2%～2.3%%、赖氨酸 0.16%、蛋氨酸 0.12%、磷酸氢钙 1.5%、食盐 0.38%、石粉 1%、添加剂 1%，各原料质量百分比之和不大于 100%。制作方法包括叶片采摘、初选、清洗、烘干、粉碎、测营养成分，制定配方，按配方称原料，用搅拌机混合均匀，压粒，颗粒饲料冷却，烘干，包装贮藏。

辣木饲料的制备方法包括前处理、饲料分析和配料、混料、压粒、干燥等步骤，具体步骤如下：

A. 前处理：将辣木叶、玉米、豆粕用粉碎机粉碎并过 16～20 目筛备用；

B. 饲料分析及配料：测定各原料的营养素含量，据此在预定比例调配饲料配方；

C. 混料：将 A 步骤得到的各原料根据 B 步骤的饲料配方分别称量，分别倒入搅拌机内，并在混合过程中按 6% 的比例加入冷开水均匀洒入搅拌机内搅拌 20min；

D. 压粒：取 C 步骤得到的混合料移入制粒机内，压粒得到颗粒饲料，颗粒直径小鸡 3mm，大鸡 5mm，长度为 0.5～2.5cm；

E. 干燥：将 D 步骤所得的颗粒饲料移入烘烤盘内，推入热泵烘干机内，将温度调至 45℃烘 24h，得到成品（图 9 - 55）。

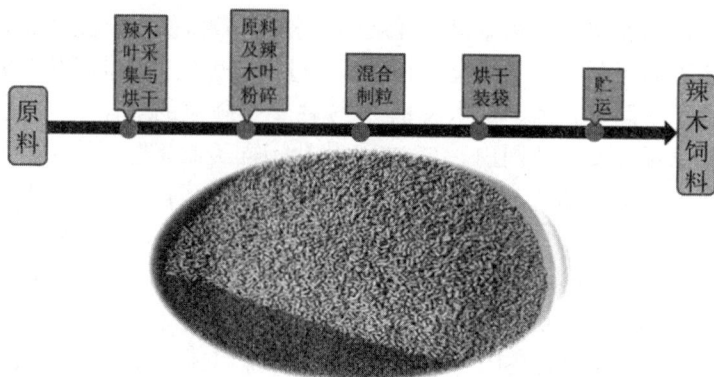

图 9 - 55　辣木饲料制作流程及辣木饲料成品

第五节　研发产品

一、根据木薯宽窄双行起垄种植模式的农艺参数，一体化设计研制配套了全程木薯生产装备。

简介：主要产品包括 1LH-345 型木薯地深耕犁（加强型）、1GH-250 型木薯地旋耕机（加强型）、1GL-180 型木薯起垄机（加强型）、2CM-2A 型垄作式木薯种植机、2CM-2B 型起垄式木薯联合种植机（图 9 - 56）、2CMY-2 型预切式木薯种植机、2CM-1A 型木薯联合种植机、2CM-1B 型木薯联合种植机、

图 9 - 56　2CM-2B 型起垄式木薯联合种植机

3WPM-500 型木薯地喷药机、4JMF-200 型变轴径仿垄形木薯秆粉碎还田机、4JMF-180 型多辊仿垄形木薯秆粉碎还田机、4UML-130 型振动链式木薯收获机、4UML-140 型振动链式木薯收获机、4UML-150 型振动链式木薯收获机、4UML-160 型振动链式木薯收获机、4JMC-140 型侧输送式木薯联合收获机（图 9-57）、7CX-5.0 型木薯田间收集转运挂车，以及 5TPM-0.2 型食用木薯清洗去皮机、5TPM-0.5 型食用木薯清洗去皮机等，部分设备带有作业参数智能控制技术和信息化技术，基本上满足了当前木薯生产机械化的需要。

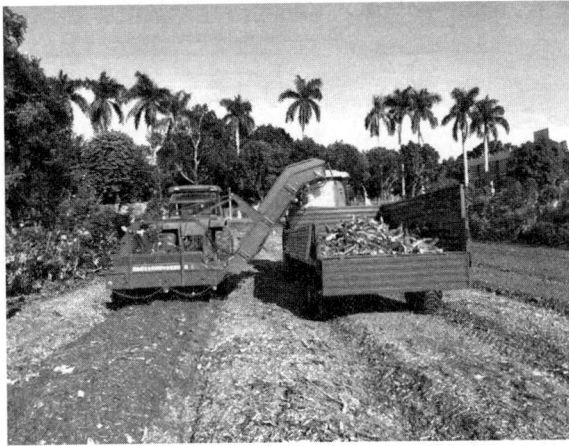

图 9-57　4JMC-140 型侧输送式木薯联合收获机

二、食用木薯糖水（预制菜和碗装）产品

简介：广州综合试验站集成木薯体系科技成果，与广东省内食品加工企业联合研发，形成了食用木薯糖水生产加工全套技术，并试产成功可常温保存的、"0" 添加的、即食的木薯糖水预制菜和碗装产品，已于 2023 年底正式推向市场。该产品的研发成功，将有力推动木薯粮饲化的进一步发展，让木薯糖水这种岭南传统美食以一种新的形式走向茶饮小店、百姓餐桌、木薯休闲农业基地，进而推动食用木薯种植的扩大，以一、二、三产业高效融合的形式助力乡村振兴（图 9-58）。

三、木薯全粉面条

简介：木薯全粉面条是以木薯全粉为原料制作的产品。本产品在色泽上均匀一致；气味上无酸味、霉味及其他气味；外观上呈均匀条状或圆形条状，表面光滑细腻，无肉眼可见外来杂质；口感上煮熟后口感不黏，不牙碜，柔软爽

图 9-58 食用木薯糖水产品

口。该面条长时间在水中煮或煮熟后放置长时间也不会使汤汁黏稠，仍能保持爽口，这是市场上其他面条不能与之相比的；面条中木薯全粉所占比例较高，能使木薯达到最大食用化。由于其富含淀粉，增加饱腹感，使人体无须摄入过多碳水化合物，能满足日常能量所需，是绿色、环保、生态、安全的优质产品。

木薯全粉面条的生产工艺如下：

搅拌—过面条机—晾晒—截断—称量、包装

搅拌：将木薯全粉与高筋面粉按质量比 3∶7 配成精配面粉，按每 500g 精配面粉添加 1 个鸡蛋、每 1kg 精配面粉添加 1g 碳酸钠、每 1kg 精配面粉添加 340g 水进行搅拌均匀。

过面条机：将面团放入面条机，调整面条宽度。

晾晒、截断、称量、包装：将面条晾干，根据需要截断，每 260g 包装成 1 把（图 9-59）。

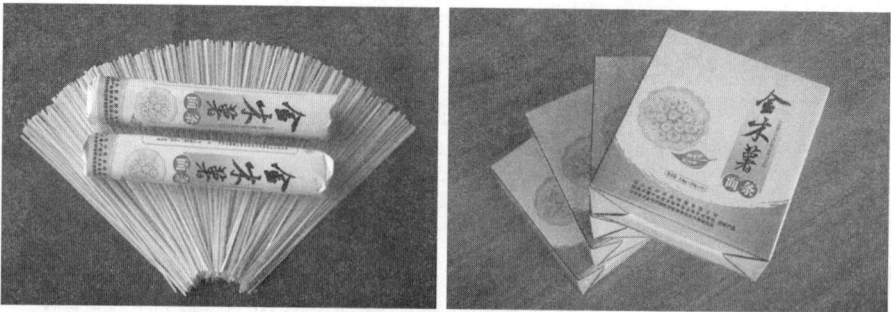

图 9-59 市场销售的木薯全粉面条

四、产品名称：3D 打印冰激凌专用型变性淀粉

简介：筛选了不同类型的变性淀粉用于制备 3D 打印冰激凌油墨，结果发现不同变性淀粉制备的冰激凌油墨表现出差异化稳定性。其中，木薯原淀粉（NS）、酸水解淀粉（AHS）、氧化淀粉（OS）、磷酸二淀粉（DSP）、羧甲基淀粉（CS）和辛烯基琥珀酸淀粉（OSA）的稳定性较差，出现了分层现象。而羟丙基淀粉（HS）、淀粉磷酸酯（SP）、醋酸酯淀粉（AS）、氧化羟丙基淀粉（OHS）、乙酰化二淀粉磷酸酯（ADSP）、乙酰化二淀粉己二酸酯（ADSA）、磷酸化二淀粉磷酸酯（PDSP）和羟丙基二淀粉磷酸酯（HDSP）制备的冰激凌油墨表现出稳定的非分层凝胶形态。因此，这些变性淀粉可能更适合用于制备 3D 打印冰激凌油墨。用羟丙基磷酸二淀粉（HDSP）制备的冰激凌油墨具有最高的精度（94.6%），这归因于油墨中存在更多的氢键载体和稳定的蛋白质结构。这些分子间相互作用产生了优异的保水性和致密凝胶结构的形成，进一步增强了油墨的弹性、结构回收率（99.66%）和力学性能（1896.35Pa）。这些增强的性能有助于在 3D 打印过程中挤出更细的线宽（0.95mm），并提高了打印产品的自支撑能力，从而提高了 3D 打印冰激凌的准确性。通过对印刷品质结构特性的进一步分析，全面评估了改性淀粉在 3D 打印冰激凌中的应用潜力。这项研究为淀粉材料在冰激凌个性化生产中的应用提供了新的见解（图 9 - 60）。

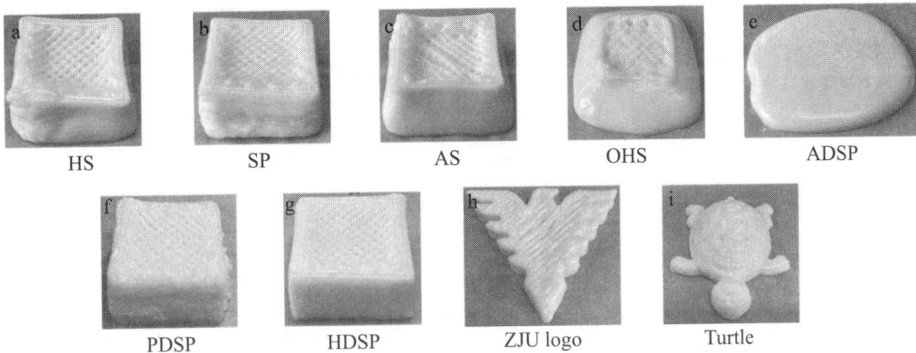

图 9 - 60　使用不同变性淀粉制备冰激凌 3D 打印产品

五、木薯啤酒

简介：本技术采用优质木薯原料，经过预处理、糖化、发酵得到嘌呤含量较低（只有普通啤酒的 1/6）的低嘌呤木薯精酿啤酒，产品风味独特、适宜人群广，同时通过木薯精深加工，可提升其附加值，增加农民收入，服务乡村振

兴（图 9 - 61）。

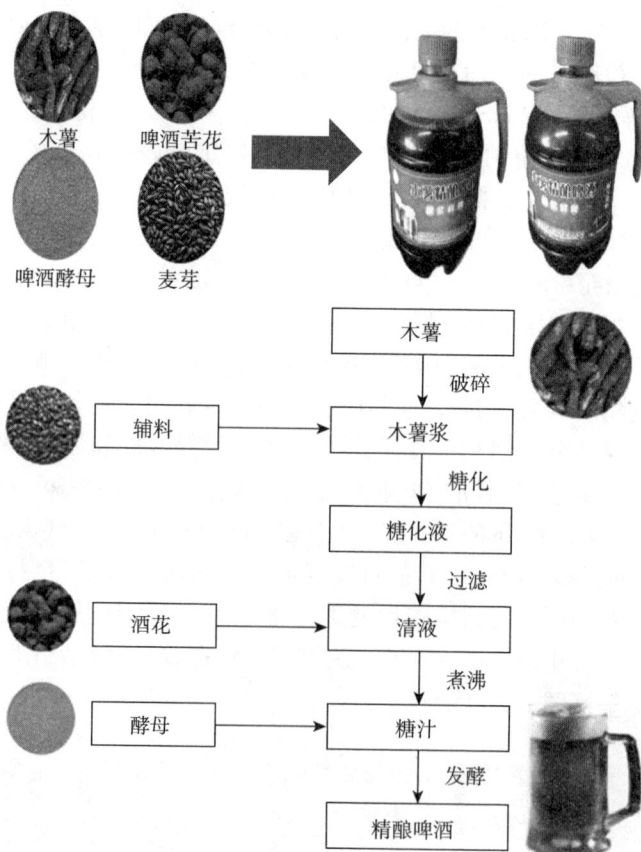

图 9 - 61　木薯啤酒生产工艺流程

六、木薯叶止痒膏

简介：木薯叶止痒膏采用新鲜木薯叶为原料，通过浸提、载体制备等精制工艺制备出纯天然的止痒膏产品，皮肤被蚊虫叮咬后使用本产品，可以达到快速止痒、消炎等功效。该技术拓宽了木薯叶的使用范围，提升了其加工利用附加值（图 9 - 62、图 9 - 63）。

七、木薯粉

简介：指以食用木薯块根为原料，经清洗、脱皮、切片（条）、干燥、粉碎、过筛等加工工艺制成的粉制品（图 9 - 64）。

新鲜木薯叶烘干

↓

粉碎、过筛

↓

木薯叶粉提取水

↓

制备油相

↓

混匀

↓

分装

↓

成品

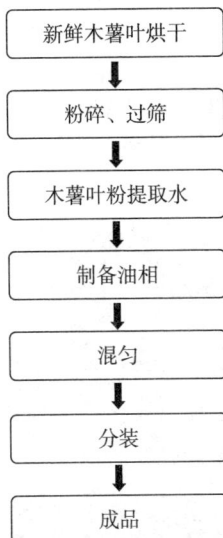

图 9 - 62　木薯叶止痒膏制备工艺流程

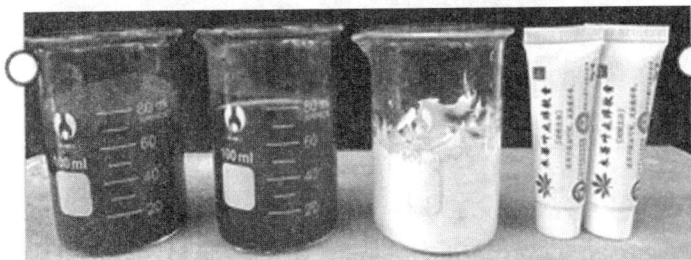

图 9 - 63　木薯叶止痒膏制备过程

图 9 - 64　木薯粉产品

八、木薯全粉

简介：指以食用木薯块根为原料，经清洗、脱皮、切块、预煮、冷却、压片、回填、干燥、粉碎等工艺制成的粉制品。使用所述方法做成的木薯全粉具有碘蓝值低、食用安全且保质期长等优点（图9-65）。

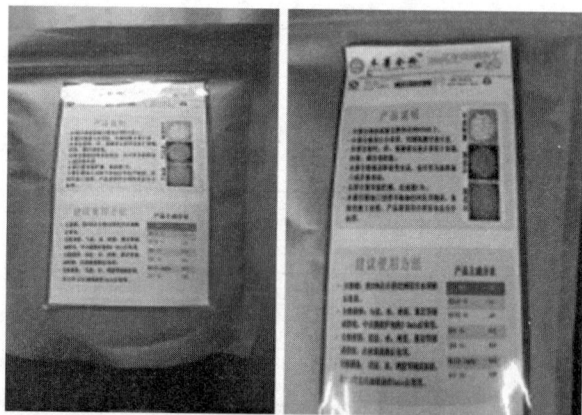

图9-65　木薯全粉产品

九、即食型木薯全粉饺子

简介：申请专利1项：一种即食型木薯全粉饺子及其制作方法（国家发明专利，申请号：201410430654.8）。本发明公开一种即食型木薯全粉饺子的制作方法，包括以下步骤：①将木薯块根经预煮后煮熟并制成木薯全粉；②将所述木薯全粉与凉开水按1∶1～1∶1.2的比例混合，然后不停搅拌制成木薯全粉面团；③将步骤②中的所述木薯全粉面团经压面机反复操作4～5次压成1.5～2.0mm厚度的面皮备用；④将步骤③中的所述面皮制成直径为7.3～8.5cm左右的饺子皮备用；⑤将馅料蒸煮或炒熟，滤去多余汁液和油滴备用；⑥将步骤④中的所述饺子皮和步骤⑤中的所述馅料包成饺子；⑦将步骤⑥中的所述饺子分装后进行速冻。本发明同时公开了一种由上述方法制成的即食型木薯全粉饺子。使用所述方法做成的饺子具有保质期长、外形完整美观、食用方便、口感好且食用安全等优点。

十、木薯全粉食品研制

简介：研发木薯全粉酥饼、木薯全粉蛋糕等食品，获得加工工艺条件和加工方法；以木薯粉为研究对象，开展调料、和面、热处理、切片、间歇式油炸等加工工艺研究，研发了木薯粉薯片加工工艺，集成木薯粉薯片加工技术，拓宽木薯全粉的利用范围，提高木薯的经济效益（图9-66）。

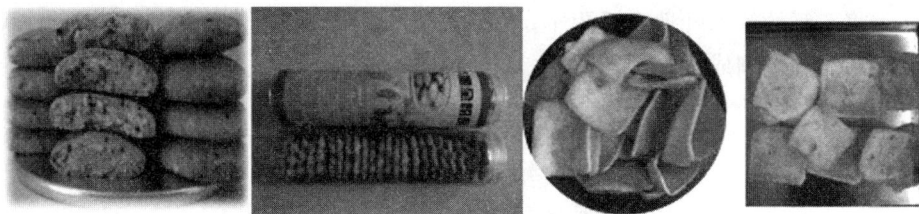

图9-66　木薯全粉系列食品

十一、辣木天然叶酸

简介：发酵工艺＋分离纯化（简化工艺步骤），有效成分含量可达到269μg/g，比之前工艺提纯的有效成分含量提高20倍（图9-67）。

图9-67　辣木天然叶酸

十二、辣木降压醋

简介：采用现代发酵技术，使用酵母菌和醋酸菌分步发酵，提高产品质量，缩短发酵周期（图9-68）。

图9-68　辣木降压醋

十三、辣木生茶

将新鲜的辣木叶洗净后阴干，采用5年左右的老生茶80％加上20％辣木干叶混匀，压制成饼（图9-69）。

图9-69　辣木生茶产品

十四、辣木熟茶

将新鲜的辣木叶洗净后阴干，采用75％的熟茶加25％的辣木干叶，一起焯水1天后，压制成饼（图9-70）。

图9-70　辣木熟茶产品

附录　宣传报道情况

木薯全产业链高质量发展高峰论坛在广州举行

4月1日，由国家木薯产业技术体系、华南农业大学和广州国家现代农业产业科技创新中心联合举办的"串珠成链·技术集成：木薯全产业链高质量发展高峰论坛"在广州国家现代农业产业科技创新中心举行。来自全国各地的35所高校和科研院所的专家学者、15家企业及合作社代表近150人参加本次大会。

论坛开幕式由华南农业大学二级教授谭砚文主持，华南农业大学副校长咸春龙、农业农村部农村经济研究中心龙文军、国家木薯产业技术体系首席科学家李开绵先后致辞，对近年来我国木薯产业技术体系发展给予了较高评价。

李开绵在致辞中表示，目前我国木薯产业技术体系岗站专家在全产业链各环节的科研成果均处于领先水平，今后将与更多企业合作，将先进的科技成果推向田间、企业和市场，实现木薯作为"粮饲供应有效补充、生物能源健康保障、'一带一路'发挥作用"的发展目标。

红太阳集团总裁杨寿海、淀粉世界网总经理黄盛秋、韶关市翁源县瀚江木薯专业合作社成员毛毅祥、广州希望饲料有限公司经理张号杰、华南理工大学教授田君飞和广州国家农业科创中心研究员刘玉涛分别就木薯酒精、木薯淀粉、木薯生产机械化、木薯饲料、木薯废弃物转化、木薯产业技术集成等主题作了专题报告。

杨寿海表示，木薯除了作为主粮、淀粉和饲料应用之外，还是以酒精为代表的能源产业的重要原料，该集团制定了未来七年木薯产业化发展规划，实现以"世界唯一、绿色循环、自主可控"的从木薯到可再生能源"一链二圈三大产业九条产品链"的新产品结构。

毛毅祥分享了他带领薯农种植、加工木薯，脱贫致富增收的故事。他说："我种了将近20年木薯，带领农民流转抛荒地种植木薯，成立了合作社、办了加工企业。木薯浑身都是宝，不仅可以简单加工后直接食用，还可以制作淀粉、制作饲料，市场前景广阔，我有信心带领更多农民种好更多木薯。"

刘玉涛表示，任何产业只有将产业链上的专家、企业家等"珠子"紧密串联成"链子"，才能达到技术集成，实现全产业链发展；只有走"重两头、买中间"的路子，才能实现产业高质量发展。

峰会现场，李开绵和刘玉涛分别代表国家木薯产业技术体系、广州国家现代农业科技创新中心签订战略合作协议，广州国家现代农业产业科技创新中心将为木薯产业技术体系岗站专家提供更多把先进科研成果转化落地的机会，从而进一步促进我国木薯全产业链的高质量发展。

此外，云南（东盟）能源木薯产业研究院同步揭牌，该研究院将充分发挥国家木薯产业技术体系在木薯能源化技术研发的优势，结合企业在国内外木薯种植、加工、市场营销的优势，强强联手，共同为保障国家能源安全做出努力和贡献。

据悉，木薯是世界第六大粮食作物，我国是世界木薯消费大国，木薯年进口量占全球木薯进口贸易量的 60% 以上。研究表明，我国在木薯遗传改良、栽培与土肥水管理、病虫草害防控、生产管理机械化、加工等各方面的研究，均居于国际领先地位，对于促进世界木薯产业科技发展，保障世界粮食安全作出了重要贡献。

（原载《科技日报》2023 年 4 月 4 日）

中国热科院推进木薯粮饲化产业，助力海南农业"长出"新经济

"咩，咩……"4 月 23 日，在位于屯昌的海南澳笠农牧有限公司里，一排排羊圈里膘肥体壮的湖羊见人靠近，便欢快地"打招呼"。"公司目前存栏近 4 000 头羊，是海南最大的肉羊企业。"该公司总经理李开嵘介绍。

前几年，李开嵘来海南考察，发现这里牧草资源丰富，羊肉市场需求大，但羊品种单一。嗅到海南肉羊产业商机，李开嵘在屯昌创办了肉羊企业。

但在实际运营中，李开嵘却发现，海南看似遍地青草，但能给羊做饲料的却非常稀缺。"海南秸秆综合利用率低。"李开嵘坦言，于是很长一段时间里，他只能从外省采购饲料来喂羊。

一次机会下，中国热带农业科学院科研团队为李开嵘带来了新的思路——由该院木薯团队选育出的优质可饲化高产木薯品种，结合畜牧团队研发的发酵全日粮技术，能就地取材，让小木薯成为羊的盘中餐，大大节约了养殖成本。

"木薯是生产淀粉、动物饲料等产品的重要原材料。木薯块根淀粉含量约 70%，茎叶蛋白质含量约 26%，能为动物提供能量和蛋白质来源。"中国热科院木薯产业创新团队成员张洁介绍。

"而发酵全日粮技术，则以多种农业废弃物、副产物等为原料，对调节动物机体代谢、肠道健康等有显著作用，是解决热区饲料短缺，养殖效率低的重

要技术手段。"中国热科院畜牧研究中心副主任吕仁龙说。

"试验证明，用10%木薯发酵全日粮喂羊后，我们的湖羊月增重量近15斤，达到国内湖羊规范化养殖平均水平。"李开嵘说。

长期以来，海南都是我国木薯的主产区。海南种植木薯具有天然气候优势，3年可以种植两造。但前些年，由于木薯加工产业链不完善等原因导致其经济效益低下，海南种植木薯的面积锐减。

近年来，中国热科院通过选育、改良新品种，推进木薯粮饲化产业，延长木薯产业链等举措来提高木薯的亩产值，农业科技助力小木薯"长出"新经济。

"当下，木薯粮饲化产业关键技术取得了新突破。"中国热科院副院长李开嵘说，由中国热科院培育出的首个高抗朱砂叶螨、高产高淀粉木薯新品种"华南13号"，已成为服务"一带一路"沿线国家的粮饲化主推品种。

同时，中国热科院还针对木薯变性淀粉原料稳定性差、技术集成度低和效益不高的难题，集成创新木薯粮饲化利用的加工关键技术，拓宽了木薯产品应有领域，助力产业提质增效。

"近年来，我们还通过向农户、市场推广一些比较简单的木薯加工工艺，加大力度对木薯全产业链开发。"李开嵘说，接下来，中国热科院会继续加强科研团队与企业的合作，推进木薯粮饲化，推广轻简化生产技术，为打造"一村一品"提供技术支撑，服务海南乡村振兴。

（原载《海南日报》2023年4月23日，记者邱江华）

践行"大食物观" 发展热带特色粮食产业

"热带地区"是指南北回归线之间的地带，面积占全球总面积的39.8%。其中，陆地面积0.54亿平方公里，占全球陆地面积36%；海洋面积1.49亿平方公里，占全球海洋面积41%；分布有155个国家和地区，人口38亿。

热带地区的光、热、水、气等自然条件优越，分布着丰富的热带特色粮食资源，是全球粮食的主产区，也是粮食不安全和极不安全的集中区。全域热区国家全球粮食安全指数（GFSI）为53.2，低于全球均值62.2，不安全以上程度国家占比60.4%。

热带农业及其农产品是典型的多元化农业及农产品体系。热带水稻、玉米、甘蔗、木薯、香（大）蕉、面包果、波罗蜜、椰枣等是广大热区国家的主要食物来源。其中，木薯是第六大粮食作物，种植面积约4.13亿亩，总产量3.04亿吨，是世界1/7人口的主粮；香蕉是全球贸易量最大的水果，甘蔗、油棕是全球最重要的产糖、产油植物，还有面包果、波罗蜜、椰枣等热带木本粮食作物耐干旱，是热区国家粮食安全的重要补充。热带地区还是我国居民"果盘子"和冬季"菜篮子"的重要的供给区域。

黄贵修表示，作为世界农业重要组成部分的热带农业，如何深入践行"大食物观"，发展好热带特色粮食产业，是理解中国粮食安全的全球整体观的一个重要的立足点、出发点和落脚点。

我国大多热带农产品依赖进口，如：棕榈油 2022 年进口 771 万吨，100％依赖进口；木薯进口 611.2 万吨，71.4％依赖进口。此外，我国谷物进口 1.4 亿吨，从热区国家进口 1.2 亿吨，占比 87.51％；油料进口 792.48 万吨，从热区国家进口 588.34 万吨，占比 74.24％；糖料进口 566.62 万吨，从热区国家进口 492.06 吨，占比 86.84％。

"重视发展和利用好热带特色粮食资源，深入践行热带农业'大食物观'，可有效分散我国主粮的风险，对冲主粮'卡脖子'的危机。"为此，黄贵修提出三点建议：

一是从政策层面，拓宽粮食安全的维度和深度，构建与大食物观相适应的热带农业政策体系和技术支撑体系。

二是从供需层面，拓宽热区食物来源和丰富供给品类，延伸热带农业产业链和价值链。持续抓好热带水稻、玉米、甘蔗、木薯和香（大）蕉等基础产业，大力发展热带木本油料、南药、豆科植物和食用菌等特色农产品产业，数字赋能发展牛羊肉、奶业、海洋牧场等热带特色养殖业。同时，在确保生态可持续发展前提下，充分利用热区国土资源，发挥耕地、森林、草原和江河湖海等自然生态系统的生产功能，提高热带食物的绿色、生态、健康，丰富热带食物供给。

三是从科技层面，加大热带食物技术的研发与援助力度。支持启动国家热带农业科学中心创新工程，实施全球热带农业大科学计划，突破热带食物核心关键技术，夯实热带农业科技自立自强根基。同时，加大以热带农业科技输出为主的"食物技术援助"力度。在境外搭建国际热带农业科技交流合作平台，集成推广应用我国热带农业科技成果，尤其要面向粮食主要进口来源地拉美和东南亚热区，针对我国严重依赖进口的粮食品种，以技术促交流、促合作、促贸易；面向全球粮食不安全和极不安全的集中区域亚非拉地区开展技术援助，进一步扩大技术输出能力，在粮食安全领域进行全方位的国际交流合作，不断提升这些地区的粮食自给率。

（原载《光明网–科普中国》2023 年 5 月 19 日，

记者宋雅娟　武玥彤　肖春芳）

2023 十大热带作物重大技术创新成果展示

编者按：近年来，我国持续强化热作科技支撑和自主创新，突破了一批制约产业发展的关键核心技术，在遗传育种、种苗繁育、病虫害防控、高效栽培、农机装备、产后保鲜、精深加工、质量安全、绿色发展等多个领域，涌现出一大批标志性成果，推动热作科技整体研发实力进入世界前列，为我国热作产业高质量发展、热作地区乡村全面振兴注入强劲动力。在近期举办的中国国际热作产业大会上，发布了十大热带作物重大技术，本版予以集合刊发。

木薯宽窄双行起垄种植及配套全程机械化技术

木薯埋薯深（35cm）、结薯幅宽大（75cm），在传统等行距平种（80～90cm）模式下，拖拉机下地作业会压行、伤株，尤其是收获作业，伤薯率30％以上、损失率15％以上，这是木薯生产机械化长期停滞的重要原因。人工采收木薯劳动强度高，平均1个强劳力每天采收量仅600～800kg，1吨木薯的采收成本超过150元，占售价的20％以上。由于生产严重依赖人工，木薯种植效益低，面积不断萎缩，严重影响我国木薯供应链的稳定，近三年年均进口木薯干片和淀粉折合鲜薯2 800万多t，对外依存度约85％。

2015年起，中国热带农业科学院农业机械研究所（国家木薯产业技术体系机械化研究室）联合中国热带农业科学院热带作物品种资源研究所（国家木薯产业技术体系栽培研究室）、中国农业大学以及国家木薯产业技术体系相关单位，开始从农机、农艺、品种、管理等多维度融合，开展木薯全程机械化技术与装备系统研究、大田试验、推广示范和产业应用。

该技术以90～120马力拖拉机为动力，实施机械化施肥起垄、联合种植、杂草控制、秸秆处理和挖掘收获、捡拾转运，作业过程中拖拉机与木薯垄形有效匹配、能精准对行作业。通过高起垄种植，较传统平种显著提高土壤疏松度，避免收获时板结土块对木薯造成挤压，并显著降低收获机的挖掘阻力；特定的垄形土壤空间限制促使木薯块根聚集生长，可显著提高收获的明薯率；高垄种植获得的疏松土壤环境，有利于木薯根系膨大而高产稳产。该技术实现了木薯生产机械化农机农艺融合、耕种收各环节设备作业衔接配套、全程高效高质量生产，伤薯率低于10％，损失率低于5％。

多年在广东、广西、海南和云南的技术试验结果显示，在大田生产条件下，连续多年亩均产量在 2.5 吨以上。和传统人工种植相比，全程机械化每亩可节支 300 至 400 元，综合作业成本仅约为人工的 1/3。1 套全程机械化设备每年可管理 2 000~3 000 亩木薯种植园，替代约 100 名劳动力。目前该技术已开始在华南木薯产区推广应用，并在柬埔寨、老挝、加纳等东盟、西非主产区得到大型种植园应用。

（原载《农民日报》2023 年 6 月 7 日，记者姚媛）

海南出台首个食用木薯生产技术地方标准

29 日，记者从中国热带农业科学院获悉，近日经海南省人民政府批准，海南省市场监督管理局和海南省农业农村厅近日联合发布《食用木薯生产技术规程》（以下简称《标准》），于 2023 年 7 月 15 日起正式实施。

据了解，该推荐性地方标准适用于海南省食用木薯的生产管理。

《标准》规定了食用木薯的园地选择、品种选择、园地建立、田间管理、病虫害防治、收获、轮作、生产档案管理等技术要求。规范园地选择、品种选择及安全高效的病虫草害防控技术，从源头保证木薯的食用安全；推荐轮作、合理疏植、控施氮肥、增施钾肥以及适宜的收获时期和采后处理等技术要点，全面提高食用木薯的产量和品质；推荐间套作短期作物以增加收益，并通过增加生物多样性来达到综合防控病虫草害的目的。

《标准》的出台将扭转海南省食用木薯低产、品质差、商品率低、效益不高的局面。《标准》的发布实施，是海南省规范食用木薯高产优质高效栽培技术的重要依据，对加快食用木薯的产业化和绿色生态发展，促进农民增收，助力海南自贸港的乡村振兴具有重要意义。

下一步，中国热带农业科学院热带作物品种资源研究所和海南省农业农村厅等单位，将组织开展标准的宣传和培训，加强示范推广和规模化生产，共同推进地方标准的贯彻执行。

（原载《南海网》2023 年 7 月 29 日，记者易帆）

椰视频｜定安雷鸣镇：农业科技助力小木薯"长"出新经济

金黄的薯肉颜色，扑鼻的香气，木薯披上一身金黄外衣后顿时令人食欲大增。在定安县雷鸣镇同仁村的"金秋四宝"共享农庄里，这样的木薯还被做成木薯锅底、木薯煎饼、木薯椰子糕等特色美食，让八方食客大快朵颐。

　　木薯是重要的粮食作物和能源作物，被称为"地下粮仓"和"淀粉之王"。当前大部分的木薯均被用作加工原料，经济效益不高。而定安雷鸣镇所种植的"黄金木薯"开发出系列杂粮美食，通过一、二、三产融合开发，农业科技助力小木薯"长"出新经济。

口感好颜值高

田头收购价大幅提升

　　定安雷鸣镇所种植的"黄金木薯"是中国热带农业科学院热带作物品种资源研究所选育的'华南9号'，作为优质的食用木薯品种，'华南9号'薯肉无苦味，淀粉含量高、纤维含量少、蛋白质和维生素C含量较为丰富，并含有丰富的钙、磷和钾等矿物质，具细嫩松粉和清香可口的特色。它不仅口感好，颜值也颇高，蛋黄色的薯肉让人食欲大增。

　　"在定安独特的土壤里种植出来的黄金木薯，带有一点粉糯的口感，在市场上颇受欢迎。"定安龙田坡种养专业合作社理事长陈修宇拿起一块椰香木薯糕介绍道，木薯打浆后制作而成的椰香木薯糕不仅口感好，淡淡的木薯清香融合椰香，目前在海口、琼海等地的老爸茶、杂粮店销量稳步增长。

　　此前定安的农户种植的木薯一般作为鸡鸭猪等禽畜的饲料，或者收购作为淀粉厂的加工原料，经济效益较低，农户种植的积极性不高。2017年陈修宇通过中国热科院了解到'华南9号'食用木薯品种后，便把它带回雷鸣镇同仁村开始推广种植。

　　"木薯可以制作成多种美食，且营养健康。在广西等地木薯是人们喜爱的甜食原料，经济效益很好。"陈修宇对木薯产业充满信心，为了更好地让人们认识、接受木薯美食，陈修宇通过"金秋四宝"共享农庄让游客品尝木薯，还联合海南荣润食品有限公司研发出黄金木薯块、黄金木薯浆、椰香木薯糕等木薯速冻产品，配送至全岛的茶餐厅、大排档等，订单量稳步增长。

　　"现在木薯的亩产收益有7 500元，农户种出来的木薯由合作社负责收购销售。"同仁村村民黄树兰说，木薯种植管理较为粗放，不费工费料，相对经济效益较高。据悉，目前合作社已带动周边乡村56户农民，种植面积达200余亩。

科技助力

延长木薯产业链

　　"你看，这一株的薯块还不够健硕，这证明它在种植中期还需要多追肥。"7月29日，中国热带农业科学院热带作物品种资源研究所研究员黄洁来到同仁村木薯地里，向农户指导木薯种植的要点。

　　这样的技术指导一直在持续。每隔一段时间，黄洁作为技术指导员到木薯地里察看木薯生长的情况，及时解答农户的困惑，并给予技术指导。"此前我们种植木薯的亩产仅有 3 000 余斤，经过专家的指导后亩产现在提高到了5 000 余斤。"陈修宇说，有了技术加持，定安龙田坡种养专业合作社已经连片扶持农户土地机耕、种苗提供、技术指导、产品回收，研发加工，已创建"一村一品"示范村，形成一村带数村、多村连成片的发展格局。

"下一步我们还会引入机械化的种植和收获，完成机械化种植和收获后，将为农户节省将近三分之二的人工成本。"黄洁说道。

陈修宇说，合作社下一步还将进一步引进试种食用木薯新品种，扩大种植面积。在木薯的二产开发上，将强化开发加工产品，加大"薯文化"宣传，拓展线上线下特别是电商销售，加快创新提升"研学、农旅、种养、种加"等一体化的农庄模式，带动当地乡村振兴。

（原载《南海网》2023 年 7 月 30 日，记者易帆　陈奕）

16 台木薯机械，出口非洲！

起吊、接驳、装车……8 月 10 日上午，位于湛江市麻章区的中国热带农业科学院农业机械研究所基地一片忙碌，16 台木薯机械在此装车后将运往湛江港出口非洲。约两个月后，这批机械将抵达非洲 4 个示范基地，进行木薯生产机械化示范推广。

木薯是世界三大薯类作物之一、热区第三大粮食作物、全球第六大粮食作物，被称为"淀粉之王"，是世界 10 亿人的口粮。木薯耐旱抗贫瘠，粗生易长、易栽培、高产，非洲、美洲和亚洲等 100 余个国家种植超过 4 亿亩。

我国是世界木薯传统区，有 200 多年种植历史，木薯主要分布在广西、广东、海南、云南等地，种植面积近 600 万亩。木薯除了制造食品和能源外，还是饲料、医药、纺织、造纸、化工、造酒等 6 个工业领域的基础性原料，需求量巨大。

此前，由于长期未能解决生产机械化问题，劳动力供应难以保证，生产成本高，我国木薯种植面积持续萎缩。2021 年，我国木薯进口依存度超过 75%，总进口量仅次于大豆、玉米。随着世界能源格局动荡，能源类原料和粮食价格持续攀升，近年来国际市场木薯价格从每吨 1 300 元上涨至 2 000 元。

如今，我国木薯深加工行业面临巨大的成本上涨压力、供应链稳定性压力。为了保证原料供应，我国有境外开发木薯种植计划的企业数十家，开发范围包括非洲、东盟、大洋洲等。

自 2012 年左右，农业机械研究所研发的木薯机械便开始投用，此后不断完善拓展功能，目前木薯机械已进化至"5.0 版本"。本次出口的木薯机械，包括加强型三铧犁、加强型旋耕机、起垄式木薯联合种植机和卧式木薯秆粉碎还田机，综合运用这套机械，可在种植前对木薯地进行深犁、碎土、松土，耕整好的木薯地经一次作业，可完成起垄、施肥、开沟、切种、下种、覆土等工序，木薯收获前可对秸秆及田间杂草进行粉碎还田，清空木薯地表面，便于块根挖掘收获机作业。

"目前全球市场上流通的有三个国家的木薯农机，分别是巴西、泰国和中国，每一种农机配套不同的方案，使用不同的农业模式，我们生产的农机和农艺融合得更紧密，今年已经出口几批农机了。"中国热带农业科学院农业机械研究所研究员、国家木薯产业技术体系岗位科学家邓干然介绍。

据悉，中国热带农业科学院农业机械研究所"木薯宽窄双行起垄种植及配套全程机械化"技术，正在向国外木薯主产国、国内木薯主产省（区）进行示范推广。

在国外，该技术辐射至非洲、东盟和大洋洲 14 个"一带一路"沿线国家或 RCEP 国家，合作建立了 8 个国外木薯生产装备试验示范基地，初步构建了国际—国内联动的木薯生产全程机械化协同示范应用网络，成为热带作物农机化领域具有世界影响力的名片。

下一步，农业机械研究所将建设好用好国际合作技术示范基地，将研究成果转化为国际影响力、科技影响力和产业影响力，为全球木薯产业发展提供中国机械化方案。

（原载《南方日报》2023 年 8 月 10 日，记者林露）

首批代表性木薯种质资源表型鉴定实验材料在三亚种植

海南正加快构建全球木薯种质资源 MNP 指纹图谱，建立高通量的木薯 DNA 分子身份证库。10 月 18 日，首批代表性木薯种质资源表型鉴定实验材料在三亚开始种植，此举将能够准确评判种质资源的可利用价值，赋能构建木薯种质资源表型组精准评价技术体系，有助于摸清资源本底，发掘优异种质，为创制优良新品种奠定基础。

"全球代表性木薯种质资源 DNA 分子身份证构建"为 2022 年海南省重点研发"揭榜挂帅"项目榜单首批项目之一，由海南省科技厅与三亚崖州湾科技城管理局联合"发榜"，"揭榜"单位为中国热带农业科学院和江汉大学。项目力争收集和入圃保存全球木薯种质资源 1 500 份，构建木薯种质资源表型精准鉴定模型、研发木薯 MNP 鉴定技术，构建全球代表性 3 000 份木薯种质资源表型性状数据库和 DNA 分子身份证数据库，并进行展示和发布。

（原载《海南日报》2023 年 10 月 19 日，记者黄媛艳）

中国热科院在木薯抗螨防御响应机制研究方面取得新进展

近日，中国热科院环植所木薯虫害防控团队在木薯抗螨防御响应机制研究方面取得新进展，研究明确了调控木薯缩合单宁合成的关键基因，确定了木薯缩合单宁合成途径上发挥抗螨功能的关键次生代谢物，为深入开展抗虫木薯分子设计育种提供了理论依据与新的策略。

二斑叶螨是木薯生产上的四大有害生物之一，严重危害时可使木薯减产50%～70%甚至绝收。当前抗螨木薯品种缺乏，对木薯中具有抗虫功能的次生代谢物及其调控抗虫性的机制研究也十分有限，已成为影响我国乃至全球木薯产业持续健康发展的关键问题。

研究团队以前期鉴选的抗螨木薯品种 C1115 和感螨木薯品种 BRA900 为研究对象，通过二斑叶螨为害前后的抗、感木薯品种转录组和代谢组差异联合分析，发现黄酮代谢通路中缩合单宁合成途径上的所有代谢物丰度及其调控合成基因的表达量均与木薯抗螨性显著正相关，并从分子水平证明木薯花青素还原酶基因（MeANR）和白色花色素还原酶基因（MeLAR）调控单宁含量介导木薯抗螨性的功能。通过体外生物活性测定进一步证明缩合单宁及原花青素 B1 对二斑叶螨具有亚致死作用。

该研究得到了国家重点研发计划、国家木薯产业技术体系和海南省重大科技计划等项目的资助。

（原载《海南日报》2022 年 8 月 27 日，记者傅人意）

中国热科院热带生物技术研究所功能基因研究团队解析谷氧还蛋白 MeGRXC3 调控木薯干旱胁迫响应分子机制及其潜在应用价值

活性氧平衡在植物应对干旱胁迫过程中起关键作用。谷氧还蛋白是植物体内维持活性氧平衡的重要组份，但其通过活性氧平衡调控植物干旱胁迫响应的分子机制仍有待探索。近日，中国热带农业科学院热带生物技术研究所功能基因研究组在权威杂志 *Plant Biotechnology Journal* 在线发表了题为 "A CC-type glutaredoxin，MeGRXC3，associates with catalases and negatively regulates drought tolerance in cassava（Manihot esculenta Crantz）" 的研究论文，证实了 CC 类谷氧还蛋白 MeGRXC3 可以在转录和转录后水平调控过氧化氢酶的活性、影响过氧化氢在叶片表皮不同类型细胞中的分布，从而调控木薯对干旱胁迫的响应。研究结果有助于人们理解谷氧还蛋白通过活性氧平衡调控木薯干旱胁迫响应的复杂机制，同时为利用关键基因培育抗旱高产木薯新品种提供基因资源和科学依据。

木薯（Manihot esculenta Crantz）是一种重要的热带作物，是非洲等热带地区的主要粮食作物之一。其块根碳水化合物含量高达38%，且含有多种维生素，是全球10亿多人口的主要营养来源。木薯在种植过程中，其苗期和块根形成期与热带地区的旱季重叠，干旱对木薯的产量和品质有非常大的危害。因此，鉴定木薯重要的抗旱基因、提高栽培木薯的抗旱性，对于我国"热带农业走出去"支持国家"一带一路"倡议、维护世界粮食安全具有重要的意义。

该团队在100份栽培木薯种质中，通过目标区间重测序和抗旱指标的关联分析，确定了 MeGRXC3 与干旱胁迫下木薯叶片中的过氧化氢酶活性显著相关。通过转基因木薯的抗旱表型分析，发现 MeGRXC3 负调控干旱和脱落酸诱导的气孔关闭，从而影响转基因木薯的干旱耐受性。进一步的分析发现，MeGRXC3 可以拮抗性调控过氧化氢在木薯叶片下表皮间隔细胞和保卫细胞中的分布。

利用蛋白免疫共沉淀技术，该研究团队从木薯叶片中筛选到3个可能与 MeGRXC3 互作的过氧化氢酶蛋白，随后证实了 MeGRXC3 可以分别与过氧化氢酶 MeCAT1、MeCAT2 相互结合，并调控其过氧化氢酶活性。此外，研究团队发现 MeGRXC3 可以通过与转录因子 MeTGA2 互作来调控多个胁迫相关转录因子基因的表达，并通过转录因子 MeMYB63 调控过氧化氢酶 MeCAT7 基因的表达，从而在转录水平上调控过氧化氢酶的活性。以上研究为解析活性氧平衡调控植物干旱胁迫响应的分子机制提供了新思路，同时展现了 MeGRXC3 基因在提升干旱环境下木薯块根产量方面的潜在应用价值。

本研究是在中国热带农业科学院彭明研究员指导下完成的。郭鑫博士、于晓玲副研究员为论文的共同第一作者，阮孟斌副研究员为本文的通讯作者。中国科学院分子植物科学卓越创新中心张鹏研究员、海南大学耿梦婷博士也参与了此项研究。本研究得到了国家重点研发计划、海南省重大科技计划、中央级公益性科研院所基本科研业务费以及崖州湾种子实验室等项目的资助。

（原载《植物生物技术 Pbj》2022年9月4日）

县里来了科技特派团｜广西都安团：实招助力产业发展

11月8—9日，国家科技特派团广西都安团肉牛产业组、木薯产业组到广西都安瑶族自治县调研。肉牛产业组通过与都安有关部门单位、企业等人员座谈的方式，进一步了解都安在肉牛产业发展上的帮扶需求。木薯产业组深入乡镇举办培训班，面对面为农户解答种植木薯中遇到的技术难题，并实地走访企业，了解当地木薯淀粉生产现状。

位于都安百旺镇的红河淀粉有限公司门前，一辆辆装满了木薯的运输车辆有序排队，等待过磅称重。"现在是我们公司的榨季，很多农户都在这个时间抓紧收挖木薯运送过来。较之前相比，今年木薯淀粉产量有所提高。"都安红河淀粉有限公司负责人邓秉谦向前来调研的国家木薯产业技术体系首席科学家李开绵、国家科技特派团广西都安团团长李军介绍该公司木薯收购以及淀粉生产的情况。

木薯种植产业是都安瑶族自治县的传统支柱产业，但由于喀斯特地貌的自然环境限制和种植户缺乏科学有效的培训指导，一直以来采用的是传统种植方法，木薯产量和质量提不上来，加上企业在木薯原料方面供不应求等原因，制约着当地木薯产业的高质量发展。如何扩大木薯种植面积和引进高粉高产木薯品种成为都安木薯产业发展的关键难题。

今年，国家科技特派团广西都安团团长李军带领特派团 16 名专家对接帮扶都安，结合都安木薯、桑蚕、牛、羊等主导产业的发展实际，对应成立了 4 个产业组，并研究制定三年科技帮扶计划，重点从产业技术指导服务、品种技术引进推广、技术瓶颈集中攻关、本土人才培养帮带、农业产业功能拓展等方面做好帮扶工作，助力都安产业发展。

自今年 3 月以来，国家科技特派团广西都安团主动对接，通过到企业、农家、田间地头实地调研、召开座谈会、举办培训班等多种方式，了解帮扶需求，找准切入点，精准制定并落实帮扶措施。蚕桑产业组探索实施蚕桑机械化生产管理，帮助农户实现省力高效的蚕桑种养模式；羊肉产业组探索都安黑山羊全价饲料圈养模式，解决都安黑山羊产业发展标准化不高、规模化不足、产业收益不高等短板问题；木薯产业组通过引进高产高淀粉木薯新品种，为相关企业及农户赠送木薯良种 20 多吨，并在都安红河淀粉有限公司木薯原料基地建立新品种示范基地，有效提高木薯品质和产量；肉牛产业组开展调研和技术培训，并针对都安肉牛产业存在问题提出建议。

国家科技特派团广西都安团坚持科技创新服务一线，截至目前，累计 71 人次下乡帮扶，对接服务企业 7 家、经营主体 18 个，解决技术问题 12 个，开展线上线下培训 12 场 794 人次，结对帮带本土科技人才 10 人，指导应用新品种新技术 6 项。

"我们聚焦都安主导产业存在的薄弱环节，强化科技引领，积极发挥科技人才团队的作用，同时依托各科研院所、高校平台资源优势，全力做好科技服务，计划利用 3 年时间帮助都安实现产业又好又快发展。"李军表示。

（原载《乡村干部报》2022 年 11 月 21 日，记者邓安尼　倪敏）

【南博故事汇】"奇迹之树"亮相南博会
汇聚红河州大健康产业发展新力量

"辣木在原产国印度已有 2000 多年的种植历史，传播到中国已有近百年。它有着丰富的营养，根、皮、叶、花、果、种子、树胶均可药用和食用，有奇迹之树、植物钻石、营养宝库的美称。"在南博故事汇上，来自云南省红河州的红河谷辣木产业有限公司相关负责人带着自家产品，剖析着辣木的发展前景。

在大健康产业飞速发展的当下，辣木也已成为推动红河州大健康产业发展的新选择。

为培育出品质更优的辣木，红河谷辣木产业有限公司将原料种植基地选在了红河州红河县万年青梁子。这里海拔 650 米左右，年平均气温 23℃，年降雨量 800 毫米，日照充足，不可复制的干热河谷大环境与有机生态微环境为辣木提供了优良的生长环境。

"我们基地总面积约 1 万亩，是全国规模最大的辣木有机种植基地。在通过有机种植保证原料安全，无农残、无重金属的同时，也通过规模化种植保障了生产加工所需原料的产量和品质。"红河谷辣木产业有限公司相关负责人表示，"一直以来，我们以科技为先导，深耕辣木，以 NAD＋为方向，设计生产工艺及试制产品，在一次次的失败中优化出了保持高活性高营养的生产工艺，通过定向酶解技术、靶向低温发酵等技术生产出了我们今天看到的辣木植物饮料。而这一工艺生产的辣木原液在皮肤上也体现出了非常好的活性，可广泛应用于化妆品领域。以辣木为主要原料，我们开发出了系列护肤品。"

依靠辣木，红河谷辣木产业有限公司从单纯的农业公司破壁成了生物科技公司，成为推动红河州大健康产业发展的新力量。

"辣木饮料及以辣木为原料的化妆品的推出，将带动辣木种植面积的扩大，增加就业岗位，拉动经济发展，助力乡村振兴。"红河谷辣木产业有限公司相关负责人说。

（原载《中国日报网》2022 年 11 月 23 日）

大丰收！万亩木薯粉糯登场

时下，正是木薯收获季节，记者来到桂平市白沙镇思建村，看到路边堆放的木薯，格外引人注目，在田间地头，到处有村民挖木薯的身影，白沙镇思建村是国家重点研发计划特色热带作物产业链一体化示范基地，国家木薯产业技术体系贵港综合试验站基地，基地负责人卢赛清告诉记者，木薯土壤适应性强、耐旱耐瘠，成本低，好管理，加上技术提升和品种改良，产量比去年有所增长。

据悉，自去年开始，该基地改进了优良品种繁育，采用木薯间套作高值化提质增效技术，和宜机械化收获木薯间套种技术等，使新种的木薯品种获得丰收，该基地共种植 240 亩，改良后的品种价格，比普通品种每吨增收 100多元。

近年来，该镇党委、政府多举措积极改善木薯加工工艺，如选育、改良新品种，开展技术和业务培训等，以此提高木薯的亩产值。目前，实现木薯种植和收获半机械化，大大提高生产效率。

据不完全统计，今年白沙镇共种植有约 1 0330 亩木薯，预计总产量6 292.9 吨，产值 384 万元。木薯亩产量比往年高，价格也从去年每吨 520 元提高到每吨 610 元，通过种植木薯给当地村民带来可观收入。

"接下来，我们希望能通过相关技术培养木薯饲料型、加工型、能源型专用品种，更好地提高木薯经济效益，延长木薯产业链，培育白沙镇木薯产业化品牌，进而全面推动我镇农业结构的调整和产业振兴。"白沙镇党委书记覃海强说。同时，中国热带农业科学院将着力推进木薯粮饲化，推广轻简化生产技术，服务白沙镇乡村振兴。

（原载《人民日报》2022 年 12 月 25 日）

研究揭示木薯单体型基因组进化及功能分化规律

近日，中国热科院生物所和品资所联合福建农林大学、伊利诺伊大学、华中科技大学、中国农业科学院、哥伦比亚大学等 13 家单位，绘制了木薯栽培品种'SC205'（'华南 205'）高质量参考基因组和单体型基因组图谱，揭示了等位基因表达分化规律及其对木薯重要性状的影响，以及基因组高杂合的进化驱动力等重要科学问题，为木薯遗传改良奠定了重要理论基础。相关研究成

果在线发表在 *Molecular Plant*。

木薯是世界重要的粮食作物和能源作物，为 105 个国家近 10 亿人口提供碳水化合物来源。木薯基因组（2n＝36）具有高度杂合特征，使其成为研究等位基因分化的良好系统。目前，大多数参考基因组为单倍型镶嵌组装，限制了对基因组中等位基因变异的功能研究和育种利用。

木薯单体型基因组进化及功能分化中国热科院供图

该研究针对木薯高杂合性的遗传基础及其进化驱动力，依托中国热科院热带生物组学大数据中心平台，获得了以下三方面研究结果：一是利用 PacBio 单分子测序和 Hi-C 技术绘制了木薯栽培品种'SC205'参考基因组图谱，Scaffold N50 达到 34.5Mb，注释了 37 923 个基因，进一步构建了 18 对同源染色体高质量单体型基因组图谱，鉴定了 24 128 个双等位基因（*Bialleles*）；二是通过转录组分析发现双等位基因间广泛发生表达不平衡，且淀粉和蔗糖代谢途径上的双等位基因表现出显著的表达分化；三是等位基因组进化分析揭示了基因组快速进化可能是木薯高杂合性形成的重要驱动力，且基因组方向性选择驱动等位基因表达分化。该研究深化了对木薯双等位基因变异遗传基础的理解，为利用双等位基因创新木薯和其他高杂合作物育种策略提供了新见解。

中国热科院研究员李开绵和福建农林大学教授明瑞光为论文的共同通讯作者，中国热科院生物所副研究员胡伟、助理研究员纪长绵、副研究员丁泽红，以及海南大学教授施海涛、中国农业科学院研究员梁哲为论文的共同第一作者。该研究得到了国家重点研发计划、国家木薯产业技术体系以及中央级公益性科研院所基本科研业务费等项目的支持。

（原载《中国科学报》2021 年 4 月 18 日，记者张晴丹）

中国热科院揭示木薯单体型基因组进化及功能分化
规律为木薯遗传改良奠定了重要理论基础

近日，中国热科院生物所和品资所联合福建农林大学、伊利诺伊大学、华中科技大学、中国农业科学院、哥伦比亚大学等 13 家单位，绘制了木薯栽培品种'SC205'（'华南 205'）高质量参考基因组和单体型基因组图谱，揭示了等位基因表达分化规律及其对木薯重要性状的影响，以及基因组高杂合的进化驱动力等重要科学问题，为木薯遗传改良奠定了重要理论基础。

据介绍，木薯是世界重要的粮食作物和能源作物，其为 105 个国家近 10 亿人口提供碳水化合物来源。木薯基因组（2n＝36）具有高度杂合特征，使其成为研究等位基因分化的良好系统。

目前，大多数参考基因组为单倍型镶嵌组装，限制了对基因组中等位基因变异的功能研究和育种利用。该研究针对木薯高杂合性的遗传基础及其进化驱动力，依托中国热科院热带生物组学大数据中心平台，获得了以下三方面研究结果：一是利用 PacBio 单分子测序和 Hi-C 技术绘制了木薯栽培品种'SC205'参考基因组图谱，Scaffold N50 达到 34.5Mb，注释了 37 923 个基因，进一步构建了 18 对同源染色体高质量单体型基因组图谱，鉴定了 24 128 个双等位基因（*Bialleles*）；二是通过转录组分析发现双等位基因间广泛发生表达不平衡，且淀粉和蔗糖代谢途径上的双等位基因表现出显著的表达分化；三是等位基因组进化分析揭示了基因组快速进化可能是木薯高杂合性形成的重要驱动力，且基因组方向性选择驱动等位基因表达分化。

该研究深化了对木薯双等位基因变异遗传基础的理解，为利用双等位基因创新木薯和其他高杂合作物育种策略提供了新见解。同时也得到了国家重点研发计划、国家木薯产业技术体系以及中央级公益性科研院所基本科研业务费等项目的支持。

记者了解到，该研究成果已在线发表在中科院相关专业期刊上，题为"*Allele-defined Genome Reveals Biallelic Differentiation during Cassava Evolution*"，中国热科院李开绵研究员和福建农林大学明瑞光教授为论文的共同通讯作者；中国热科院生物所胡伟副研究员、纪长绵助理研究员、丁泽红副研究员，以及海南大学施海涛教授，中国农业科学院梁哲研究员为论文的共同第一作者。

（原载《新海南客户端》2021 年 4 月 22 日，记者姚皓）

中国热科院揭示木薯单体型基因组进化及功能分化规律

近日，中国热科院生物所和品资所联合福建农林大学、伊利诺伊大学等13 家单位，绘制了木薯栽培品种'SC205'（华南 205）高质量参考基因组和单体型基因组图谱，揭示了等位基因表达分化规律及其对木薯重要性状的影响，以及基因组高杂合的进化驱动力等重要科学问题，为木薯遗传改良奠定了重要理论基础。相关研究成果在线发表在中科院 JCR 一区 TOP 期刊 *Molecular Plant*（IF=12.08）。

木薯是世界重要的粮食作物和能源作物，为 105 个国家近 10 亿人口提供碳水化合物来源。木薯基因组（2n=36）具有高度杂合特征，使其成为研究等位基因分化的良好系统。目前，大多数参考基因组为单倍型镶嵌组装，限制了对基因组中等位基因变异的功能研究和育种利用。该研究针对木薯高杂合性的遗传基础及其进化驱动力，依托中国热科院热带生物组学大数据中心平台，获得了以下三方面研究结果：一是利用 PacBio 单分子测序和 Hi-C 技术绘制了木薯栽培品种 'SC205' 参考基因组图谱，Scaffold N50 达到 34.5Mb，注释了37 923 个基因，进一步构建了 18 对同源染色体高质量单体型基因组图谱，鉴定了 24 128 个双等位基因（Bialleles）；二是通过转录组分析发现双等位基因间广泛发生表达不平衡，且淀粉和蔗糖代谢途径上的双等位基因表现出显著的表达分化；三是等位基因组进化分析揭示了基因组快速进化可能是木薯高杂合性形成的重要驱动力，且基因组方向性选择驱动等位基因表达分化。该研究深化了对木薯双等位基因变异遗传基础的理解，为利用双等位基因创新木薯和其他高杂合作物育种策略提供了新见解。

该研究得到了国家重点研发计划、国家木薯产业技术体系以及中央级公益性科研院所基本科研业务费等项目的支持。

（原载《中国农网》2021 年 4 月 23 日，记者操戈　邓卫哲）

江门台山市农村科技特派员为乡村振兴引来创新"活水"

据了解，江门台山市自 2018 年成为全国首批创新型县（市）创建单位以来，深入实施创新驱动战略，充分发挥创新驱动对乡村振兴的支撑引领作用，推进各大高校院所派驻专业技术团队"入园区、入乡村、入企业"，积极搭建农业农村与科研院所对接的桥梁，率先在江门地区建立起区（市）级农村科技特派员队伍，目前已入库农村科技特派员 394 人，出台农村科技特派员管理工作指引，并实施推进一批农村科技特派员项目，开展技术引进和成果转化，为乡村振兴引来了重要的创新"活水"。

广东省农村科技特派员、中国热科院广州实验站李伯松博士及其团队，对接服务广东檀香湖生态农业发展有限公司，前往台山市冲蒌镇伞塘村的食用木薯基地，进行现场调研。

农村科技特派员团队在食用木薯 '华南 9 号' 引种试种基地进行现场试挖测产，并了解企业鲜薯销售思路和市场开拓情况。对接过程中，农村科技特派员团队介绍了木薯冷藏保鲜、切粒加工、木薯粉加工、木薯饼产品等最新技术研发成果，为企业后端产品后端开发提供思路。

结合企业特色，农村科技特派员团队针对性提出"结合都市休闲农业和产品多元化开发"的食用木薯发展思路，获得企业管理层的高度认可，双方期望有更多的农业科技成果落地基地、落地台山。

此外，在广东江门国家农业科技园区 2020 年农业技术培训班上，李伯松博士作为授课专家做了专题报告，系统地介绍了食用木薯品种、食用化进展、以及木薯在都市休闲农业的应用案例，吸引了超 80 余名农业从业人员参加。李伯松博士还带领学员走进园区的国家木薯产业技术体系广州综合试验站核心基地，对食用木薯栽培技术要点进行现场教学。

据介绍，下一阶段，这支农村科技特派员团队将继续加强与台山市农业龙头企业的合作，开展现代农业科技攻关及示范项目，将本地农业资源优势转化为经济优势和产业优势。

（原载《南方农村报》2021 年 8 月 18 日，记者郑玉婷）

提高亩产、多元化利用　科技助推海南木薯产业打"翻身仗"

木薯叶能吃吗？在人们的传统观念中，这个答案是否定的。然而，在海口市区一家特色餐厅内，用海南本地木薯叶和橄榄制作而成的橄榄菜，却"惊艳"了四方食客的味蕾。木薯叶代替了传统的芥菜叶，不仅口感更好，开胃消食，木薯叶中还含有优质的蛋白质，营养非常丰富。

无独有偶，临近中秋，近日在海南月饼市场销售的一款由木薯全粉代替传统面粉制作的"木薯月饼"让消费者眼前一亮，含木薯杂粮更营养健康，上市后便受到了不少消费者的认可和喜爱……

木薯对于海南人来说并不陌生，一直以来，木薯被人们认为属于低产值的产业，处于一年不如一年的尴尬境地。而如今木薯作为重要的粮食和饲料补充，它越来越多地出现在我们生活的各个方面。依托海南"试验田"，在"良种化"和"轻简加工"的双轮驱动下，木薯产业链不断延长，目前木薯在全国推广种植累计 1.93 亿亩，新增产值 579 亿元，更是"一带一路"中重要的一环。

那么海南木薯产业发展的现状如何？未来的出路在哪？能否将它发展为特色优势产业？记者就此进行走访。

困局

亩产经济效益较低，种植面积萎缩

木薯不但富含淀粉，还含有丰富可食用纤维、氨基酸、维生素、微量元素及矿物质元素等，是一种天然、安全杂粮，是优质粮食原料，自 19 世纪引进国内种植，长期以来在粮食作物中占有重要位置。但随着经济的不断发展，木薯种植的亩产经济效益相对较低，近年来海南木薯的种植面积在不断地萎缩。据了解，近年来，新鲜木薯的收购价一直 500 元一吨左右徘徊，木薯亩产经济

效益低，农民收入低种植积极性不高，种植面积自然减少，目前海南木薯种植面积约 10 万亩，而在种植顶峰时期则多达约 80 万亩。

在木薯传统加工方面，受原材料生产不足、全国木薯产业低迷等因素影响，海南木薯淀粉厂经营也举步维艰，不少工厂被迫关门停业。曾经全岛木薯淀粉加工厂有十余家，而如今仅剩 3 家在持续经营。

"受制于原料不足等因素，目前海南食用木薯加工发展较为滞后，缺乏相关企业的带动，产品率低，经济效益低，难以形成规模化生产，同时在以往的传统加工中，副产品利用率偏低导致经济效益难以提升，从而打击了农户种植的意愿。因此提高木薯种质资源，改善加工工艺，多元化利用延长木薯产业链是产业发展必须解决的问题。"中国热带农业科学院热带作物品种资源研究所（以下简称"热科院品资所"）研究员陈松笔说道。

突破

多元化利用延长产业链

在白沙黎族自治县打安林下种养基地，围栏圈养的跑地黑猪长得十分健硕。"我们基地养的猪都是以木薯发酵为原饲料，饲养过程中不使用抗生素、激素等针剂，生猪病害少生长健康，同时使用木薯发酵饲料后，养殖成本大幅度降低，平均每头猪每天饲料成本在 2 元以下，经济效益显著。"基地相关负责人林世欣告诉记者，2018 年起木薯发酵养猪技术在基地进行实验后，这项技术已不断成熟，技术投资少，无论是企业规模化养殖或是农户的散养，都能很快上手应用。

事实上，利用木薯整株粉碎制作生物发酵饲料技术，生产猪、牛、羊专用饲料，在海南多地已经得到应用，并已取得不错的成效，木薯为畜禽生态养殖基地提供健康绿色无抗养殖饲料，实现农牧结合种养循环闭合。而这仅是木薯多元化开发利用的一个方向之一。

"木薯的茎秆和茎叶经过机械化粉碎和生物高效降解发酵，可为禽畜生态养殖提供饲料；木薯的薯块可通过集成精简化加工工艺食品化；块根则可以工业化，让企业加工副产物实现综合化处理利用，提高经济效益。"国家木薯产业技术体系首席科学家、中国热带农业科学院副院长李开绵说道，在他看来，海南木薯产业正经历从"小"到"大"，从"弱"到"强"的转变。"高效栽培—农牧结合—种养循环—产品加工—综合利用—生态高效—绿色发展"的全产业链的生产模式，将为木薯产业突破困局。

方向

"良种化"加"轻简加工"双轮驱动

木薯是热带亚热带作物，一年有 9 个月以上的无霜期，事实上年平均温度 18℃以上的地区均可栽培，近年来木薯种植不断北移，全国已经有 9 个省份在种植木薯。在李开绵和他的团队看来，海南在全国是不可多得的终年木薯生产区，两年可收获三茬，海南发展木薯产业具有得天独厚的优势。

值得一提的是，目前中国热带农业科学院研发的华南系列木薯品种已有18个，通过基因组学的不断研究和发现，今后还将有一批适用不同加工用途的品种研发面市。"品种不断优化后，将为产业加工提供更多空间，例如有适宜淀粉加工的高淀粉品种、具有抗花叶病的品种等等，可根据不同的加工需要选择种植。"陈松笔说道。

木薯月饼、木薯蒸糕、木薯罐头、木薯全粉干脆饼……木薯食品化产品越来越丰富，受到消费者的喜爱。李开绵介绍，目前热科院已储备了一批可复制、可推广的木薯轻简化生产技术，并研发出木薯系列产品92个。"针对海南木薯种植较为零散的特点，我们把这些轻简化的生产加工技术教到农户、合作社的手里，让他们自己就能实现简易的加工，提高经济效益。"李开绵说道。

（原载《南海网》2021年9月23日，记者易帆）

中国热带农业科学院建立国家木薯种质
资源圃资源保存量居国内第一

小小的木薯，是世界重要的粮食作物和能源作物，被称为"地下粮仓"和"淀粉之王"。海南日报记者9月16日从中国热带农业科学院获悉，该院建立国家木薯种质资源圃，其中保存核心种质580份，占世界80%以上，资源保存量居国内第一，世界第三，为木薯新品种选育和产业发展提供丰富优质的资源基础。

国家木薯种质资源圃拥有野生种、优质、抗逆等特异种质及部分实验群体3 000多份。目前，中国热带农业科学院育成具有自主知识产权的国审木薯品种18个，为木薯多元化利用提供支撑。

"目前，我们在木薯基因组、蛋白质组和代谢组的基础研究处于国际先进水平。"国家木薯首席科学家、中国热带农业科学院副院长李开绵表示，由于是高度杂合体，传统木薯育种周期长达9—10年，所以通过基因组测序技术，为有效进行木薯品种改良和智慧育种打下基础。接下来，希望能通过相关技术培养木薯饲料型、加工型、能源型等专用品种，更好地提高木薯经济效益，延长木薯产业链。

据介绍，目前，中国热科院研发出的木薯新品种"黄金木薯"，其中富含丰富的β胡萝卜素。同时，储备了一批可复制、可推广的木薯轻简化生产技术，研发木薯系列产品 92 个，为海南自由贸易港建设和乡村特色产业发展奠定坚实基础。

截至"十三五"末，中国热科院自主培育的木薯新品种在全国覆盖率 80% 以上，实现我国木薯主栽品种良种化，累计推广新品种 1.9 亿亩，新增产值 579 亿元。

（原载《海南日报》2021 年 9 月 23 日，记者傅人意）

小木薯长出"科技芯"

9 月 20 日，中秋节前一天，中国热带农业科学院木薯产业创新团队的农业科研工作者们来到白沙黎族自治县七坊镇孔八村，给乡亲们带来一盒盒新鲜的"木薯月饼"。

"我们自己种植的木薯加工制作成月饼，味道真是不一样！"孔八村木薯种植户符永全尝了一口木薯蛋黄味的月饼，满足地点赞道。

木薯是热带作物，也是世界重要的粮食作物和能源作物，被称为"地下粮仓"和"淀粉之王"。前些年，由于木薯原料不足、加工产业链不完善等原因导致其经济效益低下，我省种植木薯的面积由约 80 万亩锐减至如今不足 20 万亩。

近年来，中国热带农业科学院通过选育、改良新品种，多元化改善木薯加工工艺，延长木薯产业链等举措来提高木薯的亩产值，提高种植户积极性。

孔八村曾是我省种植木薯历史最长久的村庄之一，中国热科院通过参与式研究，培育出"华南 5 号"等高产高淀粉品种，为该村脱贫致富做出了贡献。

"目前，我们在木薯基因组、蛋白质组和代谢组的基础研究处于国际先进水平。"国家木薯首席科学家、中国热带农业科学院副院长李开绵表示，木薯是高度杂合体，传统木薯育种周期长达 9—10 年，所以我们通过基因组测序技术，为有效进行木薯品种改良和智慧育种打下基础。

目前，该院已育成具有自主知识产权的国审木薯品种 18 个，为木薯多元化利用提供支撑。

中国热带农业科学院热带作物品种资源研究所研究员陈松笔介绍，海南种植木薯具有天然气候优势，三年可以种植两造。目前，通过机械化推广，木薯已经可以实现种植和收获两个环节的半机械化，大大提高生产效率。

此外，木薯是粮饲供给的有效补充，在延长木薯产业链上，科技芯让小木薯长出新经济。

在儋州，木薯的茎秆已经制作成蘑菇种植的培养菌在白沙，木薯发酵后制作成的饲料喂养猪、羊，其风味氨基酸大大提高，肉质更加鲜美。

"近年来，我们还通过向农户、市场推广一些比较简单的木薯加工工艺，加大力度对木薯全产业链开发，比如通过对木薯全粉的开发和利用，目前已经有木薯罐头、木薯月饼上市。"陈松笔介绍。

"接下来，我们还希望能通过相关技术培养木薯饲料型、加工型、能源型等专用品种，更好地提高木薯经济效益，延长木薯产业链。"李开绵表示，"高效栽培—农牧结合—种养循环—产品加工—综合利用—生态高效—绿色发展"的全产业链生产模式，将为木薯产业提质升级。同时，中国热带农业科学院将着力推进木薯粮饲化，推广轻简化生产技术，为打造"一村一品"提供技术支撑，服务海南乡村振兴。

（原载《海南日报》2021年9月23日，记者傅人意）

专家向农民讲授木薯间套作新技术

近日，中国热带农业科学院热带作物品种资源研究所在儋州院区举办木薯间套作及水肥药关键技术集成与示范培训班，60余名木薯种植户参加培训，国家重点研发项目"木薯间套作及水肥药关键技术集成与示范"课题骨干以及国家木薯产业体系专家进行授课。

培训班上，专家们以室内授课与田间考察相结合方式，围绕木薯品种选择、栽培间套作、养分管理、病虫害防治以及副产物综合利用等内容进行了系统讲授。重点研发项目课题负责人黄洁带领学员考察了木薯试验地。专家指出，近些年创建的幼龄橡胶园间种木薯-木薯套种花生/玉米多元间套作模式，解决了种植橡胶初期无收入的问题，同时增加了生物多样性。专家还介绍了课题研发的木薯丸剂保水缓释肥及其施用新技术，表示该肥料有保水、缓释双重功能，可以做到一次施肥保障长达10月的木薯生育期养分，同时施肥技术便捷。该技术已在广西、广东、云南等地进行试验，取得了较好效果。通过培训，学员们纷纷表示，自己增强了对木薯用途及种植技术的认识。

（原载《农民日报》2021年10月12日，记者王华）

研究揭示木薯重要农艺性状形成的遗传机制

近日，中国热科院生物所、品资所和三亚研究院联合福建农林大学、伊利诺伊大学、华中科技大学、中国农业科学院等单位在《基因组生物学》（Genome Biology）上发表研究论文，绘制了 388 份木薯种质的全基因组变异图谱，揭示了木薯群体水平杂合性变异影响木薯重要农艺性状的遗传机制，为木薯及其他高杂合作物遗传改良奠定了重要理论基础。

木薯是世界重要的粮食作物和能源作物，为 105 个国家近 10 亿人口提供碳水化合物来源。木薯基因组（2n＝36）具有高度杂合特征，使其成为研究杂合性变异的良好系统。该研究针对杂合性变异影响木薯重要农艺性状的遗传机制，依托中国热科院热带生物组学大数据中心平台，开展了以下五个方面的研究：一是通过高深度重测序绘制了来自 15 个国家 388 份木薯种质（14 份野生种、38 份地方品种、336 份栽培品种）的全基因组变异图谱，识别了 1344463 个 SNP 和 1018832 个 InDels。二是通过进化和遗传距离分析支持了 *M. esculenta* ssp. flabellifolia 是木薯野生祖先种的假说，同时结合考古学证据提出了木薯从南美洲到非洲再到亚洲的传播驯化路径。三是通过对多年田间性状数据的全基因组关联分析鉴定出 52 个与木薯产量、品质和抗逆性等 23 个重要农艺性状紧密关联的遗传标记，明确了 9 个优异基因单倍型的遗传效应，阐明了杂合位点的保持对于优异性状的形成具有重要贡献。四是通过驯化选择、全基因组关联分析和遗传转化等方法识别了 81 个遗传多样性和杂合度降低的人工选择区间（覆盖 548 个基因），发现选择 *MeTIR1* 核心纯合变异促使块根淀粉含量提升，对 *MeAHL17* 选择驯化促使块根产量提升的同时导致木薯细菌性枯萎病抗性丢失。五是通过等位变异组合分析揭示了 *MeAHL17* 和 *MeTIR1* 核心变异的组合可促使淀粉含量和枯萎病抗性兼顾。

该研究深化了对木薯杂合性变异遗传基础的理解，为利用等位变异创新木薯和其他高杂合作物育种策略提供了新见解。

（原载《中国科学报》2021 年 11 月 23 日，记者张晴丹）

江西东乡：木薯丰收为燃料乙醇添料

人民网南昌 11 月 26 日电连日来，在江西省抚州市东乡区圩上桥镇木薯种植基地，村民正赶着晴好大气采收木薯。该区利用荒山红壤边际性土地种植木薯，建立大规模木薯种植基地，切片后提供给位于东乡经济开发区的江西雨帆生物能源有限公司作为生产燃料乙醇的原料，即为清洁能源添料，又增加了农民收入，助推乡村振兴。

（原载《人民网-江西频道》2021 年 11 月 26 日）

科研人员揭示木薯干旱逆境适应的分子机制

近日，中国热带农业科学院生物所与上海交通大学合作在木薯干旱逆境适应的分子机制研究方面取得新进展，揭示了木薯 SPL9 转录因子负向调控耐干旱的机理，并利用该基因创制耐旱木薯种质，为作物耐干旱遗传改良提供了理论与技术支撑。相关研究结果发表于《理论与应用遗传学》。

干旱是影响作物生长发育的重要非生物逆境之一，因其危及粮食安全而受到高度重视并取得了重要进展。木薯作为世界重要的粮食作物和能源作物，其产量与品质严重地受到干旱逆境的制约。前期从干旱处理前后的木薯叶片转录组数据中，鉴定并克隆到一个编码 SPL9 的转录因子。$MeSPL9$ 的表达受干旱胁迫抑制，且在地上部分叶片和茎顶端中表达较高。利用融合转录抑制元件 SRDX 方法，获得了该基因的显性抑制突变体。深入研究发现，$MeSPL9$ 可在转录水平调控植物激素（JA）和脯氨酸、花青素等干旱逆境响应相关的代谢物含量。抑制 MeSPL9 活性可显著提高转基因木薯植株的抗旱性。

（原载《中国科学报》2021 年 12 月 14 日，记者张晴丹）

小众产业里的"致富经"：热带作物如何走上消费者餐桌

"文椰"系列椰子、"贵妃红"荔枝、"美食蕉"香蕉……如今这些好吃的热带水果已经走上了我们的餐桌。其背后的热带作物产业（以下简称热作产业）虽然小众，创造的经济效益却并不"小"。不过，由于水果价格受市场影响大，产业链上游以鲜果生产为主的农民始终跳不出"丰产歉收""果贱伤农"的困局。我国热作产业该如何做精做强，推动农民收入稳步增长？

热带作物新品种展示

小众产业里有大市场

中秋将至，商超中的热带水果搞起了"花式营销"。中国商报记者在北京朝阳区的一家超市中看到，火龙果果篮、海南香蕉礼盒等被摆放在显眼的位置。售货员对记者表示，近期有很多消费者来选购热带水果礼盒套装，热销的产品大多来自海南、贵州等地。有消费者告诉记者，她是火龙果的忠实粉丝，会时常关注有哪些新品火龙果上市。

热带水果是热带作物的一种。据了解，热带作物种类众多，主要包括橡胶、木薯等热带经济作物，香蕉、荔枝、芒果等热带果树，咖啡、胡椒等热带香辛（饮）料作物，椰子、油棕等热带油料作物，以及益智、槟榔等南药等等。

中国热带农业科学院、热带作物品种资源研究所所长陈业源告诉中国商报记者："热作产业虽然在大农业板块中是个小众产业，但是在国民经济发展过程中占有非常重要的地位，像天然橡胶、木薯都是能源作物，甘蔗是糖料作物，油棕是油料作物。这些都是热作地区农民重要的收入来源。"

此外，热作产业虽然小众，但创造的经济效益并不"小"。中国热带农业科学院椰子研究所副所长、海南雨林椰创科技开发有限公司技术总监范海阔告诉中国商报记者："每年椰子种植和加工的产值可以达到 500 亿元以上。我们未来也会在海南推广 80 万～100 万亩的椰子新品种，海南地区的椰子产值将再增加 500 亿～1 000 亿元。"

小众产业里有大潜力

"我国热作产业起步晚，企业规模小，上市公司比较少。"中国热带农业科学院、海南热作高科技研究院股份公司总经理廖子荣对中国商报记者表示："热作产业中，年销售额能够超过 100 亿元的公司比较少，但是行业发展空间大，我对其前景非常看好。"

陈业渊对中国商报记者表示，我国热作产业发展首先靠引种，引进国外优良品种；第二步拆选出优异的种子，进行产业的扩大和扩容；第三步培育新品种，支撑产业规模的进一步扩大。

2007 年，原农业部发布《关于加快热作产业发展的意见》，提出"五年内热作产品总产量和总产值年均增长 5% 和 10% 以上、热作产品加工业协调发展，产业结构更加合理"的目标。

对热作产业来说，保存种质资源、培育新品种是产业发展的关键。"整个产业的支撑和发展还是靠新品种。"陈业渊告诉中国商报记者："种质资源是农业的'芯片'，不同品种有很多性状，如甜酸、成熟期早、营养物质高，我们通过挖掘这些生产者和消费者需要的性状，培育出我们需要的新品种，满足消费者和市场的需求。这有利于农民在种植新品种过程中获得更好的收益，也有利于在生产上进行商业化和产业化发展。"

相关工作人员正在培育热作新品种。

小众产业里的"致富经"

从育种、生产、加工到推广、销售的各个环节中，种植是决定热带作物产业能产生多大经济效益的关键。目前，我国热带作物种质资源分布面积不大，主要分布在海南、云南、广东、广西、福建、湖南、四川、贵州的河谷地带，覆盖省区面积约为 48 万平方公里。在这种背景下，对产业链上游的农民来说，提高种植热带作物的经济收益至关重要。

新品种的优势已经显露出来。范海阔告诉中国商报记者："农民种植传统的椰子品种收益在 2 000 元左右；现在种植新品种，农民的毛收益是 1.6 万～2 万元，成本在 3 000～4 000 元，利润至少也有 1.3 万元。新品种在海南、贵州、云南、四川等地推广后，种植面积达到 10 万亩以上。"

同时，目前热带作物绝大部分以鲜果生产为主，价格受市场波动影响很大，如何提升其经济价值？中国热带农业科学院、热带作物品种资源研究所助理研究员张洁给中国商报记者举例说："木薯是典型的热带作物，经济价值在于饲料和淀粉生产。木薯去年的收购价为 600 元/吨，农民种植老的木薯品种，亩产在 2.5 吨左右，种植上基本是不赚钱的，这也导致木薯的种植面积不断减少。而如果种植食用型木薯品种，并后期加工成木薯月饼、饼干、蛋糕等食品，其经济价值将直接翻五倍以上。"

对产业链下游的企业来说，热带作物也有"看得见"的价值。张洁对中国商报记者表示："我们面向农户推广指导种植品种，面向企业推广技术，如向蛋糕店推广木薯粉替代小麦粉技术，企业的成本也是降低的。"

以热带作物为原材料加工制成的面向消费者的食品。

热作产业如何做精做强

提升当地农民收入是热作产业发展的重要任务之一。廖子荣告诉中国商报记者："种植热带作物的地区大多是'边老少穷'的地方，是我国扶贫攻坚的重点区域。发展热作产业对当地农民增收非常有效。"

根据农业农村部的数据，芒果让四川攀枝花 12 万名农民致富，人均年收入达到 2 万元左右；在广西百色，"十二五"以来，芒果产业令贫困地区农民的人均纯收入从 2 300 元增至 4 969 元，芒果产业占到当地扶贫减贫产业的 53.5%。

中国热带农业科学院、热带果蔬研究中心主任高爱平告诉中国商报记者："目前全国芒果种植面积为 487 万亩，位居世界第三位。按照亩产 3 000 斤，芒果价格 5 元/斤来计算，每种植一亩芒果收入 1.5 万元，正常管理情况下，农民每亩赚几千块钱不成问题。"

另外，如何将产业做大，也是热作产业未来发展的重要方向。廖子荣表示："热作产业的初加工、深加工等提升的空间非常大，把这部分做好，热作产业可以发展很多规模几十亿元、几百亿元的企业。"

未来或将会有更多样的热带作物被摆上消费者的餐桌。"我们要打造一个小而精的产业，不一定做到非常大，但要做到精而强。我们目前在中高端市场已经开发了 40 多种木薯食品，主打绿色健康、天然粗粮。后期我们还会推出更多精深加工的食品。"张洁如是说。

（原载《中国商网》2020 年 9 月 21 日）

北海市推广木薯产业种植收获机械化获成功

人民网北海 12 月 19 日电近日，国家木薯体系北海综合试验站在合浦召开木薯机械化收获现场会。钦北防有关县区示范县骨干和种植大户参会，现场观摩木薯机械化收获全过程，推广木薯产业种植机械化收获取得成功。

近年来，国家木薯体系北海综合试验站一直致力于木薯机械化规模种植和收获一条龙技术推广。通过与国家木薯产业体系机械化岗位团队及中国农业大学合作，引进木薯种植和收获先进技术和机械推广应用，减少人工成本，提高木薯种植的单产收入。同时，还致力于打造木薯产业可循环发展产业链，除木薯深加工生产淀粉、酒精之外，探索木薯秸秆粉碎青饲料养殖产业，推出与木薯有关的特色餐桌食品。目前，浦北官垌鱼养殖、钦南区黑山羊养殖，已全面采用木薯秸秆粉碎青饲料喂养获得成功。用木薯秸秆青饲料喂养的鱼、羊，肉质鲜嫩味道美。

国家木薯体系北海综合试验站根据北海沿海土地平整广阔的特点，向农民（贫困户）推广种植木薯新品种，用木薯相关产品发展养殖业，增加收入助脱贫。目前，合浦县推广木薯种植 11 万亩，带动农民（贫困户）增收脱贫；铁山港区种植 6.5 万亩，纳入"5＋2"特色产业，覆盖全区 62％的农户，57％的贫困户，推动贫困户增收脱贫。

（原载《人民网》2019 年 12 月 19 日）

大田：建立富硒农产品试验示范园

为加快农业科技成果转化，强化农业"五新"推广应用，大田县华兴镇仙峰村建立富硒农产品试验示范园，总规划面积 200 亩，引进水稻、食用型木薯、甘薯、水果玉米、西瓜、花生、辣椒、百香果等特色粮、果、蔬新品种共计 137 个进行展示、试验、示范，同时推广间套种高效栽培模式、高产栽培技术。

据悉，该示范园在福建省大田县谢华安院士专家工作站、国家木薯产业技术体系三明综合试验站、福建省大田县华兴镇科技特派员工作站专家团队带领下，围绕该县"两茶一硒"攻坚战重点开展工作。

作为该县农业展示窗口，园区结合美丽乡村建设，以光伏长廊为载体种植特种瓜果、花卉 800m，稻田彩绘"多彩大田"镶嵌田中，形成了一幅美丽的田园风光山水画。仙峰漂流带来人流量，进一步提升了园区的知名度，为下一步农家采摘、科普园建设打下了坚实的基础。

（原载《福建省农业农村厅信息网》2019 年 8 月 20 日）

食用木薯绿色高效栽培技术现场观摩会：
接地气　重实效　提升服务水平

为加快推广食用木薯绿色高效栽培技术，围绕乡村振兴战略研究、生态振兴、乡村＋文旅等方面进行实践教学，切实推进乡村振兴战略。2019 年 11 月 28 日，江门市农业科技创新中心于市现代农业综合示范基地举行"食用木薯绿色高效栽培技术现场观摩会"。由江门市乡村振兴培训学院（筹）牵头组织来自开平市三埠街道、长沙街道、水口镇、沙塘镇、苍城镇、马冈镇等地的村委会干部和农业技术人员共 120 余人参加。

据中国热带农业科学院国家木薯产业技术体系工作人员介绍，木薯一直是华南地区最重要的淀粉和酒精工业原料，进入 21 世纪，由热科院热带作物品种资源研究所选育的食用型木薯新品种华南 9 号，鲜薯淀粉含量高，富含蛋白质、维生素 C、胡萝卜素等，被誉为"黄金木薯"。工作人员安排观摩人员现场品尝试吃木薯，与会人员无不交口称赞该品种木薯口感一流、风味独特，纷纷赞其具备较高市场价值。观摩人员与技术人员在交流过程了解到新品木薯经过多年反复试验、筛选、验证实现了其高产、抗病、适应性广，具备鲜食性等特点。此次观摩会学员还参观基地优良品种展示区、间套种区和食用木薯高效栽培示范区 3 个部分。

江门市农业科技创新中心今后将开展此类"接地气、重实效"的现场教学形式，通过联合院校科研单位搭建综合性研学平台以提升服务水平，进一步深入实施"乡村振兴"战略，扎实开展乡村振兴人才队伍教育培训，提高农村基层干部的综合素质，为我市实施乡村振兴战略提供人才智力支撑。

（原载《江门市农业农村局》2019 年 12 月 5 日）

大田：召开木薯产业培训会

为了进一步落实梳理三明试验站各地木薯产业工作开展情况，3 月 15 日，国家木薯产业技术体系三明试验站在大田县农业农村局召开 2019 年工作启动暨业务培训会。

　　培训会邀请了福建农林大学陈选阳教授、福州市农科院王正荣教授、广西壮族自治区农科院申章佑博士、广西壮族自治区桂林市农科院周宾站长，上杭县、永春县、永定区等示范县技术骨干、三明试验站木薯团队成员、大田县有关乡镇的农技人员、当地农民合作社和种植大户、企业代表共计 50 多人参加了本次培训会。

　　培训会上，首先由福建农林大学陈选阳教授，作了《甘薯研究与应用简介》专题报告，之后国家木薯产业技术体系三明试验站站长周高山、植保专家田新湖、技术人员李华丽分别做了《木薯新品种介绍及间套种技术》《木薯病虫害识别和防治》《木薯综合利用研究》的主题报告，系统详细地阐述了木薯间套种技术特点、病虫害防治、木薯的综合利用等内容，并与参会人员就如何增加木薯种植效益等问题进行了深入的交流。

　　据悉，国家木薯产业技术体系是国家 50 个作物体系之一，三明站 2008 年成立以来，围绕木薯北移品种、栽培技术联合攻关开展工作，经过示范县共同努力，筛选出一批高产、高淀粉、优质食用型木薯优良品种。如'F499''华南 9 号'等在当地推广应用。同时，在加工上进行探索，生产木薯全粉食品。

　　此次，国家木薯产业技术体系三明试验站召开 2019 年工作启动暨业务培训会将推动三明市试验站木薯食用化进程，服务当地木薯产业发展。

　　　　　　　　　（原载《福建省农业农村厅信息网》2019 年 3 月 18 日）